国家出版基金资助项目

"十三五"国家重点出版物出版规划项目

现代土木工程精品系列图书·建筑工程安全与质量保障系列

基于OpenSees的钢筋混凝土结构非线性分析

Nonlinear Analysis of Reinforced Concrete Structures Based on OpenSees

王震宇　王代玉　著

U0223718

哈尔滨工业大学出版社

HITP　HARBIN INSTITUTE OF TECHNOLOGY PRESS

内 容 提 要

本书较全面地介绍了钢筋混凝土构件及结构的弹塑性静力与动力非线性分析理论,结合OpenSees有限元软件,详细地讨论了非线性分析的具体实现方法,以利于读者理解基本原理、掌握分析方法。本书主要内容包括:在材料层面上,介绍用于构件和结构抗震分析的钢筋与混凝土应力–应变滞回本构模型,并讨论基于OpenSees的材料本构实现方法;在构件层面上,分别介绍钢筋混凝土梁、柱、节点、剪力墙等构件的抗震性能影响因素及非线性分析方法;在结构层面上,介绍钢筋混凝土框架结构的弹塑性静、动力分析理论,着重讲述基于OpenSees的实现方法,以及影响结构整体抗震性能与破坏模式的主要因素。

通过本书的学习,读者可以掌握钢筋混凝土构件及结构非线性分析的基本理论与方法,并能够结合OpenSees有限元软件,在科研或工程设计中较熟练地完成结构的非线性分析工作。本书可作为土建类专业的研究生教材,也可供前述专业的科研及工程技术人员参考。

图书在版编目(CIP)数据

基于OpenSees的钢筋混凝土结构非线性分析/王震宇,王代玉著. —哈尔滨:哈尔滨工业大学出版社,2020.1(2023.11重印)

建筑工程安全与质量保障系列

ISBN 978 – 7 – 5603 – 7372 – 0

Ⅰ.①基…　Ⅱ.①王…　②王…　Ⅲ.①钢筋混凝土结构–非线性结构分析–应用软件　Ⅳ.①TU375–39

中国版本图书馆CIP数据核字(2018)第095696号

策划编辑　王桂芝　张　荣
责任编辑　刘　瑶　张　瑞　刘　威
出版发行　哈尔滨工业大学出版社
社　　址　哈尔滨市南岗区复华四道街10号　邮编150006
传　　真　0451-86414749
网　　址　http://hitpress.hit.edu.cn
印　　刷　哈尔滨圣铂印刷有限公司
开　　本　787mm×1 092mm　1/16　印张18.25　字数455千字
版　　次　2020年1月第1版　2023年11月第2次印刷
书　　号　ISBN 978-7-5603-7372-0
定　　价　98.00元

国家出版基金资助项目

建筑工程安全与质量保障系列

编审委员会

序

党的十八大报告曾强调"加强防灾减灾体系建设,提高气象、地质、地震灾害防御能力",这表明党和政府高度重视基础设施和建筑工程的防灾减灾工作。而《国家新型城镇化规划(2014—2020年)》的发布,标志着我国城镇化建设已进入新的历史阶段;习近平主席提出的"一带一路"倡议,更是为世界打开了广阔的"筑梦空间"。不论是国家"新型城镇化"建设,还是"一带一路"伟大构想的实施,都迫切需要实现基础设施的建设安全与质量保障。

哈尔滨工业大学出版社出版的《建筑工程安全与质量保障系列》图书是依托哈尔滨工业大学土木工程学科在与建筑安全紧密相关的几大关键领域——高性能结构、地震工程与工程抗震、火灾科学与工程抗火、环境作用与工程耐久性等取得的多项引领学科发展的标志性成果,以地震动特征与地震作用计算、场地评价和工程选址、火灾作用与损伤分析、环境作用与腐蚀分析为关键,以新材料/新体系研发、新理论/新方法创新为抓手,为实现建筑工程安全、保障建筑工程质量打造的一批具有国际一流水平的学术著作,具有原创性、先进性、实用性和前瞻性。该系列图书的出版将有利于推动科技成果的转化及推广应用,引领行业技术进步,服务经济建设,为"一带一路"和"新型城镇化"建设提供技术支持与质量保障,促进我国土木工程学科的科学发展。

该系列图书具有以下两个显著特点:

(1)面向国际学术前沿,基础创新成果突出。

哈尔滨工业大学土木工程学科面向学术前沿,解决了多概率抗震设防水平决策等重大科学问题,在基础理论研究方面取得多项重大突破,相关成果获国家科技进步一、二等奖共9项。该系列图书中《黑龙江省建筑工程抗震性态设计规范》《岩土工程监测》《岩土地震工程》《土木工程地质与选址》《强地震动特征与抗震设计谱》《活性粉末混凝土结构》《混凝土早期性能与评价方法》等,均是基于相关的国家自然科学基金项目撰写而成,为推动和引领学科发展、建设安全可靠的建筑工程提供了设计依据和技术支撑。

(2)面向国家重大需求,工程应用特色鲜明。

哈尔滨工业大学土木工程学科传承和发展了大跨空间结构、组合结构、轻型钢结构、预应力及砌体结构等优势方向,坚持结构理论创新与重大工程实践紧密结合,有效地支撑了国家大科学工程500 m口径巨型射电望远镜(FAST)、2008年北京奥运会主场馆国家体育场(鸟巢)、深圳大运会体育场馆等工程建设,相关成果获国家科技进步二等奖5项。该系列

1

图书中《巨型射电望远镜结构设计》《钢筋混凝土电化学研究》《火灾后混凝土结构鉴定与加固修复》《高层建筑钢结构》《基于 OpenSees 的钢筋混凝土结构非线性分析》等，不仅为该领域工程建设提供了技术支持，也为工程质量监测与控制提供了保障。

该系列图书的作者在科研方面取得了卓越的成就，在学术著作撰写方面具有丰富的经验，他们治学严谨，学术水平高，有效地保证了图书的原创性、先进性和科学性。他们撰写的该系列图书，反映了哈尔滨工业大学土木工程学科近年来取得的具有自主知识产权、处于国际先进水平的多项原创性科研成果，对促进学科发展、科技成果转化意义重大。

中国工程院院士

2019 年 8 月

前　言

钢筋混凝土结构由钢筋与混凝土两种材料组成,具有整体性好、造价低、耐火及耐久性良好、设计施工方法成熟等优点,目前仍然是工业与民用建筑主要的结构形式之一。结构非线性包括材料非线性、几何非线性、双重非线性(既有材料非线性又有几何非线性)及接触非线性。钢筋混凝土结构中,钢筋与混凝土力学性能差异较大,尤其是进入材料非线性阶段。此外,过大的结构变形还会引起几何非线性。对钢筋混凝土结构进行非线性有限元分析,可准确了解结构的受力状态与力学行为,掌握其损伤发展规律和破坏模式,是工程结构设计与施工不可或缺的一项工作,也是结构工程、防灾减灾工程及防护工程、工程力学等专业领域的研究热点。

目前在研究生教学中,授课内容多从微观有限元角度入手,集中在材料、构件层面上介绍钢筋混凝土非线性分析理论,而对结构层面上的整体非线性分析方法介绍较少,且很少涉及非线性分析的具体实现方法,这使研究生在课题阶段有"无从下手"的感觉。本书选择OpenSees(Open System for Earthquake Engineering Simulation)软件作为解决混凝土结构非线性分析实际问题的依托工具。OpenSees 是由美国国家自然科学基金(National Science Foundation, NSF)资助、西部大学联盟"太平洋地震工程研究中心"(Pacific Earthquake Engineering Research Center, PEER)主导、加州大学伯克利分校研发,用于结构和岩土工程地震反应分析的开放式模拟平台,自 1999 年正式推出以来,已广泛应用于 PEER 和美国其他一些大学及科研机构的科研项目中,较好地模拟了包括钢筋混凝土结构、桥梁、岩土工程在内的振动台试验项目。2004 年,OpenSees 被美国"地震工程模拟网络"(Network for Earthquake Engineering Simulation, NEES)采用并作为 NEES 计划的虚拟仿真平台,这证明其具有较好的非线性数值模拟精度。本书在以后的表述中均采用 OpenSees 来代表该软件。

我国地处环太平洋地震带与欧亚地震带之间,是世界上地震灾害最严重的国家之一,历史上地震受灾面积已达我国国土面积一半以上。随着全球进入地震活跃期以及基于性能抗震设计理论的不断发展,对于我国高校研究生、结构工程师以及从事检测、鉴定与抗震加固设计的技术人员,学习并掌握钢筋混凝土结构的非线性抗震分析理论及方法是十分必要的。本书系统介绍了钢筋混凝土构件及结构在罕遇地震作用下的弹塑性静力与动力非线性分析理论,以 OpenSees 有限元软件为工具,详细讨论了钢筋混凝土构件及结构的非线性分析具体实现方法,为研究生及工程技术人员提供参考。

本书在写作过程中,博士研究生潘晓兰、马财龙、蔡忠奎、黄乐、陈传向、董恒磊,以及硕士研究生关超、宋新宝、王旭阳、白馨宇、高王鑫等利用 OpenSees 编制并计算了一些例题,特此对他们表示感谢。

由于作者水平有限,书中难免有疏漏和不妥之处,敬请读者批评指正。

作　者

2019 年 10 月

目　　录

第1章 绪 论

1.1 非线性的概念

非线性(Non - linear)是相对于线性(Linear)而言的,是对线性的否定,所以要弄清非线性的概念,首先必须明确什么是线性,才能较完整地理解非线性的概念。对线性的界定,一般是从相互关联的两个角度来考察的:其一,叠加原理成立。假设方程有任意两个解,那么这两个解的线性组合也是该方程的一个解,叠加原理成立意味着所考察系统的子系统间没有非线性相互作用;其二,物理量间的函数关系是直线,这意味着函数的斜率在其定义域内处处存在且相等,即一阶导数为常数。

在明确了线性的含义后,非线性的概念界定如下:

(1)叠加原理不再适用于非线性方程或系统。

(2)变量之间不是直线关系,而是折线、不连续线、曲线、曲面或其他不确定的属性。

(3)非线性方程通常无法直接得到解析解。

这里需要指出,线性、非线性的概念与弹性、塑性的概念存在本质不同。弹性是指物体在外力作用下发生形变,当外力撤销后能恢复原来大小和形状的性质;塑性是指物体撤销外力后变形不能完全恢复,存在残余的不可逆塑性变形。并不是一提到非线性,就一定表示材料出现了塑性。即使荷载与形变之间是非线性的函数关系,只要卸载后材料的变形完全恢复,仍然属于弹性范畴,比如非线性弹性和橡胶、泡沫、形状记忆合金等材料表现出的超弹性特性。

1.2 钢筋混凝土结构分析中的非线性

对钢筋混凝土构件或结构的静力与动力性能开展分析时,主要面临以下3类典型的非线性问题。

1. 材料非线性

混凝土是由水泥、砂、石子、水、各种掺合料以及外加剂,按一定比例搅拌、经凝结和硬化形成的复合材料,宏观尺度上混凝土内部主要由水泥结晶体、水泥凝胶体和内部微裂缝构成。普通强度混凝土棱柱体试件在短期加载单轴受压试验中,当压应力较小时($\sigma \leqslant 0.3 f_c$,f_c 为峰值压应力),主要由水泥结晶体和骨料组成的弹性骨架承受荷载,卸载后变形基本恢复,表现出弹性变形的特点;随着荷载的继续增加,当 $0.3 f_c < \sigma \leqslant 0.8 f_c$ 时,卸载后将产生不可恢复的残余变形,混凝土表现出弹塑性性质,这是由于混凝土中未硬化凝胶体的黏性流动,以及内部微裂缝开始延伸、扩展所致;当进一步加载时,混凝土内部微裂缝不断扩展,裂

缝数量及宽度急剧增加,进入裂缝不稳定发展阶段,形成混凝土材料的软化阶段(应力 - 应变曲线的下降段)。同样,无论有明显屈服点的钢筋还是无明显屈服点的钢筋,其应力与应变之间的数学关系都是非线性的。这种由于组成材料自身非线性的应力 - 应变关系引起的非线性问题,称为材料非线性或物理非线性。根据本构关系表达式中是否包含时间因素,又可细分为与时间相关和与时间无关的材料非线性。若分析中需要考虑混凝土的收缩与徐变特性,则应采用与时间相关的材料非线性模型。此外,温度、应变加载速率等对材料非线性本构关系影响也较大。

2. 几何非线性

结构的平衡状态在它发生较大的变形之后会发生变化,平衡方程应建立在其变形之后的位置上,这种由于大应变、大位移和大转动引起的非线性问题称为几何非线性。一些结构在外荷载作用下,当结构的位移相对于结构最小尺寸不能忽略时,就必须考虑变形对结构平衡的影响,即平衡方程应建立在变形后的位形上,同时应变表达式也应包括位移的二次项。例如,框架结构在水平地震荷载作用下会产生侧移,当水平侧移较大时,结构重力会引起柱构件控制截面附加弯矩的明显增大,称之为重力二阶效应。相应的"一阶"是指平衡方程按结构变形前位置建立的,也称几何线性;而"二阶"是指平衡方程按结构变形后位置建立的,因此属于几何非线性问题。由于重力二阶效应对结构产生了附加弯矩作用,降低了结构的整体稳定性,在结构分析时需要考虑这种几何非线性带来的影响。再如,构件的屈曲失稳、板内膜应力导致平面抗弯刚度的提高等,均属于几何非线性问题。

3. 接触非线性

在工程结构中,常常会遇到两种不同材料的接触问题,如钢管混凝土中的钢管与核心混凝土、挡土墙与墙后回填土、钢筋与周围混凝土之间的接触等。由于两种材料的力学性质差异较大,接触时的变形也不一致,因此两接触物体之间的接触面积、剪应力或压应力分布时刻发生变化,构成了复杂的接触非线性问题。在钢筋混凝土结构非线性分析中,黏结是钢筋与混凝土协同工作的基础,黏结力(剪应力)主要由化学胶结力、摩擦力与机械咬合力组成,且随着受力的不同阶段而变化,是较为常见的一类接触非线性。此外,土体 - 结构相互作用中下部结构与土体在接触面上脱离、滑移、再接触等现象也属于典型的接触非线性问题,接触面单元和接触面本构关系是此类非线性问题的重点与难点。

1.3　钢筋混凝土结构非线性分析的意义

目前各国在混凝土结构设计中,对于竖向荷载和小震作用下,基本上仍在沿用通过线弹性理论求解结构内力的方法,但求得的内力与变形并不能反映结构的实际性能,这是因为:

① 钢筋和混凝土的力学性能差别很大,正常使用极限状态下钢筋虽处于弹性工作状态,但混凝土已经受拉开裂,受压也部分进入弹塑性阶段,结构或者构件已经表现出非线性特征。

② 在钢筋混凝土结构设计中,往往按弹性方法计算结构内力,而在进行构件截面设计时,则按承载能力极限状态进行计算,这就造成了结构内力计算和截面设计之间的矛盾,这

种矛盾在设计规范中是通过引入折减系数和分项系数来调整的。

③ 节点和连接是确保钢筋混凝土结构作为一个整体共同承受荷载的基本条件,传统结构弹性分析通常将钢筋混凝土结构的节点简化为完全刚接或铰接,这些假定均不能真实地反映节点和连接处复杂的受力状态及变形情况,因而难以为结构设计者提供准确的信息。

对钢筋混凝土结构开展非线性分析,可以在计算模型中充分反映混凝土和钢筋的材料非线性特性,在一定程度上模拟节点的构造和边界条件,提供开裂、屈服、压碎以及应力演变、变形发展、损伤积累等大量的结构响应信息,为合理的结构设计提供参考依据。另外,土木工程结构种类众多、体量庞大、结构复杂,完全依赖试验手段研究其灾变机理难度很大。经试验验证后的非线性分析方法,可作为一种虚拟试验的仿真手段,以弥补试验研究中的不足,大量的参数分析得到的定性、定量规律,可为制定规范和标准提供基础数据。此外,非线性分析还可完成如倒塌、爆炸、火灾等难以进行的试验工作,以及如核反应堆安全壳、海洋平台结构、大型隧洞结构、复杂结构施工模拟等设计工作。

结构在大震作用下会进入强非线性阶段并产生损伤,准确预测地震作用下钢筋混凝土结构的非线性行为,对评估混凝土结构的抗震安全性具有重要意义。但是常用的结构线弹性分析方法,对日益大型化、复杂化的混凝土结构以及在大震作用下结构的非线性动力响应已力不从心,我国《建筑抗震设计规范》和《高层建筑混凝土结构技术规程》均对结构非线性分析与验算提出了相应的要求及建议。随着建筑高度的不断增加、复杂程度的日益提高以及计算分析技术的不断发展,在未来的结构设计与分析中,非线性分析方法将受到越来越多工程技术人员的重视与广泛的应用。

1.4　本书的主要内容

1960 年,Ray W. Clough 教授在美国土木工程学会(ASCE)的会议上发表题为 *The Finite Element in Plane Stress Analysis* 的论文,有限元法的名称第一次被正式提出,并应用于土木工程领域。此后,有限元法的理论迅速发展,并广泛应用于解决各种非线性问题,成为分析大型复杂工程结构的主要技术手段。总体来说,目前有限元分析中主要包括微观模型和宏观模型两类。微观模型采用实体单元进行建模分析,可较为精细地模拟工程结构应力与变形的发展及演变,原则上只要用于求解所划分的单元足够多,所求得的解可无限趋近于实际值。但微观模型的建立十分复杂,计算耗时长且收敛困难,工程结构往往由成千上万个构件组成,用实体单元对整个结构建模分析几乎是不可能的,其计算成本也是工程界无法接受的。此外,随着新材料与新型结构形式的不断涌现,基于传统建筑材料建立的多轴破坏准则已无法描述新材料的非线性力学特征,微观模型的有限元分析难以解决此类问题,需要不断更新基本理论,而这方面的工作刚刚开展,并且涉及多学科交叉的综合知识,很难为普通工程技术人员所掌握。

微观单元有限元分析更适用于构件层面的研究,对于工程结构的整体受力及抗震性能分析,通常还是采用宏观梁、柱单元模拟实际结构中的梁柱构件,用节点宏观单元来模拟节点的剪切变形,用桁架单元模拟支撑,用带刚域的宏观梁单元模拟剪力墙和连梁等。宏观单元忽略次要的影响因素,集中反映构件的主要非线性特征。采用宏观单元建立结构模型,所用单元数量较少,在确保计算精度的前提下可实现对计算成本的有效控制,已经为国内外学者所公认。其中,纤维模型是一种精细化的宏观模型,可以很好地模拟构件的弯曲和轴向变形,能在一定精度上反映构件的非线性行为,包括模拟中和轴移动、塑性发展及破坏机制等,但不能模拟构件的剪切非线性和扭曲非线性。钢筋混凝土结构的非线性有限元分析是一个复杂的计算求解过程,随着计算机科学技术的迅速发展,各种非线性有限元分析程序层出不穷,并形成两大主流:一种是商业分析软件,以 ABAQUS、ANSYS、SAP2000 等为代表;另一种是高校和学者开发出来的用于结构领域的科研分析软件,如 IDARC、DRAIN – 2D、DRAIN – 3D、OpenSees、Perform – 3D 等。

本书主要介绍宏观模型有限元分析的基本理论与方法,以 OpenSees 有限元软件为工具,详细讨论钢筋混凝土构件及结构的非线性分析具体实现方法。 第 2 章主要介绍 OpenSees 软件的安装应用、运行环境以及 TCL(Tool Command Language) 语言;第 3 章在材料层面上,介绍用于构件和结构抗震分析的钢筋与混凝土应力 – 应变滞回本构模型,并讨论基于 OpenSees 的材料本构具体实现方法与二次开发功能;第 4 章详细介绍非线性分析中纤维梁、柱宏单元的刚度法和柔度法理论,以及 OpenSees 中基于力和基于位移的非线性梁柱单元;第 5 ~ 8 章在构件层面上,分别介绍钢筋混凝土梁、柱、节点、剪力墙等构件的抗震性能试验及非线性分析方法,讨论影响构件抗震性能的主要因素,为整体结构的抗震性能分析奠定基础;第 9、10 章在结构层面上,介绍钢筋混凝土结构的静、动力弹塑性分析理论,着重讨论基于 OpenSees 的实现方法以及影响结构整体抗震性能与破坏模式的主要因素。学生通过学习本书,可了解钢筋混凝土构件与结构的受力与抗震性能,掌握非线性分析的方法及原则,熟练使用 OpenSees 软件,为今后非线性分析工作奠定基础。

第 2 章　OpenSees 软件的安装与使用

2.1　OpenSees 简介

OpenSees 的全称是地震工程模拟开放系统(Open System for Earthquake Engineering Simulation),是由美国国家自然科学基金(National Science Foundation,NSF) 资助、太平洋地震工程研究中心主导、加州大学伯克利分校研发的用于岩土和结构地震反应模拟的开放系统,是土木工程学术界广泛使用的有限元分析软件和地震工程模拟平台。

OpenSees 的源程序主要由 C++语言编写,不同于大多数有限元分析软件,OpenSees 具有两大特点:开放的源代码和面向对象的软件架构。

(1) 源代码的开放性。OpenSees 所有程序源代码都是公开的, 在其网站 (http://opensees. berkeley. edu/index. php) 可免费下载全部源代码及使用说明。用户根据自身需要在程序中添加或修改材料模型与分析方法,经过验证的更新程序可利用网络资源与其他用户共享。这种"海纳百川"的开发模式,使得众多用户既是使用者又是开发者,易于实现学者间深入的科研合作,反映了计算软件的未来发展趋势。

(2) 面向对象的软件架构。架构是软件系统集成的整体框架,用于定义软件系统中的各个组件(类或对象) 及指导组件间的联系与通信。OpenSees 中各个组件被尽量设计成独立的模块,提高了编程效率及程序的扩展性。用户可根据需要添加新的模块,如对于新材料,仅需添加一个新的材料模块来描述其力学性能,而单元类型、分析求解、输出记录等过程仍采用已有的模块;再如,通过合并不同功能的分析模块,可以解决建筑和桥梁结构中土体－结构－基础相互作用的模拟。

OpenSees 还有许多其他优点,比如内嵌敏感性和优化分析算法;具有高性能云计算能力,如 Open Science Grid、TerraGrid 等;具有使用者组成的 OpenSees 学术社区,有论坛、定期组织学术讨论、培训和问题交流,成果在维基百科上公布;通过 OpenFresco 等技术,能够实现和其他系统的集成及混合试验等。

OpenSees 程序自 1999 年正式推出以来,已广泛应用于太平洋地震工程研究中心和美国其他一些大学及科研机构的科研项目中,较好地模拟了包括钢筋混凝土结构、桥梁、岩土工程在内的实际工程抗震分析和振动台等试验项目。2004 年得到美国"地震工程模拟网络"(Network for Earthquake Engineering Simulation,NEES) 的资助,成为 NEES 计划首选的地震工程虚拟仿真平台,证明其具有较好的非线性分析能力和模拟精度。近年来,在世界各国许多研究机构及高校的共同使用与开发下,该软件不断得到升级和更新,加入了许多新的材料和单元,并引入了许多成熟的 Fortran 库文件为己所用(如 FEAP、FEDEAS 材料),更新了高效实用的运算法则和判敛准则,允许多点输入地震波记录,并不断提高运算中的内存管理水平和计算效率,允许用户在脚本层面上对分析进行更多的控制。对于岩土工程、桥梁工程和结构工程,目前可实现静力线弹性分析、静力非线性分析、截面分析、模态分析、弹塑性静力分析、弹塑性动力分析、可靠度及灵敏度分析等。近年来,我国一些高校及研究机构相继推广使用 OpenSees 作为主要科研平台,基于 OpenSees 进行最新的科研。因此,对于土木工程专业的硕士及博士研究生,了解并掌握这一高效的科研工具是十分必要的。

2.1.1 OpenSees 的总体架构

OpenSees 的总体架构主要包括4个模块:建模模块、模型模块、分析模块及记录模块,如图2.1所示。

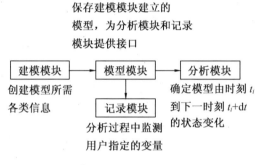

图 2.1 OpenSees 平台的总体架构

各模块的主要功能如下:

1. 建模模块

建模模块与所有的有限元分析程序类似,主要用以建立有限元模型,指定节点、单元、材料,定义作用于单元和节点上的荷载、节点约束等,并把建好的模型添加到模型模块中。

2. 模型模块

模型模块保存由建模模块建立的模型,为分析模块和记录模块提供接口。模型模块不仅是初始建模的结构模型,也可以是在分析结果上修改后的结构模型,例如,通过结果改变模型可以考虑结构的损伤。模型模块是由建模模块生成的,但模型是时刻可以变化的。模型模块包含的主要信息有单元、节点、约束、荷载模式、时间序列等,如图2.2所示。

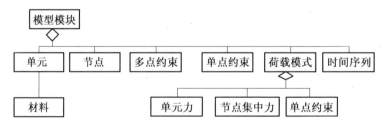

图 2.2 模型模块架构

在 OpenSees 整个分析程序中,单元命令和材料命令是最关键的一部分。除了单元与材料,其他模块与传统的基于过程的结构分析程序是一致的,如从单元刚度矩阵集成总刚度矩阵,形成外荷载向量,整体变化转化成单元变形,迭代求解方法等。下面对各部分命令的主要功能进行简单介绍：

（1）单元。

建立单元并添加到模型模块中。OpenSees 中提供了丰富的单元类型，如桁架单元、梁柱单元、零长度单元、节点单元、连接单元、接触单元等。

（2）材料。

指定材料应力 - 应变关系或力 - 位移关系，可根据分析类型指定单轴材料和多维材料。OpenSees 材料库提供了丰富的材料类型可供选择，如单轴材料中，针对钢材就有 Steel01、Steel02、Hysteretic、Reinforcing Steel、Dodd Restrepo、RambergOsgoodSteel、SteelMPF 等多种材料本构关系可供选择；针对混凝土材料有 Concrete01 - Zero Tensile Strength、Concrete02 - Linear Tension Softening、Concrete04 - Popovics Concrete、Concrete06、Concrete07、Concrete01 Material With Stuff in the Cracks、ConfinedConcrete01、ConcreteD、FRPConfinedConcrete、ConcreteCM 等多种。

（3）节点。

生成节点，并指定分配节点坐标和质量。

（4）约束。

指定自由度的约束情况或自由度间的关系。约束分为单点约束和多点约束。

（5）截面。

指定梁 - 柱或板单元截面的力 - 位移关系或合成应力 - 应变关系。主要的截面类型有弹性截面、纤维截面等，其中纤维截面是钢筋混凝土非线性分析中最常用的截面类型。

（6）坐标转换。

指定局部坐标系下梁单元的力和刚度到整体坐标系下的转换命令。坐标转换主要有线性转换、考虑二阶效应的线性转换及同步旋转转换。

（7）荷载模式。

用于建立荷载模式并添加到模型模块中。OpenSees 中每个荷载模式均有一个时间序列与之相关联。此外，荷载模式中还可能包含单元荷载、节点荷载及单点约束等。

（8）时间序列。

建立模型模块中的时间 t 与荷载模式中的荷载因素 λ 之间的关系，即 $\lambda = F(t)$。时间序列主要有常数时间序列、线性时间序列、三角函数时间序列、三角形时间序列、矩形时间序列及脉冲时间序列等。

3. 记录模块

记录模块用于监测记录和输出分析过程中模型的变形和受力信息等。该模块的主要命令有 recorder、print、printA、logFile 及 realtime output。

（1）recorder。

构建生成一个记录器对象，用于监视分析过程中的变化情况，并为用户生成输出文件。记录类型主要有：

①Node Recorder。用于记录每个收敛步中节点的位移、速度、加速度、位移增量、特征向量、节点反力和阻尼力等。

②Node Envelope Recorder。用于记录节点位移、速度、加速度、位移增量、特征向量、节点反力响应的包络值，即最小值、最大值和绝对最大值。

③Drift Recorder。用于记录两节点间的相对位移与指定距离之间的比值,常用于记录输出位移角。

④Element Recorder。用于记录每个计算收敛步中单元的响应。如对非线性梁柱单元可以输出在整体坐标系和局部坐标下的单元力、截面的内力、变形、刚度以及指定位置处的应力 – 应变响应等。

⑤Element Envelope Recorder。与 Element Recorder 命令类似,用于记录每个计算收敛步中单元的响应;当用 wipe、exit 或 remove 命令终止记录命令时,对每个响应通过 3 个独立的行输出最小值、最大值和绝对最大值。

⑥Plot Recorder。建立打开一个图形窗口用于绘制指定文件的内容,该指定文件可以是另一个记录器的输出内容。

(2)print。

print 命令用于将输出内容打印到屏幕上或文件中,可以打印输入模型模块中的所有对象、节点信息和单元信息等。

(3)printA。

printA 命令用于在使用 – file 选项时,将积分器创建到屏幕或文件中的方程系统的一般信息打印出来。如果使用静态积分器,则得到的矩阵就是刚度矩阵;如果使用瞬态积分器,则得到是质量矩阵和刚度矩阵的组合。

(4)logFile。

logFile 命令用于将运行脚本从解释器生成的警告和错误消息保存到使用 $ fileName 命名的日志文件中;在默认情况下,如果文件在运行之前已经存在,则旧数据会被新数据覆盖,如果提供了 – append 选项,则新数据将附加到现有文件的末尾。

(5)real time output。

real time output 命令用于监测分析过程中模型在任意时间点的状态,主要分为 Model Quantities 和 Response Quantities 两类。其中,Model Quantities 主要有:

①eleNodes Command。监测单元节点。

②getEle Tags Command。获得单元编号。

③getNode Tags Command。获得节点编号。

④nodeBounds。节点边界条件。

⑤Print Command。屏幕或文件输出。

Response Quantities 主要有:

①eleResponse Command。获得特定时间步时从单元记录得到的单元变量。

②nodeDisp Command。返回指定节点的当前位移。

③nodeVel Command。返回指定节点的当前速度。

④nodeAccel Command。返回指定节点的当前加速度。

⑤getTime Command。返回当前域中的时间。

2.1.2　OpenSees 平台的优势

OpenSees 平台相较于其他有限元软件有以下优势:

(1)OpenSees 具有丰富的材料、单元和分析命令库。

（2）OpenSees 的模块库在不断的发展中。

（3）OpenSees 的接口是基于一个命令驱动的脚本语言,使用户能够创建更灵活的输入文件。

（4）OpenSees 平台不是一个黑箱,它具有开放性,用户可以根据自己的需要对 OpenSees 进行更新和升级。

（5）用户在 OpenSees 平台中可以建立自己的材料、单元和分析工具。

（6）用户可以在单元层次（力 – 位移模型）、截面层次（弯矩 – 曲率模型）和纤维层次（材料应力 – 应变模型）对结构或岩土结构进行精确建模。

（7）OpenSees 具有良好的架构,各个部分被设计成独立的模块,通过 TCL 的解释程序进行连接,根据不同对象组成不同软件。用户可以方便地添加新模块,而不改变固有模块。

2.2　OpenSees 的下载、安装和运行

（1）OpenSees 软件可以在其官网 http://opensees. berkeley. edu/（图 2.3）免费下载。点击 USER 菜单栏可以进入用户页面（图 2.4）,该页面包括 Documentation、Examples、Download、Tools、Message board 及 Bugs。

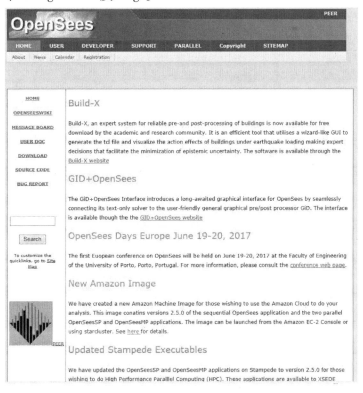

图 2.3　OpenSees 主页

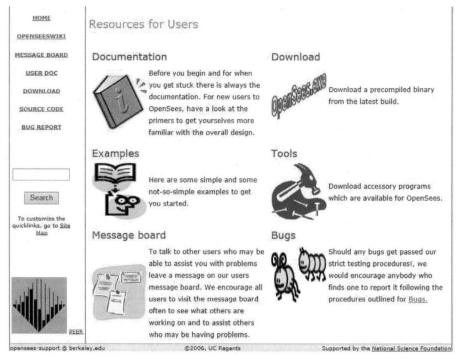

图 2.4　USER(用户) 页面

（2）点击"Download" 或者在主页上直接点击左侧的 DOWNLOAD 均可进入下载页面，如图 2.5 所示。下载前需要先注册账号，点击"registration" 进入图 2.6 所示页面，点击"I agree to these terms"（图 2.7），填写基本信息后点击"Submit"，然后进入注册邮箱激活账号。

图 2.5　OpenSees 下载和注册页面

（3）账号激活完成后返回下载和注册页面（图 2.5），输入注册的邮箱账号，点击"Submit" 进入下载页面，如图 2.8 所示。在下载页面中用户根据计算机操作系统选择安装 Windows32 位或64 位版本或针对苹果用户的 Mac 版本的 OpenSees 和 tcl/tk 安装文件。应先下载对应的 tcl/tk 文件，再下载 OpenSees 文件。需要注意的是：新版本（8.5 以后）tcl/tk 文件的缺省安装路径为"C:\Program Files\Tcl"，而旧版本 tcl/tk 文件的缺省安装路径为"C:\

图 2.6　注册页面 1

图 2.7　注册页面 2

Tcl"。安装 tcl/tk 文件时建议采用缺省安装路径,否则在编译 OpenSees 源代码时可能出错。

(4) 解压下载的 OpenSees 文件,提取出 OpenSees. exe 可执行文件。用户可把这个可执行文件放到系统的任何地方,最好将所有脚本文件与 OpenSees. exe 放在同一个路径下,建议放在"C:\Program Files\OpenSees\bin" 路径下。打开 OpenSees. exe 文件,即可进入运行界面,如图 2.9 所示。

(5) 在 DOS 终端下,一般有 3 种方式来运行 OpenSees/Tcl 命令:

① 屏幕交互式输入。直接在运行界面提示处输入命令,如图 2.10 所示(Windows 32 版本)。

② 调用执行文件。该方法是运行 OpenSees 的最常用方法。包含输入命令的外部文件,可以生成一个输入脚本文件,如 inputFile. tcl。该文件可以在 OpenSees 提示符处用 source 命令运行,如图 2.11 所示。

③ 批处理模式。把先创建的包含运行分析所需的 Tcl 命令的输入文件在 MS – DOS/Unix 提示符中执行,如图 2.12 所示(Windows 32 版本)。

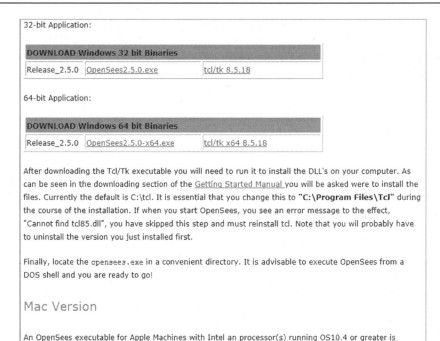

图 2.8 OpenSees 下载页面

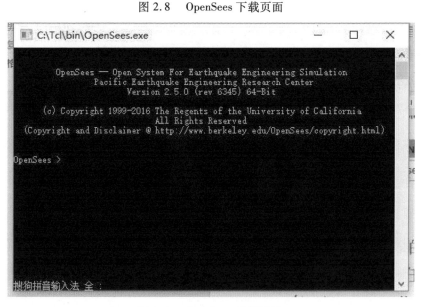

图 2.9 OpenSees 运行界面

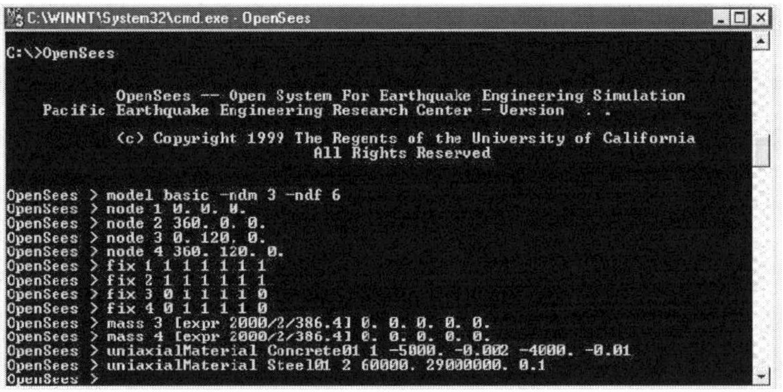

图 2.10　屏幕交互式输入

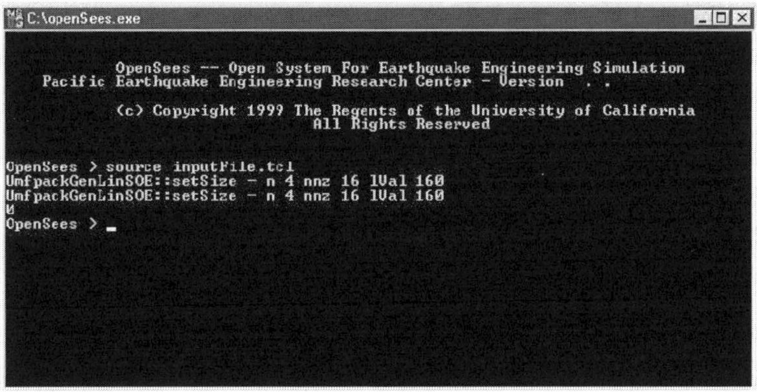

图 2.11　调用执行文件

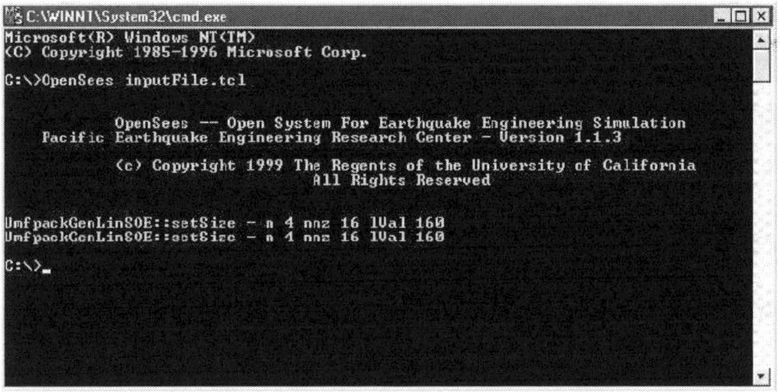

图 2.12　批处理模式

（6）为便于 OpenSees 的使用，部分学者开发了一些针对 OpenSees 的前后处理工具。用户使用在 USER 页面（图 2.4）下点击"Tools"，即可下载相应软件，主要有：

①Cypress。由 Mazdak Shojaie 开发的针对 OpenSees 的文件编辑软件，可帮助用户轻松地编写和管理代码。

②OpenSees Navigator。该软件是 Andreas Schellenberg 和 Tony Yang 开发的基于 matlab 接口的图形化 OpenSees 前后处理软件，可以进行快速建模、运行分析和查看分析结果等，如图 2.13 所示。

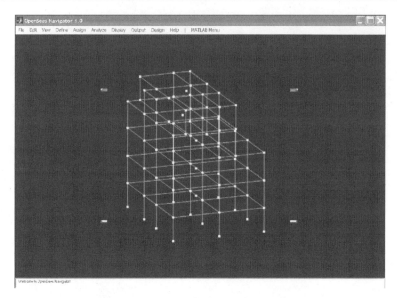

图 2.13　OpenSees Navigator 程序界面

③NextFEM Designer。该软件具有友好的用户界面,可单独使用,也可作为 OpenSees、SAP2000、ABAQUS/CalculiX、OOFM、Midas GEN 等广泛使用的有限元软件的前处理或后处理软件,如图 2.14 所示。

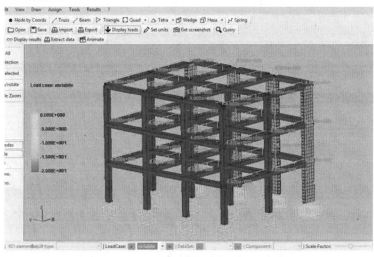

图 2.14　NextFEM Designer 程序界面

④ETO(ETABS to OpenSees)。ETO 是由陈学伟开发的一款具有与 ETABS 交互接口的 OpenSees 前后处理软件,结构建模和查看分析结果均可在 ETO 的集成用户界面中进行。ETO 的操作完全基于 3D 环境,图形显示可以在平面视图、正视图和三维视图之间进行切换,如图 2.15 所示。该软件与 OpenSees 的其他前处理软件不同,可导出由 ETABS 生成的 s2k(Sap2000 v6)文件,并且不需要用户重新学习构建模型的基本方法。在后处理过程中,其可以可视化地直观展示 OpenSees 的分析结果,包括节点位移、截面变形和模态。

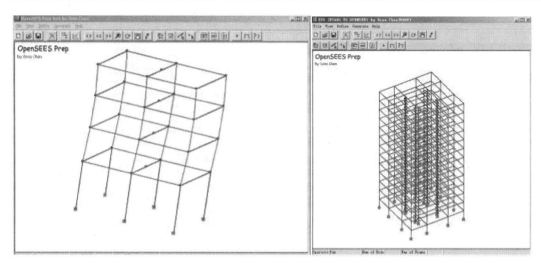

图 2.15　ETO 程序界面

2.3　TCL 语言简介

TCL 为工具命令语言,TCL 和与之关联的图形用户界面工具包(Tk) 是由加州大学的 John Ousterhout 教授设计并编写的。它其实是指两样东西:一种脚本语言以及该脚本语言的解释器,该解释器可以很容易地嵌入到应用程序中。TCL 扮演了一种扩展语言的角色,用来配置和定制应用程序。用户可以通过添加一个 TCL 解释器,将自己的应用程序组织成一组操作原语,并使用这些原语来构造最符合用户需求的脚本程序。OpenSees 的前后处理程序即是基于 TCL 实现的,用户通过 TCL 语言实现定义分析对象的模型信息、加载方式、方程建立、求解方式、结果记录等。

1. 命令的基本语法

TCL 是一种基于字符串的命令语言,一条命令就可以完成某种工作,如输出一个字符串、计算一个数学表达式或是在屏幕上显示一个组件等。TCL 将任何东西都转换成命令的形式,对于像变量赋值和过程定义之类的编程结构也是如此。TCL 施加数量极少的语法来恰当地进行命令调用,然后将所有实质性的工作交由命令来实现。

一条 TCL 命令的基本语法为:

command arg1 arg2 arg3 …

其中,command 是内建命令名或 TCL 过程,arg1 arg2 arg3 为命令的变量(参数),空格用于分隔命令名和参数,换行符或分号表示一条命令的结束。

TCL 的一些核心命令见表 2.1。

表 2.1　TCL 核心命令

命令	说　明
after	安排一条 TCL 命令晚些时候执行
append	将变量追加到一个变量值的后面(不会增加空格)

续表2.1

命令	说　　明
array	查询数组的状态并搜索其中的元素
binary	在字符串与二进制数据之间进行转换
break	提前退出循环
catch	捕获错误
cd	改变工作目录
clock	获取时间及格式化日期字符串
close	关闭一个打开的 I/O 流
concat	带有空格的变量链接,列表拼接
console	控制用于交互式键入命令的主控
continue	继续下一次循环迭代
error	报错
eof	检测文件结束
eval	将变量连接在一起,并作为一条命令来计算
exec	创建过程并执行一个 UNIX 程序
exit	终止进程
expr	计算一个数学表达式
fblocked	轮询一个 I/O 通道以查看数据是否准备好
fconfigure	设置和查询 I/O 通道的属性
fcopy	从一个 I/O 通道拷贝到另一个 I/O 通道
file	查询文件系统
fileevent	为事件驱动的 I/O 注册回调
flush	刷新输出一个 I/O 流的内部缓冲区
for	与 C 语言中 for 语句类似的循环结构
foreach	对一个列表或多个列表中的值进行循环处理的结构
format	格式化字符串,类似于 C 语言中的 sprintf
gets	从 I/O 流中读取一行输入
glob	将模式扩展为匹配的文件名
global	声明全局变量
history	使用命令行历史记录
if	条件测试,允许 else 和 elseif 子句
incr	给变量增加一个整数变量

续表2.1

命令	说　明
info	查询 TCL 解释器的状态
interp	创建附加的 TCL 解释器
join	使用给定的分隔符字符串来连接列表元素
lappend	将元素增加到列表的结尾
lindex	获取列表中的一个元素
linsert	向列表中插入一个元素
list	由变量来创建一个列表
llength	返回列表中元素的个数
load	加载定义 TCL 命令的共享库
lrange	返回列表元素的区间
lreplace	替换一个列表中的元素
lsearch	搜索匹配某个模式的列表元素
lsort	列表排序
namespace	创建和操作名字空间
open	打开文件或进程管道用于 I/O 操作
package	提供或请求代码软件包
pid	返回进程 ID
proc	定义 TCL 过程
puts	将一个字符串输出到 I/O 流中
pwd	返回当前的工作目录
read	从 I/O 流中成块地读取字符数据
regexp	匹配正则表达式
regsub	基于正则表达式的替换
rename	改变 TCL 命令的名字
return	从过程中返回值
scan	根据格式说明来解析字符串
seek	设置 I/O 流的定位偏移量
set	将值赋给变量
socket	打开一条 TCP/IP 网络连接
source	计算文件中的 TCL 命令
split	将字符串切分为列表元素

续表2.1

命令	说　　明
string	字符串操作
subst	对内嵌命令和变量引用进行替换
swith	检测多个条件
tell	返回 I/O 流的当前定位偏移量
time	度量一条命令的执行时间
trace	监控变量赋值
unknown	处理未知命令
unset	删除变量
uplevel	在不同的作用域中执行一条命令
upvar	引用位于不同作用域中的变量
variable	声明名字空间变量
vwait	等待变量被修改
while	一直循环,直到布尔表达式为假时跳出循环

2. 变量

(1) 简单变量。

一个 TCL 的简单变量包括变量名和值两部分。变量名和值都可以是任意的字符串,且区分大小写。set 命令可以用来创建、读取和修改变量,该命令需要一个或两个参数,第一个参数是变量名,第二个参数如果给出则是变量的值。

如在 DOS 环境下屏幕输入:set a "study hard" 或者 set a {study hard}

其中 a 为第一个参数,即创建一个新的变量 a;study hard 为第二个参数,"　"与{ }表示其中的参数为字符串。

在这个示例中,变量 a 被赋值为字符串 study hard,屏幕显示 study hard。

继续屏幕输入:set a

该命令返回变量的当前值,屏幕继续显示 study hard。

接下来屏幕输入:set a 100

此时该命令将 a 的值改为 100,并返回这个新值。

(2) 数组。

除了简单变量,TCL 还提供了数组。数组是元素的集合,每一个元素均为有自己名称和值的变量。数组元素的名称由两部分组成:数组名和数组中的元素名。数组名和元素名都可以是任意的字符串。如:

set earnings(January) 100

⇒ 100

set earnings(February) 200

⇒ 200

set earnings(January)

⇒ 100

在这个示例中,第一条命令创建数组 earnings,圆括号中的 January 是元素名,并被赋值为 100。第二条命令将数组中的元素 February 赋值为 200。第三条命令返回数组中 January 元素的当前值。

TCL 也可以模拟多维数组,如:

set m (1,1) 10

set m(1,2) 20

set m(2,1) 30

set m(2,2) 40

set A　$m(1,2)

⇒ 20

示例中 m 是 2 维数组,包含 4 个元素。最后一条 set 命令是将数组 m(1,2) 的值赋予变量 A,屏幕显示 A 的值,其中 $ 符号为调用该变量的值。

(3) 变量替换。

变量替换由 TCL 中的符号 $ 触发。在 $ 后面的字符被视为一个变量名,$ 和变量名都会被变量的值替换,实际表现即是调用该变量的值。如:

set a 5

set b　$a

⇒ 5

第一条命令将变量 a 的值设为 5,第二条命令是调用变量 a 的值,并赋值给变量 b。

3. 命令替换

TCL 提供的第二种替换形式是命令替换。命令替换通过方括号 [ ] 表示,TCL 解释器将位于方括号之间的所有内容作为一条嵌套命令来计算。如:

set a [string length football]

⇒ 8

示例中,string length football 为嵌套命令,string length 命令返回字符串 football 的长度(与 string length ″football″ 的结果一致)。嵌套命令最先执行,然后命令替换会重写外层命令,如下所示:

set a 8

将字符串 football 的长度 8 赋值给变量 a。

如果一条命令中有多处命令替换,TCL 解释器会按照从左向右的顺序进行处理。每当遇到一个方括号时,它就会计算其间界定的命令。首先对嵌套命令进行计算会产生一种顺序合理的排列,嵌套命令的结果可以供外层命令在变量中使用。

4. 反斜线替换

TCL 提供的最后一种替换方式是反斜线替换,用于向单词中插入像" $ "这样会被 TCL 解释器认为是有特殊含义的字符。如:

set egg Price：\ $2.18/kilogram

⇒ Price：$2.18/kilogram

在这个示例中,反斜线 \ 后面的 $2.18/kilogram 被解释为一个单词, $ 符号会被作为普通字符处理而不会触发变量替换命令。同样,/ 符号也不会被看作是除法运算。TCL 支持的反斜线序列见表2.2。

表2.2 TCL 支持的反斜线序列

反斜线序列	说　　　明
\a	警告音
\b	删除
\f	换页符
\n	换行符
\r	回车
\t	制表符
\v	垂直制表符
\ < newline >	将换行符和下一行上的前导空白符替换为空格符
\\	反斜线(\)

5. 双引号和大括号

TCL 中双引号和大括号被用来将多个单词组成一个变量,两者的区别是:前者允许出现替换操作,即 TCL 解释器对双引号中的各种特殊字符将不做处理,但是对换行符及 $ 和[ ]会照常处理;而后者则会阻止替换的发生,即在大括号中所有特殊字符都将成为普通字符,失去其特殊意义,TCL 解释器不会对其做特殊处理。例如:

set s Hello

⇒ Hello

puts "The length of $s is [string length $s]."

⇒ The length of Hello is 5.

puts {The length of $s is [string length $s].}

⇒ The length of $s is [string length $s].

示例中的第二条命令,puts 为屏幕输出″ ″的内容,TCL 解释器会对双引号内的替换命令进行操作。[string length $s]相当于[string length Hello],所以返回其字符数5,这里不能认为[string length s]具有同样效果,因为这条命令将返回字符数1。在第三条命令中,由于大括号中的替换被阻止,因此字符串按照原样被显示出来。

6. 表达式

TCL 解释器本身并不对数学表达式进行计算,而 expr(expression 的简写)命令用来对数学表达式进行计算,expr 所支持的数学语法与 C 语言表达式的语法相同,该命令可以处理整数、浮点数和布尔值。整数可以是十进制的(普通格式)、二进制的(开头两个字符是

0b)、八进制的(开头两个字符是0o) 或十六进制的(开头两个字符是0x),TCL 表达式支持的算术操作符见表2.3。

表2.3　TCL 表达式支持的算术操作符

操作符	说　　明
$-$, $\sim$, !	负号,逐位非(NOT),逻辑非(NOT)
$*$, $/$, %	乘,除,取余
$+$, $-$	加,减
$<$, $>$, $<$, $=$, $>$, $=$	小于,大于,小于等于,大于等于
$==$, ! $=$	逻辑等,逻辑不等
&&	逻辑与(AND)
‖	逻辑或(OR)

注:按照从高到低的优先级顺序进行排列

数学表达式中可以包含变量引用和嵌套命令。下面的例子使用expr来计算a的值与字符串football的长度之和。expr命令后空一格,[string length football] $+$ $ a则表示football的字符数与a变量的值相加,即8 $+$ 7,最后将结果15赋值给变量b。

set a 7
setb [expr [string length football] $+$ $ a]
$\Rightarrow$ 15

TCL 表达式运算器支持许多内建的数学函数,见表2.4。例如计算圆周率π的值。
set pi [expr 2 $*$ asin(1.0)]
$\Rightarrow$ 3.1415926535897931

使用expr命令时,建议将整个表达式用方括号括起来,因为 TCL 处理带括号表达式的效率要远高于处理没带括号表达式的情况,另外,还能避免在代码中出现一些难以发现的漏洞。

表2.4　TCL 表达式运算器支持的内建数学函数

函数	说　　明
$acos(x)$	x 的反余弦
$asin(x)$	x 的反正弦
$atan(x)$	x 的反正切
$atan2(x,y)$	直角坐标(x,y) 转化为极坐标(r,th),$atan\,2(x,y)$ 给出 th
$ceil(x)$	大于或等于x 的最小整数值
$cos(x)$	x 的余弦
$cosh(x)$	x 的双曲余弦
$exp(x)$	指数,e^x
$floor(x)$	小于或等于x 的最大值

续表2.4

函数	说　　明
fmod(x,y)	x/y 的浮点余数
hypot(x,y)	返回 squrt$(x*x+y*y)$,也就是极坐标的 r
log(x)	x 的自然对数
log10(x)	x 以 10 为底的对数
pow(x,y)	x 的 y 次幂,x^y
sin(x)	x 的正弦
sinh(x)	x 的双曲正弦
sqrt(x)	x 的平方根
tan(x)	x 的正切
tanh(x)	x 的双曲正切
abs(x)	x 的绝对值
double(x)	将 x 转换为浮点数
int(x)	将 x 转换为整数
round(x)	将 x 舍入为整数
rand(x)	返回一个 0.0 到 1.0 之间的随机浮点数值
srand(x)	将随机数发生器的种子设置为整数 x

7. 字符串

字符串是 TCL 中的基本数据项,因此具有丰富的字符串操作功能。常用字符串操作命令有 string、append、format、scan 和 binary。string 命令是字符串操作命令集合,如 string length 用于计算字符串的长度;string equal 用于比较两个字符串,若两个字符串严格相同,则返回 1,否则返回 0。

8. 列表

TCL 使用列表来处理各种集合,如一个组内的所有用户、一个文件夹中的所有文件以及一个组件的所有选项。列表允许把任意数量的值集合在一起,把集合作为一个实体传递,从集合中取得各成员的值。列表是元素的有序集合,常用的列表命令有 list、lindex、length、lrange、lappend、linsert、lreplace、lsearch、lsort、concat、join 和 split 等。例如,采用 list 命令创建一个列表:

set x {1 2}

⇒ 1 2

set y foo

⇒ foo

set L1 [list $ x "a b" $ y]

$\Rightarrow$ {1 2} {a b} foo

　　set L2 " $ x {a b} $ y"

$\Rightarrow$ {1 2} {a b} foo

9. 控制结构

　　TCL 中的控制结构是通过使用命令来实现的,与 C 语言类似。这些命令中包括循环命令:while、foreach 和 for;条件命令:if 和 switch;错误处理命令:catch;微调控制结构命令:break、continue、return 和 error。

　　(1)if 命令。

　　if 命令是基本的条件命令,如果表达式为真,它就会执行一个命令体,否则执行另一个命令体。第二个命令(else 语句)是可选的。该命令的语法为:

　　if expression?　then body1 else body2

　　关键词 then 和 else 是可选的,也可以使用 elseif 来创建更多的判定条件,通常使用大括号将命令体括起来,例如:

　　set a 0.5

　　if{ $ a < 0} {

　　　set b 30

　　} elseif { $ a = 0} {

　　　set b 40

　　} else {

　　　set b － 10

　　}

$\Rightarrow$ － 10

　　(2)switch 命令。

　　switch 命令根据表达式值的不同,分别执行多个分支命令体中的一个。switch 命令可以由 if 命令加上很多 elseif 子句达到,也可以采用更为简洁的表达式结构,例如:

　　set a 10

　　switch $ a {

　　　　10 {incr a 5}

　　　　20 {incr a 10}

　　}

$\Rightarrow$ 15

　　switch 的第一个参数是要检测的值,即示例中的变量 a。如果 a 的值为 10,将执行后面在其变量值上增加 5 的操作;如果 a 为 20,则加 10;如果所有匹配均不成功,则不执行任何操作。

　　(3)while、for 和 foreach 命令。

　　这 3 个循环命令均是用来循环执行一段脚本,不同之处在于它们进入迭代前的设置以及退出循环的方式。

　　while 命令包括两个部分:一个表达式和一段 TCL 脚本。它先处理表达式的逻辑判断,如果表达式为逻辑真,就执行脚本,这个过程不断重复直到表达式为假时循环终止。下例中求从 1 加到 10 的总和,当 a 小于等于 10 时,判断条件为逻辑真,进入循环脚本执行每次对 a 的累加,并令计数器 a = a + 1,直到 a 大于 10 后退出循环,屏幕返回求和结果。

```
set sum 0;
seta 1;
setb 10;
while { $ a > = $ b} {
    incrsum $ a;
    incr a 1;
}
puts"Sum = $ sum"
```
⇒ Sum = 55

for 循环命令与 while 命令相似,它直接提供对循环的控制。用 for 命令求 1 到 10 之和的程序如下:

```
set a 1;
set b 10;
set c 0;
for {set a 1} { $ a < = 10} {incr a 1} {
    incr c $ a;
}
puts "Sum = $ c"
```
⇒ Sum = 55

for 循环包括 4 个部分:第一个大括号内是参数的初始化,第二个大括号内为终止循环的表达式,第三个大括号内为计数器,第四个大括号内为执行的脚本。如果终止循环条件为假,则循环不会运行。

foreach 命令执行一个循环,循环的变量是一个或多个列表的元素。foreach 命令包含 3 部分,第一部分是列表中的变量,第二部分是一个或多个列表(数组),第三部分是构成循环体的 TCL 脚本。以下给出一个例子,foreach 命令通过遍历一个列表中的所有元素,实现在列表前插入数值从而形成一个新的列表。

```
set number 0;
set listone {1 3 5 7 9};
foreach i $ listone {
    set listone [linsert $ listone 0 $ i];
    incr number 1;
}
puts "cyclic number = $ number"
puts $ listone
```
⇒ cyclic number = 5
⇒ 9 7 5 3 1 1 3 5 7 9

number 为计数器,可以看出循环结束时,共进行了 5 次循环,说明 foreach 命令遍历了 listone 列表的每一个元素。linsert 命令向以前的列表中插入一个元素,产生新的列表。如果 index 等于或者小于 0,则元素插入在列表的最前方。上述例子中,foreach 命令首先找到 listone 列表中的第一个元素 1,在[linsert $ listone 0 $ i]命令中,由于 index 等于 0,即将第一个变量的值 $ i 插入到原来列表 listone 的最前面,形成一个新的列表{1 1 3 5 7 9},依次进行循环,最终得到的列表为{9 7 5 3 1 1 3 5 7 9}。

(4)break 与 continue 命令。

break 与 continue 命令用于退出部分或全部循环,这些命令的行为与 C 语言中对应的语句相同,它们都不需要任何参数。break 命令让引起最内层循环的命令立即终止循环;continue 命令只终止最内层循环的当前迭代步,循环继续执行它的下一迭代步。从编程结构化方面来看,不建议在循环语句中过多使用 break 与 continue 命令,因为这会使循环过程突然发生变化且难以发现问题的出处。

10. 过程

TCL 使用 proc 命令来定义过程,过程一经定义,就可以像使用其他内建的 TCL 命令一样来使用它,其实质就是定义一个子程序。定义过程的一般语法为:

proc name arglist body

第一个参数是要定义的过程名,即子程序名称。第二个参数是要传递给子程序的参数列表,创建为局部变量,与编程语言中的实参及虚参概念一致。第三个参数为命令体,其中包含了一条或更多的 TCL 命令。过程名称区分大小写,实际上它可以包含任意字符,过程名与变量名之间不会发生冲突。定义一个过程的具体操作如下:

```
proc Diag {a b} {
    set c [expr sqrt( $ a * $ a + $ b * $ b)]
    return $ c
}
```

return 命令用来返回过程的结果。在这个示例中,return 命令是可以忽略的,因为 TCL 解释器将会以命令体中最后一条命令的值作为过程的值来返回。

示例中定义了名为 Diag 的子程序,其目的是在给定其他两边长度的情况下,计算一个直角三角形斜边的长度。sqrt 函数的功能是取平方根。

11. 注释

如果一条 TCL 命令的第一个字符是 #,那么这一行将被视为注释而忽略。注意:注释符必须出现在 TCL 预期将获得命令的第一个字符的位置上。如果注释符出现在其他地方,则会被看作一个普通字符,看成一个命令单词的一部分。若将一条注释追加到命令尾部,需要在 # 字符前加上一个分号,以结束前面的命令。如:

```
# Here are some parameters
setfc 27.0;        # The axial compressive strength of concrete
set modulus 200;  # The elastic modulus of concrete is 200 GPa
```

第3章 钢筋混凝土材料单轴滞回本构模型

3.1 单轴滞回本构的概念

钢筋混凝土材料的单轴滞回本构是指在外部单轴受力下（单轴受压、受拉）的加载 → 卸载 → 再加载反复作用下,材料内部应力与应变之间的物理关系,其在细观意义上描述了钢筋混凝土材料的基本力学性质。钢筋混凝土是由混凝土和钢筋组成的复合材料,因此混凝土和钢筋的应力 – 应变关系是研究钢筋混凝土构件和结构在外部荷载作用下变形及运动的基础。本书主要介绍基于 OpenSees 中纤维截面的钢筋混凝土构件及结构的非线性分析,故本章重点介绍单轴荷载作用下钢筋混凝土材料的应力 – 应变关系。图 3.1 所示为重复荷载下混凝土与软钢的应力 – 应变关系曲线。

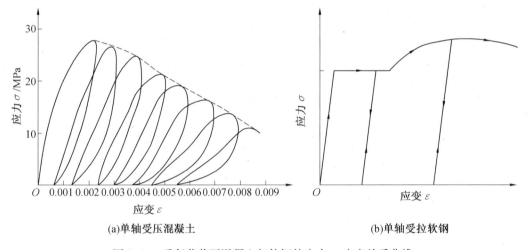

(a)单轴受压混凝土　　　　　　　　　(b)单轴受拉软钢

图 3.1　重复荷载下混凝土与软钢的应力 – 应变关系曲线

3.2 单调荷载下的本构关系

已有研究表明,混凝土材料在单轴反复荷载下滞回应力 – 应变关系曲线的包络线与单调荷载下的应力 – 应变关系曲线基本重合,因此建立本构模型时多用单调荷载下的本构关系模型作为反复荷载下滞回本构模型的包络线。

3.2.1 典型的混凝土单轴受压应力 – 应变关系曲线

混凝土单轴受压应力 – 应变关系反映了混凝土受力关系的重要力学特征,是分析混凝土构件承载力和变形计算的必要依据,也是钢筋混凝土非线性分析的基础。混凝土受压时

典型的应力 - 应变全过程曲线如图 3.2 所示,曲线的几何形状和特征点反映了混凝土受压后的变形、裂缝发展、损伤累积及破坏等全过程中各阶段的特性。曲线上升段大体可分为 3 段:oa 段为近似直线段,a 点应力为 $(0.3 \sim 0.4)f_c$。ab 段为稳定微裂缝的扩展导致的非线性上升段,b 点应力称为临界应力,为 $(0.8 \sim 0.9)f_c$。此后,混凝土内部微裂缝扩展加快,混凝土达到短期荷载的极限应力,即 c 点对应的峰值应力点,与其对应的峰值点应变 ε_0 约为 0.002。此时,在控制应变增长速率条件下,可得到下降段。当应力下降到 $(0.9 \sim 1.0)f_c$ 时,约为图中 d 点对应位置,试件表面出现第一条可见裂缝。随着应变继续增加,试件表面相继出现多条不连续的纵向裂缝,与之相应,应力也迅速下降。达到 e 点,应力下降到 $(0.4 \sim 0.6)f_c$ 时,试件表面出现宏观斜裂缝并逐步贯通。

影响混凝土单轴受压应力 - 应变关系曲线的因素很多,主要有混凝土强度、加载速率和横向约束条件等。

对于不同强度的混凝土,其应力 - 应变关系曲线的形状是相似的,如图 3.3 所示。比较可知,混凝土强度越高,其峰值应力所对应的应变就越大,曲线下降段也更陡峭。

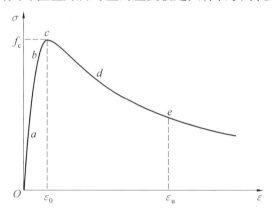

图 3.2　单轴受压时典型的应力 - 应变关系曲线

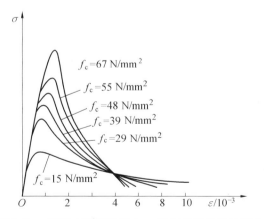

图 3.3　混凝土强度对应力 - 应变关系曲线的影响

加载速度越快,应变速率越高,则峰值应力有所提高,但曲线坡度较陡;反之,曲线比较平坦,并且极限应变比较大,如图 3.4 所示。

混凝土单向受压时,将在侧向产生膨胀变形。如果是横向配置较密的箍筋,则混凝土的

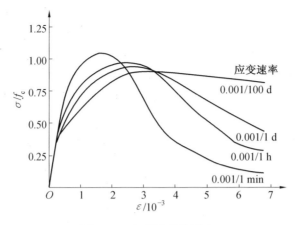

图 3.4　加载速率的影响

横向膨胀变形及内部微裂缝的发展受到约束,此时混凝土的强度和延性将得到提高,其提高幅度与横向约束程度(包括箍筋直径、强度、间距及形状等)有关,如图 3.5 所示。由图还可看出,侧向约束对应力－应变关系曲线下降段的影响更大,侧向约束作用越强,则曲线下降段越平缓。

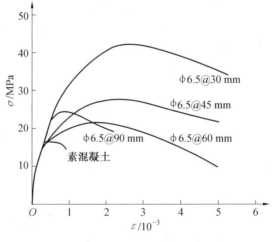

图 3.5　侧向约束的影响

3.2.2　混凝土单轴受压本构模型

针对混凝土单轴受压时的应力－应变关系,国内外学者已提出了许多不同的本构模型,下面简要介绍应用较广且有代表性的模型。

1. Hongnestad 模型

Hongnestad 提出了分段形式的混凝土单轴受压本构模型,上升段为抛物线形式,下降段为斜直线,如图 3.6 所示。该模型在世界范围内应用较为广泛,其具体数学表达式为

$$
\begin{cases}
\sigma = \sigma_0 \left[\dfrac{2\varepsilon}{\varepsilon_0} - \left(\dfrac{\varepsilon}{\varepsilon_0} \right)^2 \right] & (\varepsilon \leqslant \varepsilon_0) \\[3mm]
\sigma = \sigma_0 \left[1 - 0.15 \left(\dfrac{\varepsilon - \varepsilon_0}{\varepsilon_u - \varepsilon_0} \right) \right] & (\varepsilon_0 < \varepsilon \leqslant \varepsilon_u)
\end{cases}
\tag{3.1}
$$

式中，ε_0 为混凝土峰值压应变，$\varepsilon_0 = 2(\sigma_0/E_0)$；$E_0$ 为混凝土的弹性模量；σ_0 为混凝土峰值压应力，考虑混凝土的长期受压性能，$\sigma_0 = 0.85 f'_c$（f'_c 为混凝土圆柱体抗压强度）。

Hongnestad 建议理论分析时取极限压应变 ε_u 为 0.003 8，而在设计计算时可取 $\varepsilon_u = 0.003$。模型采用直线来模拟混凝土的下降段，既表达简洁又抓住了混凝土材料的主要力学特征，但在峰值点处存在曲线不可导的缺点。

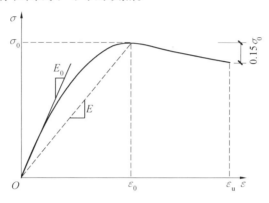

图 3.6　Hongnestad 模型

2. Desayi & Krishnan 模型

Desayi & Krishnan 模型用统一的数学表达式来描述应力 – 应变曲线的上升段和下降段，其具体数学表达式为

$$
\sigma = \frac{E\varepsilon}{1 + \left(\dfrac{\varepsilon}{\varepsilon_0} \right)^2}
\tag{3.2}
$$

式中，ε_0 为峰值应变，通常取 0.002；E 为混凝土的弹性模量。其曲线形式如图 3.7 所示。

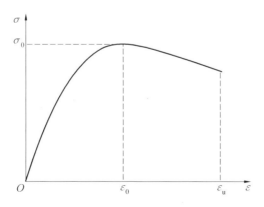

图 3.7　Desayi & Krishnan 模型

3. Saenz 模型

1964 年,Saenz 提出的单轴本构模型也采用了统一的数学描述,在分母部分加入了关于应变的一次项,其数学表达式为

$$\sigma = \frac{E_0 \varepsilon}{1 + \left(\dfrac{E_0}{E_s} - 2\right)\left(\dfrac{\varepsilon}{\varepsilon_0}\right) + \left(\dfrac{\varepsilon}{\varepsilon_0}\right)^2} \tag{3.3}$$

式中,E_0 为混凝土的弹性模量;E_s 为峰值点处的割线模量,$E_s = \sigma_0/\varepsilon_0$,其中 σ_0、ε_0 分别为峰值应力和峰值应变。

4. Elwi 和 Murray 模型

由于 Saenz 模型能很好地反映混凝土的单轴受压应力 – 应变关系曲线,且上升段公式也不复杂,因而引起广泛关注。为了更好地反映混凝土应力 – 应变关系曲线下降段的性质,1979 年 Elwi 和 Murray 对 Saenz 模型进行了改进及修正,改进后模型的数学表达式为

$$\sigma = \frac{\varepsilon}{A + B\varepsilon + C\varepsilon^2 + D\varepsilon^3} \tag{3.4}$$

式中,A、B、C、D 可根据下列 5 个边界条件来确定(图 3.8):

① 原点处:$\varepsilon = 0$ 时,$\sigma = 0$;(自然满足)

② 原点处:$\varepsilon = 0$ 时,$\dfrac{\mathrm{d}\sigma}{\mathrm{d}\varepsilon} = E_0$;

③ 峰值点处:$\varepsilon = \varepsilon_0$ 时,$\sigma = \sigma_0$;

④ 峰值点处:$\varepsilon = \varepsilon_0$ 时,$\dfrac{\mathrm{d}\sigma}{\mathrm{d}\varepsilon} = 0$;

⑤ 极限点处:$\varepsilon = \varepsilon_u$ 时,$\sigma = \sigma_u = k\sigma_0$。

第一控制条件可以自然满足,故可采用余下 4 个控制条件确定 4 个参数,可得

$$\sigma = \frac{E_0 \varepsilon}{1 + \left(R + \dfrac{E_0}{E_s} - 2\right)\left(\dfrac{\varepsilon}{\varepsilon_0}\right) - (2R - 1)\left(\dfrac{\varepsilon}{\varepsilon_0}\right)^2 + R\left(\dfrac{\varepsilon}{\varepsilon_0}\right)^3} \tag{3.5}$$

式中

$$R = \frac{\dfrac{E_0}{E_s}\left(\dfrac{\sigma_0}{\sigma_u} - 1\right)}{\left(\dfrac{\varepsilon_u}{\varepsilon_0} - 1\right)^2} - \frac{1}{\dfrac{\varepsilon_u}{\varepsilon_0}} \tag{3.6}$$

公式(3.6)在有限元分析中应用较广,有限元分析程序 ADINA 中采用了这一应力 – 应变单轴本构模型。

5. Sargin 模型

Sargin 于 1971 年对 Saenz 模型进行了改进,模型的数学表达式为

$$\sigma = k_3 f_c \frac{A\left(\dfrac{\varepsilon}{\varepsilon_0}\right) + (D - 1)\left(\dfrac{\varepsilon}{\varepsilon_0}\right)^2}{1 + (A - 2)\left(\dfrac{\varepsilon}{\varepsilon_0}\right) + D\left(\dfrac{\varepsilon}{\varepsilon_0}\right)^2} \tag{3.7}$$

式中，$A = E_0/E_s$，其中 E_0 为初始弹性模量，E_s 为应力达到峰值时的割线模量，$E_s = \sigma_0/\varepsilon_0$；$k_3$ 为箍筋约束对抗压强度的影响系数，$k_3 = \sigma_0/f_c$，当 $k_3 = 1$ 时，适合于无约束的素混凝土；参数 D 主要影响下降段的形状，而对上升段影响很小，不同 D 值时的应力 – 应变关系曲线如图 3.9 所示。由于这一模型考虑了箍筋的约束影响，故适合用来描述各种强度混凝土及箍筋约束混凝土的本构关系，在有限元分析中应用较广。

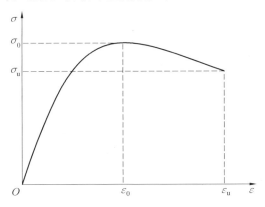

图 3.8　Elwi 和 Murray 模型

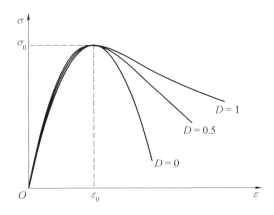

图 3.9　不同 D 值时的应力 – 应变关系曲线

6. Kent – Park 模型

1971 年，Kent – Park 提出了可以考虑箍筋约束作用的混凝土单轴受压分段式本构模型，其数学表达式为

$$\begin{cases} f_{c} = f'_{c} \left[\dfrac{2\varepsilon_{c}}{0.002} - \left(\dfrac{\varepsilon_{c}}{0.002} \right)^{2} \right] & (0 \leqslant \varepsilon_{c} \leqslant 0.002) \\[3mm] f_{c} = f'_{c} [1 - Z(\varepsilon_{c} - 0.002)] & (0.002 < \varepsilon_{c} \leqslant \varepsilon_{20c}) \\[3mm] f_{c} = 0.2 f'_{c} & (\varepsilon_{c} > \varepsilon_{20c}) \end{cases} \tag{3.8}$$

式中,f_{c}、ε_{c} 分别为任一点的单轴受压应力和相应的应变;f'_{c} 为混凝土圆柱体抗压强度;ε_{20c} 为应力下降到峰值应力的 20% 时所对应的应变值;Z 由下式确定:

$$Z = \frac{0.5}{\varepsilon_{50u} + \varepsilon_{50c} - 0.002} \tag{3.9}$$

式中,ε_{50u}、ε_{50c} 分别为未约束素混凝土及箍筋约束混凝土的应力下降到峰值应力的 50% 时对应的应变,ε_{50u} 由下式计算:

$$\varepsilon_{50u} = \frac{3 + 0.002f'_{c}}{f'_{c} - 1\,000} \tag{3.10}$$

$$\varepsilon_{50c} = \frac{3}{4} \rho_{s} \sqrt{\frac{b''}{s_{h}}} \tag{3.11}$$

式中,ρ_{s} 为箍筋体积配箍率;b'' 为箍筋约束核心区混凝土的宽度;s_{h} 为箍筋间距。

该模型下降段斜率由对应于 50% 峰值应力处的应变决定,但是模型没有考虑箍筋约束作用对混凝土强度的提高,认为约束混凝土达到峰值应力以前,箍筋没有起到作用,且约束混凝土的峰值应变与未约束素混凝土相同,均为 0.002,如图 3.10 所示。

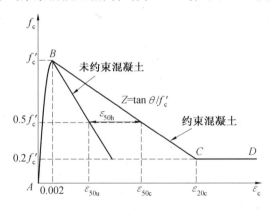

图 3.10 Kent – Park 模型

1982 年,Scott 针对 Kent – Park 模型的不足,对其进行了改进,考虑了箍筋约束作用对混凝土强度和应变的提高及不同加载速率对应力 – 应变关系的影响,其数学表达式为

$$\begin{cases} f_{c} = Kf'_{c} \left[\dfrac{2\varepsilon_{c}}{0.002K} - \left(\dfrac{\varepsilon_{c}}{0.002K} \right)^{2} \right] & (0 \leqslant \varepsilon_{c} \leqslant 0.002K) \\[3mm] f_{c} = Kf'_{c} [1 - Z_{m}(\varepsilon_{c} - 0.002K)] & (0.002K < \varepsilon_{c} \leqslant \varepsilon_{cu}) \\[3mm] f_{c} = 0.2Kf'_{c} & (\varepsilon_{c} > \varepsilon_{cu}) \end{cases} \tag{3.12}$$

低加载速率下:

$$K = 1 + \frac{\rho_{s}f_{yh}}{f'_{c}} \tag{3.13}$$

$$Z_m = \frac{0.5}{\dfrac{3 + 0.29f'_c}{145f'_c - 1\,000} + \dfrac{3}{4}\rho_s\sqrt{\dfrac{h''}{s_h}} - 0.002K} \tag{3.14}$$

高加载速率下:

$$K = 1.25\left(1 + \frac{\rho_s f_{yh}}{f'_c}\right) \tag{3.15}$$

$$Z_m = \frac{0.625}{\dfrac{3 + 0.29f'_c}{145f'_c - 1\,000} + \dfrac{3}{4}\rho_s\sqrt{\dfrac{h''}{s_h}} - 0.002K} \tag{3.16}$$

混凝土极限压应变 ε_{cu} 采用下式计算:

$$\varepsilon_{cu} = 0.004 + 0.9\rho_s\frac{f_{yh}}{300} \tag{3.17}$$

式中, f_{yh} 为箍筋的屈服强度。

OpenSees 中应用最多的 Concrete01、Concrete02 等混凝土单轴本构模型采用这一模型形式。

7. Mander 模型

1988 年,Mander 基于足尺钢筋混凝土柱的轴心受压试验,提出了箍筋约束混凝土本构模型,如图 3.11 所示,其数学表达式为

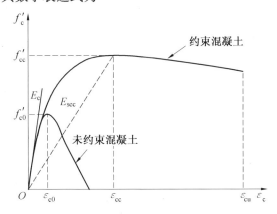

图 3.11   Mander 模型

$$f_c = \frac{f'_{cc}xr}{r - 1 + x^r} \tag{3.18}$$

其中

$$x = \frac{\varepsilon_c}{\varepsilon_{cc}} \tag{3.19}$$

$$\varepsilon_{cc} = \varepsilon_{c0}\left[1 + 5\left(\frac{f'_{cc}}{f'_{c0}} - 1\right)\right] \tag{3.20}$$

$$f'_{cc} = f'_{c0}\left[-1.254 + 2.254\sqrt{1 + \frac{7.94f'_l}{f'_{c0}}} - 2\frac{f'_l}{f'_{c0}}\right] \tag{3.21}$$

$$r = \frac{E_c}{E_c - E_{sec}} \tag{3.22}$$

$$E_c = 5\,000 \sqrt{f'_{c0}} \tag{3.23}$$

$$E_{sec} = \frac{f'_{cc}}{\varepsilon_{cc}} \tag{3.24}$$

上面几个式中，f'_{c0} 为未约束素混凝土峰值应力；ε_{c0} 为未约束混凝土峰值应变，可取 0.002；f'_{cc}、ε_{cc} 分别为箍筋约束混凝土峰值应力和应变；E_c 为混凝土初始弹性模量；E_{sec} 为应力达到峰值时的割线模量；f'_l 为箍筋有效约束应力，与箍筋的形式和强度有关，其计算公式为

$$f'_l = k_e f_l \tag{3.25}$$

$$f_l = \frac{1}{2}\rho_s f_{yh} \tag{3.26}$$

以上两式中，k_e 为箍筋有效约束作用系数，与箍筋的形式和截面形状有关；f_l 为箍筋约束应力；ρ_s 为箍筋约束核心区的体积配箍率。

对圆形箍筋：

$$k_e = \frac{\left(1 - \dfrac{s'}{2d_s}\right)^2}{1 - \rho_{cc}} \tag{3.27}$$

对圆形螺旋箍筋：

$$k_e = \frac{1 - \dfrac{s'}{2d_s}}{1 - \rho_{cc}} \tag{3.28}$$

对矩形箍筋：

$$k_e = \frac{\left(1 - \displaystyle\sum_{i=1}^{n} \dfrac{w'^2_i}{6b_c d_c}\right)\left(1 - \dfrac{s'}{2b_c}\right)\left(1 - \dfrac{s'}{2d_c}\right)}{1 - \rho_{cc}} \tag{3.29}$$

上面几式中，ρ_{cc} 为箍筋约束核心区的纵筋配筋率；s' 为箍筋净距；d_s 为从中心线计算的圆形或螺旋箍筋直径；w'_i 为第 i 个纵筋净间距；b_c、d_c 分别为沿截面两个方向，箍筋中心线间距离，即分别为两个方向截面边长减去箍筋外皮算起的 2 倍保护层厚度及一倍箍筋直径。

8. 过镇海模型

清华大学过镇海等针对混凝土单轴受压应力 – 应变关系曲线形状特征，如图 3.12 所示。当采用无量纲坐标 $x = \varepsilon/\varepsilon_0$，$y = \sigma/f_c$ 时，则应力 – 应变关系曲线应满足下列数学条件：

(1) $x = 0, y = 0$;

(2) $0 \leqslant x < 1, \dfrac{d^2 y}{dx^2} < 0$，即上升段曲线的斜率单调减小，无拐点；

(3) $x = 1, \dfrac{dy}{dx} = 0, y = 1$，曲线单峰值（$C$ 点）；

(4) $\dfrac{d^2 y}{dx^2} = 0$ 处横坐标 $x_D > 1.0$，即下降段曲线上有一拐点（D 点）；

(5) $\dfrac{d^3 y}{dx^3} = 0$ 处横坐标 $x_E (> x_D)$，为下降段曲线上的曲率最大点（E 点）；

（6）当 $x \to \infty$ 时，$y \to 0$，$\dfrac{\mathrm{d}y}{\mathrm{d}x} \to 0$，下降段曲线可无限延长，收敛于横坐标，但不相交；

（7）全曲线 $x \geqslant 0,0 < y \leqslant 1$。

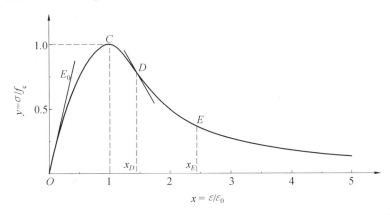

图 3.12 过镇海模型

根据应力 – 应变关系曲线上升段和下降段的形状，分别采用多项式和有理分式进行拟合，但是符合上述的 7 个数学条件，最终提出应力 – 应变关系标准曲线的基本方程为

$$\begin{cases} y = ax + (3 - 2a)x^2 + (a - 2)x^3 & (0 \leqslant x \leqslant 1) \\ y = \dfrac{x}{\alpha(x - 1)^2 + x} & (x > 1) \end{cases} \tag{3.30}$$

式中，a 和 α 分别为上升段和下降段的形状参数，分别与混凝土强度等级、水泥等因素有关。其中，上升段形状参数 a 可根据边界条件，当 $\varepsilon = 0$ 时，$\mathrm{d}\sigma/\mathrm{d}\varepsilon = E_0$，得

$$a = \frac{E_0}{E_{\mathrm{P}}} \tag{3.31}$$

式中，E_0 为混凝土初始弹性模量；E_{P} 为应力达到峰值时的割线模量，$E_{\mathrm{P}} = f_{\mathrm{c}}/\varepsilon_0$；同时由上述条件（2）的不等式，可得 $1.5 \leqslant a \leqslant 3.0$。

过镇海等提出的表达式考虑的影响因素更加全面，体现了应力 – 应变关系的几何特征，峰值点处导数连续，是一种精细型本构模型，适用于普通混凝土和高强混凝土，在我国得到广泛认可。

在对箍筋约束混凝土研究的基础上，过镇海等对上述素混凝土本构模型进行了改进和修正，且针对约束指标 λ_{t} 的大小不同引起曲线形状较大变化的情况，提出了两类曲线方程，其中约束指标 λ_{t} 由下式确定：

$$\lambda_{\mathrm{t}} = \mu_{\mathrm{t}} \frac{f_{\mathrm{yt}}}{f_{\mathrm{c}}} \tag{3.32}$$

式中，μ_{t} 为横向箍筋的体积配筋率；f_{yt} 为箍筋屈服强度；f_{c} 为未约束素混凝土峰值强度。

考虑箍筋约束作用的应力 – 应变曲线进行无量纲化时，$x = \varepsilon/\varepsilon_{\mathrm{pc}}$，$y = \sigma/f_{\mathrm{cc}}$，其中，$\varepsilon_{\mathrm{pc}}$、$f_{\mathrm{cc}}$ 分别为箍筋约束混凝土达到峰值时的应力和应变，与箍筋约束作用有关。

当 $\lambda_{\mathrm{t}} \leqslant 0.32$ 时：

$$f_{\mathrm{cc}} = (1 + 0.5\lambda_{\mathrm{t}})f_{\mathrm{c}} \tag{3.33}$$

$$\varepsilon_{\mathrm{pc}} = (1 + 2.5\lambda_{\mathrm{t}})\varepsilon_0 \tag{3.34}$$

此时,无量纲化的混凝土的应力－应变关系方程形式与素混凝土的方程(3.30)相同,但是上升段和下降段形状参数需考虑箍筋约束的影响,其表达式为

$$a_t = (1 + 1.8\lambda_t)a \tag{3.35}$$

$$\alpha_t = (1 - 1.75\lambda_t^{0.55})\alpha \tag{3.36}$$

当 $\lambda_t > 0.32$ 时:

$$f_{cc} = (0.55 + 1.9\lambda_t)f_c \tag{3.37}$$

$$\varepsilon_{pc} = (-6.2 + 25\lambda_t)\varepsilon_0 \tag{3.38}$$

此时对应的无量纲化的混凝土应力－应变关系表达为

$$y = \frac{x^{0.68} - 0.12x}{0.37 + 0.51x^{1.1}} \tag{3.39}$$

9. 我国《混凝土结构设计规范》(GB 50010—2010) 建议的公式

《混凝土结构设计规范》中正截面承载力计算规定采用的混凝土受压应力－应变关系为

$$\begin{cases} \sigma_c = f_c\left[1 - \left(1 - \dfrac{\varepsilon_c}{\varepsilon_0}\right)^n\right] & (\varepsilon_c \leqslant \varepsilon_0) \\ \sigma_c = f_c & (\varepsilon_0 < \varepsilon_c \leqslant \varepsilon_{cu}) \end{cases} \tag{3.40}$$

$$n = 2 - \frac{1}{60}(f_{cu,k} - 50) \tag{3.41}$$

$$\varepsilon_0 = 0.002 + 0.5(f_{cu,k} - 50) \times 10^{-5} \tag{3.42}$$

$$\varepsilon_{cu} = 0.003\,3 - (f_{cu,k} - 50) \times 10^{-5} \tag{3.43}$$

式中,f_c 为混凝土轴心抗压强度设计值;ε_0 为混凝土达到 f_c 时的混凝土压应变,当计算值小于 0.002 时,取 0.002;ε_{cu} 为正截面的混凝土极限压应变,当处于非均匀受压且计算值大于 0.003 3 时,取 0.003 3;$f_{cu,k}$ 为混凝土立方体抗压强度标准值;n 为形状系数,当计算值大于 2.0 时,取 2.0。

《混凝土结构设计规范》(GB 50010—2010) 附录 C 中,给出的混凝土单轴受压应力－应变关系公式为

$$\sigma = (1 - d_c)E_c\varepsilon \tag{3.44}$$

$$d_c = \begin{cases} 1 - \dfrac{\rho_c n}{n - 1 + x^n} & (x \leqslant 1) \\ 1 - \dfrac{\rho_c}{\alpha_c(x - 1)^2 + x} & (x > 1) \end{cases} \tag{3.45}$$

$$\rho_c = \frac{f_{c,r}}{E_c\varepsilon_{c,r}} \tag{3.46}$$

$$n = \frac{E_c\varepsilon_{c,r}}{E_c\varepsilon_{c,r} - f_{c,r}} \tag{3.47}$$

$$x = \frac{\varepsilon}{\varepsilon_{c,r}} \tag{3.48}$$

式中,d_c 为混凝土单轴受压损伤演化参数;α_c 为混凝土单轴受压应力－应变关系曲线下降

段参数值,可查表取值;$f_{c,r}$ 为混凝土单轴抗压强度代表值,其值可根据实际结构分析的需要分别取设计值、标准值或平均值;$\varepsilon_{c,r}$ 为与单轴抗压强度 $f_{c,r}$ 对应的混凝土峰值压应变,按附表中取值。

3.2.3　混凝土单轴受拉本构模型

混凝土的抗拉强度和变形是研究混凝土破坏机理的主要依据之一。然而,由于混凝土抗拉强度低、变形小、破坏突然,因此与受压相比,轴心受拉时的应力 – 应变全曲线的研究就少得多,在相当长的一段时间内,认为混凝土受拉是完全脆性的。深入研究发现,混凝土受拉应力 – 应变全曲线也存在软化阶段,即下降段,如图 3.13(a) 所示。

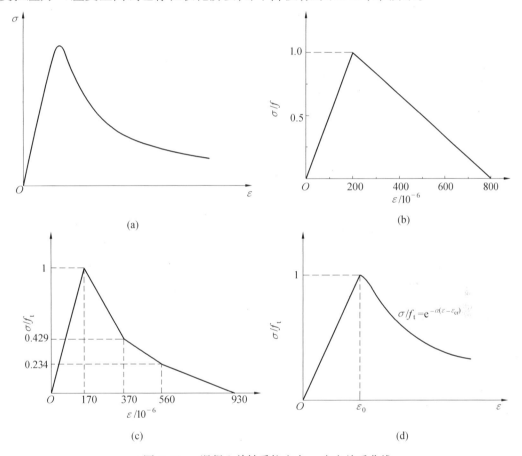

图 3.13　混凝土单轴受拉应力 – 应变关系曲线

由图 3.13(a) 可知,混凝土单轴受拉时的应力 – 应变关系全曲线与受压应力 – 应变关系全曲线相似,差别只是前者的峰部更为陡峭,下降段曲线与横坐标有交点,即试件断裂前瞬间的变形或裂缝宽度。针对混凝土受拉时的应力 – 应变关系曲线特征,对于其采用的数学表达式,大多采用简化的直线上升段和下降段的形式。

瑞典的 Hillerborg 提出了单直线上升和下降的形式,在分析混凝土断裂时应用,如图 3.13(b) 所示。

美国的 Kang 和 Lin 对 Hillerborg 单直线下降段进行了改进,建立了多段下降式的受力

应力 – 应变全曲线,如图 3.13(c) 所示。

江见鲸提出了采用指数式表示受拉应力 – 应变关系的下降段,如图 3.13(d) 所示,即

$$\sigma / f_t = e^{-\alpha(\varepsilon - \varepsilon_{cr})} \tag{3.49}$$

式中,f_t 为混凝土抗拉强度,即拉伸时的峰值应力;ε_{cr} 为混凝土开裂时应变,对应于拉应力峰值时的应变;α 为控制下降段的软化系数。

还有部分学者基于受拉应力 – 应变关系曲线的特征,采用曲线拟合的方式建立轴心受拉应力 – 应变关系表达式。如美国的 Gopalaratnam 和 Shah 建议将受拉应力 – 应变全曲线分别按上升段和下降段来表示,且下降段曲线与裂缝宽度有关,其表达式为

上升段:

$$\sigma = f_t \left[1 - \left(1 - \frac{\varepsilon}{\varepsilon_{t,p}} \right)^{\alpha} \right] \tag{3.50}$$

下降段:

$$\sigma = f_t e^{-k\omega\lambda} \tag{3.51}$$

$$\alpha = E_t \frac{\varepsilon_{t,p}}{f_t} \tag{3.52}$$

式中,ω 为裂缝宽度;E_t 为初始切线模量;λ 为常数,$\lambda = 1.01$;k 为常数,$k = 1.544 \times 10^{-3}$。

国内学者过镇海,采用与所建立的单轴受压应力 – 应变关系曲线类似表达式建立了曲线上升和下降的单轴受拉应力 – 应变关系模型:

$$\begin{cases} y = 1.2x - 0.2x^6 & (0 \leq x \leq 1) \\ y = \dfrac{x}{\alpha_t(x - 1)^{1.7} + x} & (x > 1) \end{cases} \tag{3.53}$$

$$\alpha_t = 0.312 f_t^2 \tag{3.54}$$

式中,$x = \varepsilon / \varepsilon_t$,$y = \sigma / f_t$;$f_t$、$\varepsilon_t$ 分别为混凝土轴向抗拉强度与相应的峰值应变。

《混凝土结构设计规范》(GB 50010—2010) 附录 C 中,建议的混凝土单轴受拉应力 – 应变关系公式为

$$\sigma = (1 - d_t) E_c \varepsilon \tag{3.55}$$

$$d_t = \begin{cases} 1 - \rho_t (1.2 - 0.2x^5) & (x \leq 1) \\ 1 - \dfrac{\rho_t}{\alpha_t(x - 1)^{1.7} + x} & (x > 1) \end{cases} \tag{3.56}$$

$$\rho_t = \frac{f_{t,r}}{E_c \varepsilon_{t,r}} \tag{3.57}$$

$$x = \frac{\varepsilon}{\varepsilon_{t,r}} \tag{3.58}$$

式中,d_t 为混凝土单轴受拉损伤演化参数;α_t 为混凝土单轴受拉应力 – 应变关系曲线下降段参数值,可查表取值;$f_{t,r}$ 为混凝土单轴抗压强度代表值,其值可根据实际结构分析的需要分别取设计值、标准值或平均值;$\varepsilon_{t,r}$ 为与单轴抗压强度 $f_{t,r}$ 对应的混凝土峰值压应变,按附表中取值。

3.2.4 钢筋的单调荷载本构模型

钢筋单轴受拉或受压的应力 – 应变本构模型相对简单,大多采用理想弹塑性或带有强

化段的双折线模型,或者理想弹塑性与强化段相结合的三折线模型,如图 3.14 所示。

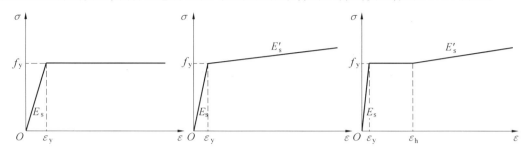

图 3.14 典型钢筋应力 – 应变关系模型

《混凝土结构设计规范》(GB 50010—2010) 附录 C 中,建议的钢筋单调加载应力 – 应变关系曲线如图 3.14(b)、(c) 所示,其数学表达式为

有明显屈服点钢筋:

$$\sigma_s = \begin{cases} E_s\varepsilon_s & (\varepsilon_s \leqslant \varepsilon_y) \\ f_{y,r} & (\varepsilon_y < \varepsilon_s \leqslant \varepsilon_{uy}) \\ f_{y,r} + k(\varepsilon_s - \varepsilon_{uy}) & (\varepsilon_{uy} < \varepsilon_s \leqslant \varepsilon_u) \\ 0 & (\varepsilon_s > \varepsilon_u) \end{cases} \tag{3.59}$$

无屈服点钢筋:

$$\sigma_s = \begin{cases} E_s\varepsilon_s & (\varepsilon_s \leqslant \varepsilon_y) \\ f_{y,r} + k(\varepsilon_s - \varepsilon_y) & (\varepsilon_y < \varepsilon_s \leqslant \varepsilon_u) \\ 0 & (\varepsilon_s > \varepsilon_u) \end{cases} \tag{3.60}$$

式中,σ_s、ε_s 分别为钢筋的应力和应变;E_s 为钢筋的弹性模量;$f_{y,r}$ 为钢筋屈服强度代表值,可根据实际结构分析的需要取用设计值、标准值或者平均值;ε_y 为与 $f_{y,r}$ 对应的钢筋屈服应变,可取屈服强度与钢筋弹性模量之比;$f_{st,r}$ 为钢筋极限强度代表值,同样可根据实际结构分析的需要取用设计值、标准值或者平均值;ε_{uy} 为钢筋硬化起点应变;ε_u 为与极限强度 $f_{st,r}$ 对应的钢筋峰值应变;k 为硬化段斜率。

3.3 反复荷载下的滞回本构

建筑结构在使用期间都承受地震、风等往复荷载的作用。为分析结构在往复荷载或地震等荷载作用下的受力性能,需要混凝土材料在反复荷载下的滞回本构模型。反复荷载下滞回应力 – 应变关系的包络线可采用前述单调荷载下的应力 – 应变关系曲线,作为其骨架曲线,再结合相应的加卸载规则即可建立重复荷载下的滞回本构模型。单调受压本构模型前文已有详细介绍,故下面仅对部分滞回本构模型的加卸载规则进行介绍。

3.3.1 混凝土的应力 – 应变滞回规则

1. Mander 模型

Mander 提出的受压卸载曲线模型为

$$f_c = f_{un} - \frac{f_{un} x r}{r - 1 + x^r} \tag{3.61}$$

$$r = \frac{E_u}{E_u - E_{sec}} \tag{3.62}$$

$$E_u = bc E_c \tag{3.63}$$

$$E_{sec} = \frac{f_{un}}{\varepsilon_{un} - \varepsilon_{pl}} \tag{3.64}$$

$$x = \frac{\varepsilon_c - \varepsilon_{un}}{\varepsilon_{pl} - \varepsilon_{un}} \tag{3.65}$$

式中,f_{un}、ε_{un} 分别为卸载点应力和应变;ε_{cc} 为峰值点应变;系数 b、c 分别为

$$b = \frac{f_{un}}{f'_c} \geqslant 1 \tag{3.66}$$

$$c = \left(\frac{\varepsilon_{cc}}{\varepsilon_{un}} \right)^{0.5} \leqslant 1 \tag{3.67}$$

卸载应力为 0 时的残余应变 ε_{pl} 的表达式为

$$\varepsilon_{pl} = \varepsilon_{un} - \frac{(\varepsilon_{un} + \varepsilon_a) f_{un}}{f_{un} + E_c \varepsilon_a} \tag{3.68}$$

式中,ε_a 为以初始弹性模量为斜率的直线和卸载点与残余应力为 0 点连线延长线的交点,由下式确定:

$$\varepsilon_a = a \sqrt{\varepsilon_{un} \varepsilon_{cc}} \tag{3.69}$$

$$a = \frac{\varepsilon_{cc}}{\varepsilon_{cc} + \varepsilon_{un}} \quad 或 \quad a = \frac{0.09 \varepsilon_{un}}{\varepsilon_{cc}} \tag{3.70}$$

单轴受压卸载曲线各参数的意义如图 3.15 所示。

单轴受拉时的卸载曲线为

$$\begin{cases} f_t = E_t (\varepsilon_c - \varepsilon_{pl}) & (\varepsilon_{pl} \leqslant \varepsilon_{cc}) \\ f_t = 0 & (\varepsilon_{pl} > \varepsilon_{cc}) \end{cases} \tag{3.71}$$

$$E_t = \frac{f_{t0}}{\varepsilon_t} \tag{3.72}$$

$$f_{t0} = f'_c \left(1 - \frac{\varepsilon_{pl}}{\varepsilon_{cc}} \right) \tag{3.73}$$

$$\varepsilon_t = \frac{f'_t}{E_c} \tag{3.74}$$

式中,f'_t 为混凝土单轴抗拉强度。

单轴受拉卸载曲线各参数意义如图 3.16 所示。

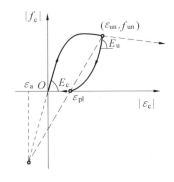

图 3.15　单轴受压卸载曲线各参数的意义

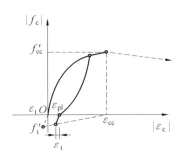

图 3.16　单轴受拉卸载曲线各参数的意义

再加载曲线表达式为

$$\begin{cases} f_c = f_{r0} + E_r(\varepsilon_c - \varepsilon_{r0}) & (\varepsilon_c \leqslant \varepsilon_{un}) \\ f_c = f_{re} + E_{re}(\varepsilon_c - \varepsilon_{re}) + A(\varepsilon_c - \varepsilon_{re})^2 & (\varepsilon_c > \varepsilon_{un}) \end{cases} \tag{3.75}$$

$$E_r = \frac{f_{r0} - f_{new}}{\varepsilon_{r0} - \varepsilon_{un}} \tag{3.76}$$

$$\varepsilon_{re} = \varepsilon_{un} + \frac{f_{un} - f_{new}}{E_r\left(2 + \dfrac{f'_{cc}}{f'_c}\right)} \tag{3.77}$$

$$f_{new} = 0.92f_{un} + 0.08f_{r0} \tag{3.78}$$

式中,f_{r0}、ε_{r0} 分别为再加载点的应力和应变;f_{new} 为再加载应变达到卸载应变 ε_{un} 时的应力;ε_{re} 为再加载曲线与骨架曲线交点的应变;f_{re} 为再加载曲线与骨架曲线交点的应力,可采用 Mander 单调受压应力 – 应变关系模型代入 ε_{re} 确定;E_{re} 为再加载曲线与骨架曲线交点处的割线模量。模型中各参数的意义如图 3.17 所示。

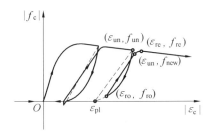

图 3.17　模型中各参数的意义

2. 过镇海模型

过镇海提出的混凝土应力 – 应变关系卸载曲线表达式为

$$\frac{\sigma}{\sigma_u} = \left(\frac{\varepsilon - \varepsilon_p}{\varepsilon_u - \varepsilon_p}\right)^n \tag{3.79}$$

$$n = 1 + 0.7\left(\frac{\varepsilon_u}{\varepsilon_0}\right) \tag{3.80}$$

式中,σ_{un}、ε_{un} 分别为卸载点应力和应变;ε_p 为卸载残余应变。

再加载曲线表达式为

$$\begin{cases} \dfrac{\sigma}{\sigma_r} = \left(\dfrac{\varepsilon - \varepsilon_p}{\varepsilon_r - \varepsilon_p} \right)^{0.9} & (\varepsilon_r \leqslant \varepsilon_0) \\[4mm] \dfrac{\sigma}{\sigma_r} = \left(\dfrac{\varepsilon - \varepsilon_p}{\varepsilon_r - \varepsilon_p} \right)^{1.4} \left[1 + 0.6\sin \pi \left(\dfrac{\varepsilon - \varepsilon_p}{\varepsilon_r - \varepsilon_p} \right) \right] & (\varepsilon_r > \varepsilon_0) \end{cases} \tag{3.81}$$

式中,σ_r、ε_r 分别为再加载曲线与包迹线(骨架曲线)交点处的应力和应变。

3.《混凝土结构设计规范》(GB 50010—2010)建议的公式

《混凝土结构设计规范》附录 C 中建议在重复荷载作用下,单轴受压混凝土卸载及再加载应力路径采用相同的直线形式(图 3.18),其可按下式确定:

$$\sigma = E_r(\varepsilon - \varepsilon_z) \tag{3.82}$$

$$E_r = \frac{\sigma_{un}}{\varepsilon_{un} - \varepsilon_z} \tag{3.83}$$

$$\varepsilon_z = \varepsilon_{un} - \left[\frac{(\varepsilon_{un} + \varepsilon_{ca})\sigma_{un}}{\sigma_{un} + E_c \varepsilon_{ca}} \right] \tag{3.84}$$

$$\varepsilon_{ca} = \max \left(\frac{\varepsilon_c}{\varepsilon_c + \varepsilon_{un}}, \frac{0.09\varepsilon_{un}}{\varepsilon_c} \right) \sqrt{\varepsilon_c \varepsilon_{un}} \tag{3.85}$$

式中,ε_z 为受压混凝土卸载至零应力点时的残余应变;ε_{ca} 为附加应变。

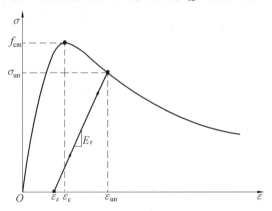

图 3.18　重复荷载作用下混凝土应力 - 应变曲线

3.3.2　反复加载下钢筋的本构模型

钢筋在进入塑性阶段之前,反复循环作用下钢筋的变形和应力位于弹性阶段,卸载无残余应变,无滞回耗能。当钢筋的应力达到塑性阶段时,其反向受压(或受拉)的弹性极限将显著降低,应力超过弹性极限越高,则反向受力时弹性极限降低就越多,这种现象称为"包辛格"效应。拉压反复荷载下钢筋的应力 - 应变曲线如图 3.19 所示。由图可知,其应力 - 应变关系曲线可分成 3 部分描述:骨架曲线、卸载曲线和加载曲线。其中骨架曲线可采用一次加载的应力 - 应变全曲线,卸载曲线是斜率为弹性模量的直线,加载和体现"包辛格"效应的软化段则需专门确定。目前,研究人员根据试验结果已提出了不少反复加载下钢筋应力 - 应变关系的数学模型。

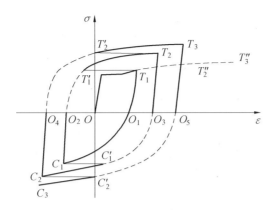

图 3.19   拉压反复循环加载下钢筋的应力 – 应变曲线

1. 加藤模型

1971 年,加藤提出了如图 3.20(a) 所示的在反复加载下钢筋的应力 – 应变滞回模型。对软化段曲线 OA 取局部坐标系,其中原点为加载或反向加载的起点($\sigma = 0$),A 点的坐标为前次同向加载的最大应力 σ_s 和应变增量 ε_s,割线模量为($E_B = \sigma_s / \varepsilon_s$),初始弹性模量为 E,并设软化段曲线的方程为

$$y = \frac{ax}{x + a - 1} \tag{3.86}$$

式中,$x = \varepsilon / \varepsilon_s$,$y = \sigma / \sigma_s$;参数 a 为边界条件 $x = 0$ 时,曲线 OA 的初始模型 E 与割线模量 E_B 之比,即

$$a = \frac{E}{E - E_B} \tag{3.87}$$

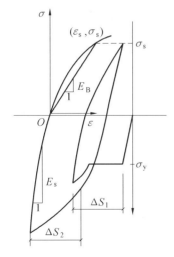
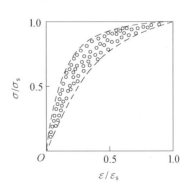

图 3.20   加藤软化段模型

根据实验数据给出的割线模量 E_B 的经验公式为

$$E_B = -\frac{E}{6} \lg(10\varepsilon_{res}) \tag{3.88}$$

式中，ε_{res} 为反向加载历史的累积骨架应变，如图 3.20（b）所示，即

$$\varepsilon_{res} = \sum_i \Delta S_i \tag{3.89}$$

2. Kent – Park 模型

Kent – Park 模型采用 Ramberg – Osgood 应力 – 应变曲线的一般表达式，即

$$\frac{\varepsilon}{\varepsilon_{ch}} = \frac{\sigma}{\sigma_{ch}} + \left(\frac{\sigma}{\sigma_{ch}}\right)^r \tag{3.90}$$

式（3.90）表达的曲线形状依赖于指数 r 的取值：$r = 1$ 时为反应弹性材料的直线；$r = \infty$ 时为理想材料的两折线；$1 < r < \infty$ 时为逐渐过渡的曲线，如图 3.21 所示。这一族曲线的几何特点是：所有曲线均通过 $\sigma/\sigma_{ch} = 1$，$\varepsilon/\varepsilon_{ch} = 2$ 的点；$r = 1$ 时直线的斜率为 $dy/dx = 0.5$，其余情况下，曲线的初始斜率都等于 $dy/dx = 1$。

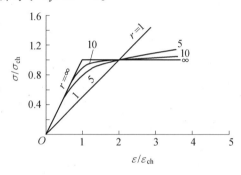

图 3.21 Kent – Park 软化段模型

将式（3.90）变换后可得

$$\varepsilon = \frac{\sigma}{E}\left[1 + \left(\frac{\sigma}{\sigma_{ch}}\right)^{r-1}\right] \tag{3.91}$$

式中，E 为钢筋的弹性模量，$E = \sigma_{ch}/\varepsilon_{ch}$；$\sigma_{ch}$ 为特征应力值，取决于此前应力循环产生的塑性应变 ε_{ip}，经验计算公式为

$$\sigma_{ch} = f_y\left[\frac{0.744}{\ln(1 + 1\,000\varepsilon_{ip})} - \frac{0.071}{1 - e^{1\,000\varepsilon_{ip}}} + 0.241\right] \tag{3.92}$$

此经验公式适用于 $\varepsilon_{ip} = (4 \sim 22) \times 10^{-3}$。

式（3.91）中，参数 r 为取决于反复加、卸载次数 n 的参数：

当 n 为奇数时：

$$r = \frac{4.49}{\ln(1 + n)} - \frac{6.03}{e^n - 1} + 0.297 \tag{3.93}$$

当 n 为偶数时：

$$r = \frac{2.20}{\ln(1 + n)} - \frac{0.469}{e^n - 1} + 0.304 \tag{3.94}$$

3. Giuffré – Menegotto – Pinto 模型

Giuffré、Menegotto 和 Pinto 同样基于 Ramberg – Osgood 应力 – 应变曲线的一般表达式，提出了下列钢筋应变与应力之间的关系表达式：

$$\sigma^* = b\varepsilon^* + \frac{(1-b)\varepsilon^*}{(1+\varepsilon^{*R})^{1/R}} \tag{3.95}$$

式中

$$\varepsilon^* = \frac{\varepsilon - \varepsilon_r}{\varepsilon_0 - \varepsilon_r}, \quad \sigma^* = \frac{\sigma - \sigma_r}{\sigma_0 - \sigma_r} \tag{3.96}$$

式(3.95)描述的是两条渐近线(斜率分别为 E_0 和 E_1)之间的转换曲线,即软化曲线,如图 3.22 所示。两条渐近线的交点坐标为(ε_0,σ_0),σ_r 和 ε_r 分别为对应于上一个应变循环同号点处的应力和应变(图 3.22 中的 B 点);b 为应变硬化率,$b = E_1/E_0$;R 为影响转换曲线形状的参数。在每一个应变循环结束后应立即更新坐标点(ε_0,σ_0)和(ε_r,σ_r)。系数 R 取决于当前两条渐近线交点(图 3.23 中的 A 点)处的应变与对应最大或最小应变的应力转向点(图 3.23 中的 B 点)处应变之差,无论钢筋中的应力是正还是负,R 的数学表达式都为

$$R = R_0 - \frac{a_1\xi}{a_2 + \xi} \tag{3.97}$$

式中,ξ 在每一个应变转向之后应立即更新,ξ 也适于部分卸载后再加载的情况;R_0 为初始加载时 R 的数值;参数 a_1、a_2 和 R_0 均由试验数据确定。

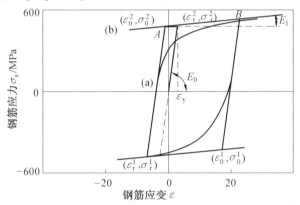

图 3.22　Giuffré - Menegotto - Pinto 模型

如果将以前所有应力 - 应变加载历史考虑进来以使该模型更具有一般性,就需要存储所有必要的信息以跟踪所有以前未完全完成的再加载曲线。从计算角度来看,这是不现实的。所以,对过去应力 - 应变历史的记忆局限于预定的控制曲线数目,这些控制曲线包括:单调加载包络线;始于对应最小应变 ε 的转向点的上升段曲线(应变值增大方向);始于对应最大应变 ε 的转向点的下降段曲线(应变值减小方向);始于最近转向点的当前曲线。由于这 4 条控制曲线的限制,部分卸载后进行再加载将沿着曲线(b),而不是按照实际的发生曲线(a)进行(图 3.24)。这种误差在整体上是可以接受的。

该模型假定:弹性和屈服渐近线均为直线;对应屈服面的渐近线固定不变;斜率 E_0 保持不变。该模型是一种简化模型,但由于其能较好地抓住钢筋反复加载下的应力 - 应变关系曲线特征,故应用较为广泛。OpenSees 中广泛应用的钢筋单轴材料模型 Steel02 即采用此模型。

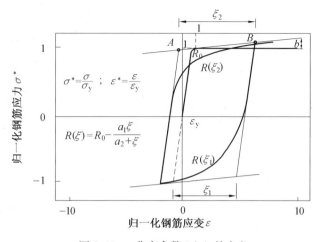

图 3.23 曲率参数 $R(\xi)$ 的定义

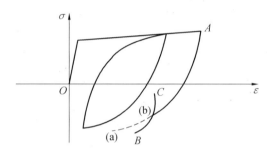

图 3.24 部分卸载后进行再加载的曲线

4. Seckin 模型

Seckin 于 1981 年提出了图 3.25 所示的钢筋滞回本构关系,图中采用 Ramberg – Osgood 数学表达形式描述"包辛格"效应。下面以正向为例说明该模型的特点。

卸载时(图 3.25 中的 CD 段)钢筋的应力 – 应变关系为直线,直线上任一点的应力由下式确定:

$$f_{s,i}(\varepsilon_{s,i}) = f_{s,i-1} + E_{sr}(\varepsilon_{s,i} - \varepsilon_{s,i-1}) \tag{3.98}$$

式中, $f_{s,i}(\varepsilon_{s,i})$ 为对应当前钢筋应变 ε_i 的应力(应变); $f_{s,i-1}$ 和 $\varepsilon_{s,i-1}$ 分别为上一荷载步对应的钢筋应力和应变; E_{sr} 为卸载模量,按下式计算:

$$E_{sr} = \begin{cases} E_s & (\varepsilon_m - \varepsilon_0 \le \varepsilon_y) \\ E_s \left(1.05 - 0.05 \dfrac{\varepsilon_m - \varepsilon_0}{\varepsilon_y} \right) & (\varepsilon_y < \varepsilon_m - \varepsilon_0 \le 4\varepsilon_y) \\ E_s & (4\varepsilon_y < \varepsilon_m - \varepsilon_0) \end{cases} \tag{3.99}$$

式中, ε_m 为同向加载历史上钢筋所达到的最大应变值; ε_0 为对应的塑性应变。

再加载时(图 3.25 中的 DJ 段),钢筋的应力由下式确定:

$$f_{s,i}(\varepsilon_{s,i}) = E_{sr}(\varepsilon_{s,i} - \varepsilon_0) + \frac{E_m - E_{sr}}{N(\varepsilon_m - \varepsilon_0)^{N-1}}(\varepsilon_{s,i} - \varepsilon_0)^N \tag{3.100}$$

式中, E_m 为骨架曲线上对应应变为 ε_m 处的切线模量; N 为描述软化段曲线("包辛格"效应)

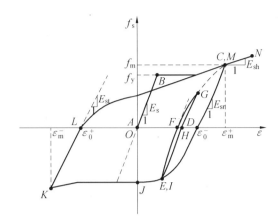

图 3.25　Seckin 提出的钢筋滞回本构模型

的参数,由下式确定:

$$N = \frac{(E_{m} - E_{sr})(\varepsilon_{m} - \varepsilon_{0})}{f_{m} - E_{sr}(\varepsilon_{m} - \varepsilon_{0})} \qquad (3.101)$$

式中,f_{m} 为骨架曲线上对应应变为 ε_{m} 处的应力。

3.4　OpenSees 中混凝土及钢筋的单轴材料本构及应用

3.4.1　混凝土材料

OpenSees 中目前提供了 10 余种混凝土材料模型,其中最常用的是不考虑混凝土抗拉强度的 Concrete01 及考虑混凝土抗拉强度线性软化的 Concrete02 两种材料模型,本节对部分常用的混凝土材料模型进行简单的介绍。

1. Concrete01

Concrete01 材料是以 Kent - Scott - Park 提出单轴受压本构模型为骨架曲线,且不考虑混凝土抗拉强度,如图 3.26(a) 所示,骨架曲线模型具体表达式见 3.2.2 节。

重复荷载下的滞回规则采用 Karsan - Jirsa 提出的加卸载模型,其卸载路径和再加载路径均采用相同的直线,且考虑刚度线性退化,如图 3.26(b) 所示。

OpenSees 中 Concrete01 材料的调用语句为:

uniaxialMaterial Concrete01 $ matTag $ fpc $ epsc0 $ fpcu $ epsU

其中,$ matTag 为材料代码(应为整数);$ fpc 为混凝土峰值抗压强度;$ epsc0 为与混凝土峰值抗压强度对应的峰值应变;$ fpcu 为混凝土压碎时的极限强度;$ epsU 为混凝土达到极限强度时对应的极限应变。需要说明的是,在定义参数时混凝土的强度和应变均以受压为负,混凝土的初始弹性模量 E_{0} 默认等于 2 倍峰值应力除以峰值应变($E_{0} = 2 $ fpc/ $ epsc0)。

因此,采用 Concrete01 材料时仅需给定上述的 5 个参数就可得到需要的混凝土在单调及重复荷载下的完整本构关系曲线;而对于箍筋约束核心区混凝土的本构模型的定义,可以

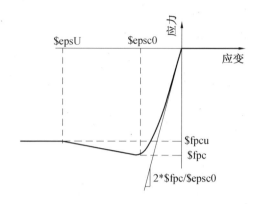

(a) 单调受压应力－应变曲线

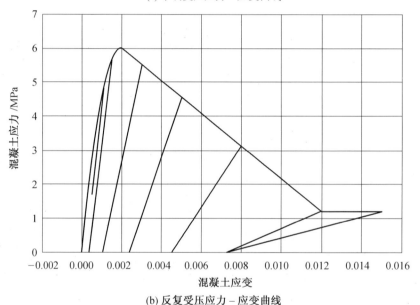

(b) 反复受压应力－应变曲线

图 3.26　Concrete01 材料的应力－应变关系曲线

采用箍筋约束混凝土的应力－应变关系模型来计算约束后混凝土的峰值点和极限点处的应力和应变值。

例如：

uniaxialMaterial Concrete01 1 － 25 － 0.002 － 5 － 0.005

上述语句定义的是混凝土材料代码为 1，混凝土峰值抗压强度为 25 MPa，峰值压应变为 0.002，极限强度和极限应变分别为 5 MPa 和 0.005 的混凝土材料。

2. Concrete02

Concrete02 材料的受压骨架曲线与 Concrete01 相同，但考虑了双折线形式的混凝土抗拉强度模型，如图 3.27(a) 所示。在反复荷载下的滞回规则也与 Concrete01 有所不同，加卸载曲线不再采用同一路径，其卸载曲线为两折线的分段形式，再加载曲线为从再加载点到卸载点的直线，如图 3.27(b) 所示。

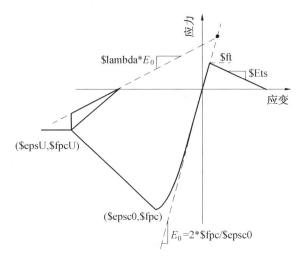

(a) 单调受压应力 – 应变曲线

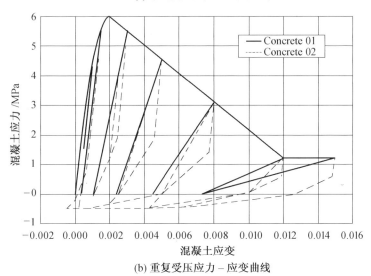

(b) 重复受压应力 – 应变曲线

图 3.27　Concrete02 材料的应力 – 应变关系曲线

OpenSees 中 Concrete02 材料的调用语句为：

uniaxialMaterial　Concrete02　$ matTag　$ fpc　$ epsc0　$ fpcu　$ epsU　$ lambda $ ft　$ Ets

其中前 5 个参数的意义与 Concrete01 材料相同; $ lambda 为达到极限应变 $ epscu 时的卸载刚度与混凝土初始弹性模量 E_0 的比值; $ ft 为混凝土抗拉强度; $ Ets 为受拉软化刚度,即受拉应力 – 应变关系曲线下降段的斜率。

3. Concrete04

Concrete04 材料采用 Popovics 于 1973 年提出的混凝土本构关系模型为单调荷载下的骨架曲线,而其在重复荷载下的滞回规则与 Concrete01 相同,如图 3.28 所示。

OpenSees 中 Concrete04 材料的调用语句为:

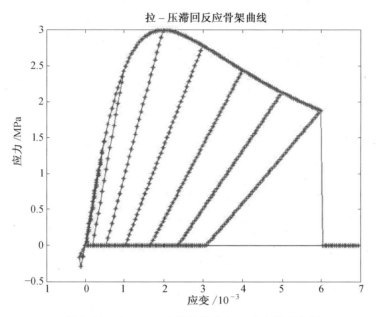

图 3.28　Concrete04 材料的应力－应变关系曲线

uniaxialMaterial Concrete04 $ matTag $ fc $ ec $ ecu $ Ec < $ fct $ et > < $ beta >

其中,$ matTag 为材料代码(应为整数);$ fc 和 $ ec 分别为混凝土的峰值抗压强度和压应变;$ ecu 为混凝土压碎时的压应变;$ Ec 为混凝土的初始弹性模量,若用户定义 $E_c = 57\,000\sqrt{|f_c|}$ 时,则单调荷载下的应力－应变关系曲线为 Mander 模型(1988 年)。

4. Concrete06

Concrete06 材料主要用于膜单元中混凝土材料的定义,其受压时的应力－应变关系曲线采用 Thorenfeldt 建议的模型,其表达式为

$$\sigma_c = f'_c \frac{n\left(\dfrac{\varepsilon_c}{\varepsilon_0}\right)}{n - 1 + \left(\dfrac{\varepsilon_c}{\varepsilon_0}\right)^{nk}} \tag{3.102}$$

式中,f'_c 为混凝土抗压强度;ε_0 为峰值应变;n 和 k 分别为形状参数。

混凝土受拉时的应力－应变关系曲线采用 Belarbi 和 Hsu 提出的模型:

$$\sigma_c = \begin{cases} \left(\dfrac{f_{cr}}{\varepsilon_{cr}}\right) \varepsilon_c & (\varepsilon_c \leqslant \varepsilon_{cr}) \\[3mm] f_{cr}\left(\dfrac{\varepsilon_{cr}}{\varepsilon_c}\right)^b & (\varepsilon_c > \varepsilon_{cr}) \end{cases} \tag{3.103}$$

式中,f_{cr} 为混凝土抗拉强度;ε_{cr} 为混凝土强度达到 f_{cr} 时对应的拉应变;b 为形状参数。

反复荷载下的滞回规则与 Concrete02 类似,卸载路径为两折线,再加载曲线为直线。其受压卸载时的卸载刚度为混凝土初始弹性模量的 7.1%,卸载残余应变采用 Palermo 和 Vecchio 建议的模型:

$$\varepsilon_p^c = \varepsilon_m^c \left(1 - e^{-\frac{\varepsilon_m^c}{\varepsilon_{cr}}\alpha_1}\right) \tag{3.104}$$

式中,$\varepsilon_\mathrm{m}^\mathrm{c}$ 为受压骨架曲线上卸载点处的应变。

受拉卸载时的残余应变与受压卸载时的残余应变计算公式相同,即

$$\varepsilon_\mathrm{p}^\mathrm{t} = \varepsilon_\mathrm{m}^\mathrm{t}\left(1 - \mathrm{e}^{-\frac{\varepsilon_\mathrm{m}^\mathrm{t}}{\varepsilon_\mathrm{cr}}\alpha_2}\right) \tag{3.105}$$

式中,$\varepsilon_\mathrm{m}^\mathrm{t}$ 为受拉骨架曲线上卸载点处的应变。

OpenSees 中 Concrete06 材料的调用语句为:

uniaxialMaterial Concrete06 $ matTag　$ fc　$ e0　$ n　$ k　$ alpha1　$ fcr　$ ecr
$ b　$ alpha2

其中,$ fc 和 $ e0 分别为混凝土的峰值压应力和压应变;$ n 为受压形状参数;$ k 为受压应力 – 应变关系曲线下降段参数;$ alpha1 为受压卸载时残余应变的计算参数 α_1;$ fcr 和 $ ecr 分别为混凝土峰值拉应力和拉应变;$ b 描述受拉应力 – 应变关系曲线下降段曲线的指数参数;$ alpha2 为受拉卸载时残余应变的计算参数 α_2。例如:

uniaxialMaterial Concrete06 1 – 20 – 0.002 2 1 0.32 2 0.00008 4 0.08

Concrete06 材料所描述的混凝土材料应力 – 应变关系曲线,如图 3.29 所示。

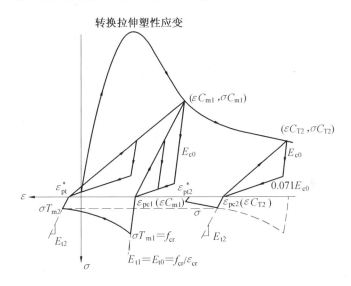

图 3.29　Concrete06 材料的应力 – 应变关系曲线

5. ConfinedConcrete01

ConfinedConcrete01 材料定义的是由 Braga 于 2006 年提出的约束混凝土单轴本构模型,其主要是在 Concrete01 的基础上对受压应力 – 应变关系骨架曲线进行了修正,可以考虑不同截面形状、不同箍筋约束形式以及外包 FRP 约束的情况;而在重复荷载下的滞回性能则与 Concrete01 完全相同,且同样不考虑混凝土的抗拉强度。由于考虑约束作用时的影响因素较多,故该材料模型应用时需定义较多的参数,其在 OpenSees 中的调用语句为

uniaxialMaterial ConfinedConcrete01 $ tag　$ secType　$ fpc　$ Ec (< – epscu $ epscu
> OR < – gamma $ gamma >) (< – nu $ nu > OR < – varub > OR < – varnoub >)
$ L1 ($ L2) ($ L3) $ phis　$ S　$ fyh　$ Es0　$ haRatio　$ mu　$ phiLon < – internal
$ phisi　$ Si　$ fyhi　$ Es0i　$ haRatioi　$ mui > < – wrap　$ cover　$ Am　$ Sw　$ fuil　$ Es0w

> < – gravel > < – silica > < – tol $ tol > < – maxNumIter $ maxNumIter > < – epscuLimit $ epscuLimit > < – stRatio $ stRatio >

其中, $ tag 为唯一定义的材料代码; $ secType 为不同截面形状和约束形式的截面类型,如图 3.30 所示,且各截面类型均可考虑箍筋与外包 FRP 的双重约束作用的情况,即各截面类型可用于钢筋混凝土的分析,也可用于 FRP 约束钢筋混凝土的分析; $ fpc 为未约束混凝土圆柱体的峰值抗压强度; $ Ec 为未约束混凝土初始弹性模量; < – epscu $ epscu > OR < – gamma $ gamma > 为可选项用以定义约束混凝土的极限压应变,程序默认极限压应变值为 0.05,参数 $ gamma 为达到极限应变时对应的混凝土强度与约束混凝土峰值强度的比值,如果应变在 0 ~ 0.05 的范围内不能达到设定的 $ gamma 值,则程序默认极限压应变值为 0.05; < – nu $ nu > OR < – varub > OR < – varnoub > 为可选项,用来定义泊松比,程序提供了 3 种定义方式:① – nu 选项采用用户自定义的泊松比值 $ nu,② – varub 选项采用 Braga 提出的以轴向应变为参数的泊松比函数表达式,且最大值为 0.5,③ – varnoub 选项采用与第 2 种方式相同的函数表达式,但并不设定边界值; $ L1 为箍筋约束核心区截面的长度或者直径,由箍筋中心线算起;($ L2),($ L3) 为多肢箍筋时的附加尺寸,分别对应截面类型为 S4a 和 S4b 的情况; $ phis 为箍筋直径,配置有多种直径的箍筋时,取最外侧箍筋直径; $ S、$ fyh、$ Es0、$ haRatio、$ mu 分别为箍筋的间距、屈服强度、弹性模量、硬化率及延性系数; $ phiLon 为纵筋直径; < – internal $ phisi $ Si $ fyhi $ Es0i $ haRatioi $ mui > 为可选项,用以定义内部横向钢筋的材料参数,适用于截面类型 S2、S3、S4a、S4b 及 S5,若不指定则默认为与外部箍筋相同; < – wrap $ cover $ Am $ Sw $ ful $ Es0w > 为可选项,用来定义外包 FRP 加固截面的参数, $ cover 为到箍筋外侧的混凝土保护层厚度; $ Am 为 FRP 的总面积; $ Sw 为 FRP 条带间距,若为连续包裹则等于包裹高度; $ ful 为 FRP 的极限抗拉强度; $ Es0w 为 FRP 的弹性模量。

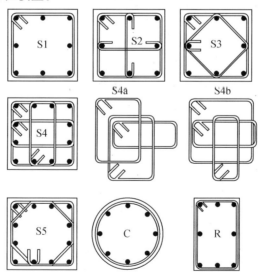

图 3.30　截面类型

下面分别以方形(S1、S4a)和矩形(R)截面在箍筋约束及箍筋和 FRP 双重约束时,对采用该材料定义混凝土本构时的参数定义进行举例说明。

（1）S1 截面类型箍筋约束以及同时包裹 FRP 双重约束时

① 仅箍筋约束时：

\#uniaxialMaterial ConfinedConcrete01 \$ tag \$ secType \$ fpc \$ Ec − epscu \$ epscu \$ nu \$ L1 \$ phis \$ S \$ fyh \$ Es0 \$ haRatio \$ mu \$ phiLon − stRatio \$ stRatio

uniaxialMaterial ConfinedConcrete01 1 S1 − 30. 0 26081. 0 − epscu − 0. 03 − varub 300. 0 10. 0 100. 0 300. 0 206000. 0 0. 0 1000. 0 16. 0 − stRatio 0. 85

② 箍筋约束与 FRP 双重约束时：

\#uniaxialMaterial ConfinedConcrete01 \$ tag \$ secType \$ fpc \$ Ec − epscu \$ epscu \$ nu \$ L1 \$ phis \$ S \$ fyh \$ Es0 \$ haRatio \$ mu phiLon \$ cover \$ Am \$ Sw \$ ful \$ Es0w − stRatio \$ stRatio

uniaxialMaterial ConfinedConcrete01 1 S1 − 30. 0 26081. 0 − epscu − 0. 03 − varub 300. 0 10. 0 100. 0 300. 0 206000. 0 0. 0 1000. 0 16. 0 − wrap 30. 0 51. 0 100. 0 3900. 0 230000. 0 − stRatio 0. 85

上述定义得到的约束混凝土单轴受压应力 − 应变关系曲线与未约束混凝土应力 − 应变关系曲线的比较，如图 3.31 所示。

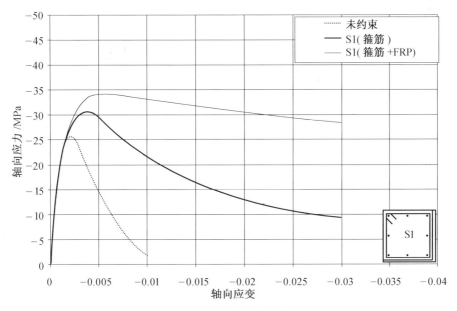

图 3.31   S1 截面类型不同约束情况下本构关系比较

（2）S4a 所示多肢箍筋约束以及同时包裹 FRP 约束时

① 仅多肢箍筋约束时：

\#uniaxialMaterial ConfinedConcrete01 \$ tag \$ secType \$ fpc \$ Ec − epscu \$ epscu \$ nu \$ L1 \$ L2 \$ L3 \$ phis \$ S \$ fyh \$ Es0 \$ haRatio \$ mu \$ phiLon − stRatio \$ stRatio

uniaxialMaterial ConfinedConcrete01 1 S4a − 30. 0 26081. 0 − epscu − 0. 03 − varUB 300. 0 200. 0 100. 0 10. 0 100. 0 300. 0 206000. 0 0. 0 1000. 0 16. 0 − stRatio 0. 85

② 箍筋约束与 FRP 双重约束时：

\#uniaxialMaterial ConfinedConcrete01 \$ tag \$ secType \$ fpc \$ Ec − epscu \$ epscu

$ nu $ L1 $ L2 $ L3 $ phis $ S $ fyh $ Es0 $ haRatio $ mu $ phiLon $ cover $ Am $ Sw $ ful $ Es0w − stRatio $ stRatio

uniaxialMaterial ConfinedConcrete01 1 S4a − 30.0 26081.0 − epscu − 0.03 − varUB 300.0 200.0 100.0 10.0 100.0 300.0 206000.0 0.0 1000.0 16.0 − wrap 30.0 51.0 100.0 3900.0 230000.0 − stRatio 0.85

上述定义得到的多肢箍筋及箍筋与 FRP 双重约束下混凝土单轴受压应力 − 应变关系曲线和未约束混凝土应力 − 应变关系曲线的比较,如图 3.32 所示。

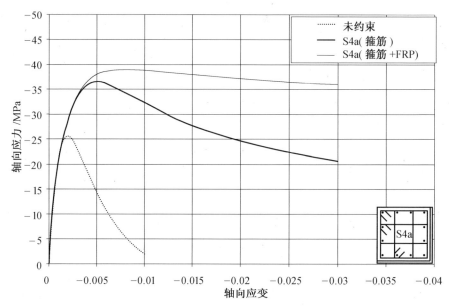

图 3.32　S4a 截面类型不同约束情况下本构关系比较

（3）矩形截面箍筋约束及箍筋与 FRP 双重约束下:

① 仅箍筋约束时:

#uniaxialMaterial ConfinedConcrete01 $ tag $ secType $ fpc $ Ec − epscu $ epscu $ nu $ L1 $ L2 $ phis $ S $ fyh $ Es0 $ haRatio $ mu $ phiLon − stRatio $ stRatio

uniaxialMaterial ConfinedConcrete01 1 R − 30.0 26081.0 − epscu − 0.03 − varUB 500.0 300.0 10.0 100.0 300.0 206000.0 0.0 1000.0 16.0 − stRatio 0.85

② 箍筋与 FRP 双重约束时:

#uniaxialMaterial ConfinedConcrete01 $ tag $ secType $ fpc $ Ec − epscu $ epscu $ nu $ L1 $ L2 $ phis $ S $ fyh $ Es0 $ haRatio $ mu $ phiLon $ cover $ Am $ Sw $ ful $ Es0w − stRatio $ stRatio

uniaxialMaterial ConfinedConcrete01 1 R − 30.0 26081.0 − epscu − 0.03 − varUB 500.0 300.010.0 100.0 300.0 206000.0 0.0 1000.0 16.0 − wrap 30.0 51.0 100.0 3900.0 230000.0 − stRatio 0.85

最终上述针对矩形截面参数定义得到的箍筋及箍筋与 FRP 双重约束下的混凝土单轴受压本构曲线与未约束混凝土本构曲线的比较,如图 3.33 所示。

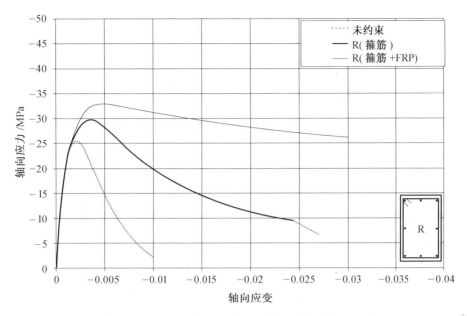

图 3.33　矩形截面类型不同约束情况下本构关系比较

3.4.2　钢筋材料

OpenSees 中目前提供了多种钢筋材料的本构模型,其中最常用的是 Steel01 和 Steel02 两种,本节对部分常用的钢筋材料模型进行简单的介绍。

1. Steel01

Steel01 材料采用双线性描述钢筋的本构关系,同时考虑重复荷载作用下钢筋的随动强化和可选等向强化。

Steel01 材料在 OpenSees 中的调用语句为:

uniaxialMaterial Steel01 $ matTag $ Fy $ E0 $ b < $ a1 $ a2 $ a3 $ a4 >

其中, $ matTag 为材料代码; $ Fy 为屈服强度; $ E0 为初始弹性模量; $ b 为应变强化率,即强化段模量与初始弹性模量的比值; < $ a1 $ a2 $ a3 $ a4 > 为可选参数,用以定义等向强化;Steel01 材料应力 – 应变关系曲线如图 3.34 所示。

该模型不考虑等向强化、分别考虑受压和受拉等向强化时的滞回应力 – 应变关系曲线,如图 3.35 所示。

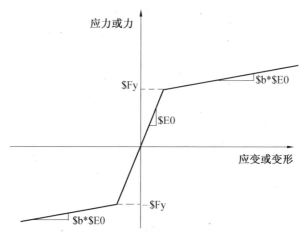

图 3.34　Steel01 材料应力 – 应变关系曲线

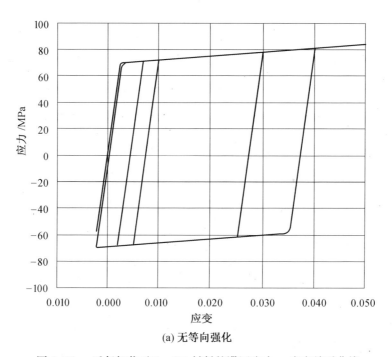

(a) 无等向强化

图 3.35　反复加载下 Steel01 材料的滞回应力 – 应变关系曲线

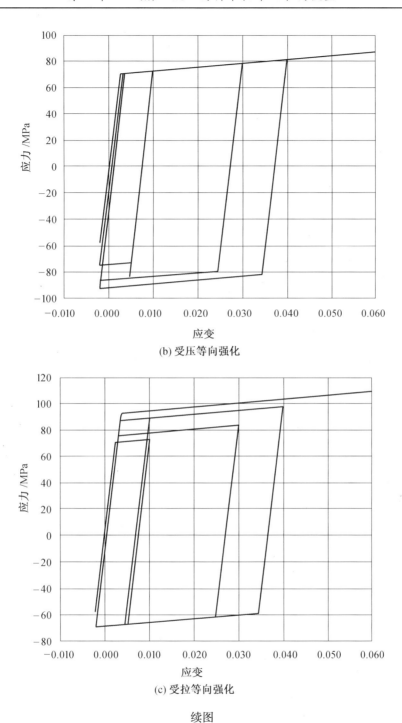

(b) 受压等向强化

(c) 受拉等向强化

续图

2. Steel02

Steel02 材料描述的是 Giuffré - Menegotto - Pinto 本构关系,同时考虑重复荷载作用下钢筋的等向强化,模型的详细介绍见 3.3.2 节。

Steel02 材料在 OpenSees 中的调用语句为:

uniaxialMaterial Steel02 $matTag $Fy $E $b $R0 $cR1 $cR2 < $a1 $a2 $a3 $a4 $sigInit >

其中,参数 $matTag、$Fy、$E、$b 的意义与 Steel01 相同;$R0、$cR1、$cR2 为从弹性段到塑性段过渡的控制参数,建议 $R0 取值在 10 ~ 20 之间,$cR1 = 0.925,$cR2 = 0.15;< $a1 $a2 $a3 $a4 $sigInit > 为可选项,用以定义等向强化参数。该模型不考虑等向强化,而分别考虑受压和受拉等向强化时的滞回应力 – 应变关系曲线,如图 3.36 所示。

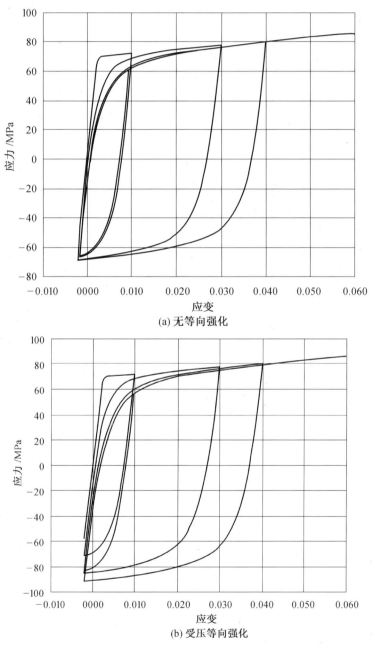

(a) 无等向强化

(b) 受压等向强化

图 3.36 反复加载下 Steel02 材料的滞回应力 – 应变关系曲线

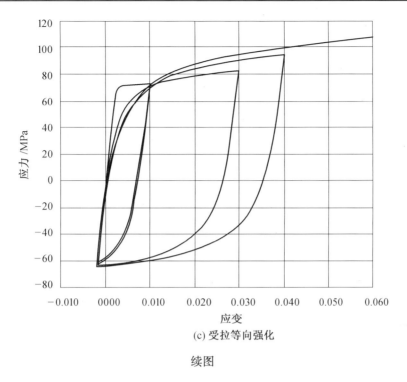

(c) 受拉等向强化

续图

3. SteelMPF

SteelMPF 材料描述的是 Filippou 等人对 Giuffré – Menegotto – Pinto 本构关系模型的拓展,将各向同性应变硬化的影响引入模型中,故该模型与 Steel02 模型类似,如图 3.37 所示,其在 OpenSees 中的调用语句为:

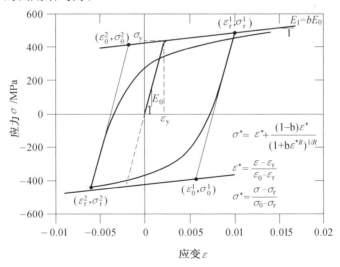

图 3.37　SteelMPF 材料的本构关系曲线

uniaxialMaterialSteelMPF $ mattag $ fyp $ fyn $ E0 $ bp $ bn $ R0 $ cR1 $ cR2 <
$ a1 $ a2 $ a3 $ a4 >

其中, $ mattag 为唯一的材料代码; $ fyp 和 $ fyn 分别为钢材受拉和受压时的屈服强度；$ E0 $ 为初始弹性模量；$ bp $ 和 $ bn $ 分别为受拉和受压时的应变强化率；$ R0 $、$ cR1 $、$ cR2 $ 与 Steel02 材料相同，为从弹性段到塑性段过渡的控制参数，建议 $ R0 = 20 $，$ cR1 = 0.925 $，$ cR2 = 0.15 $ 或 0.0015；$< $ a1 $ $ a2 $ $ a3 $ $ a4 >$ 为可选项，用以定义等向强化参数，其中 $ a1 $ 和 $ a3 $ 的默认值为 0.0，$ a2 $ 和 $ a4 $ 的默认值为 1.0。

例如：

uniaxialMaterial SteelMPF 1 60 60 29000 0.02 0.02 20.0 0.925 0.15

SteelMPF 材料与 Steel02 材料虽然基本类似，但有以下的不同和改进：①受拉和受压屈服强度可根据需要或实际情况定义不同的数值；②受压和受压的应变强化率也可定义的不同；③考虑了滞回曲率参数 R 在钢材屈服前和屈服后区域反向加载时的退化，对一些钢筋混凝土墙屈服能力的预测会更加准确。该模型与 Steel02 材料模型的比较，如图 3.38 所示。

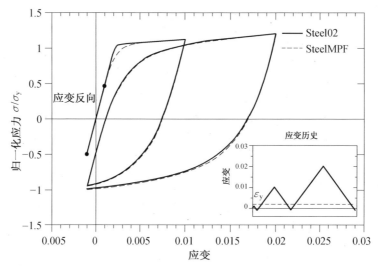

图 3.38　SteelMPF 与 Steel02 材料本构关系的比较

4. Hysteretic

Hysteretic 材料构造的是单轴双线性滞回模型，考虑了捏缩效应、延性和能量引起的损伤及基于延性的卸载刚度退化。其在 OpenSees 中的调用语句为：

uniaxialMaterial Hysteretic $ matTag $ s1p $ e1p $ s2p $ e2p $< $ s3p $ e3p >$ s1n $ e1n $ s2n $ e2n $< $ s3n $ e3n >$ pinchX $ pinchY $ damage1 $ damage2 $< $ beta >$

其中，$ matTag $ 为材料代码；$ s1p $ 和 $ e1p $ 为正向骨架曲线上第一点处的应力和应变或者力和变形；$ s2p $ 和 $ e2p $ 为正向骨架曲线上第二点处的应力和应变或者力和变形；$< $ s3p $ e3p >$ 是可选项，为正向骨架曲线上第三点处的应力和应变或者力和变形；$ s1n $ 和 $ e1n $、$ s2n $ 和 $ e2n $、$< $ s3n $ e3n >$ 则分别对应负向骨架曲线上第一、二、三点处的应力和应变或者力和变形；$ pinchX $ 为再加载时应变或者变形的捏缩因子；$ pinchY $ 为再加载时应力或者力的捏缩因子；$ damage1 $ 为延性损伤因子；$ damage2 $ 为能量损伤因子；$< $ beta >$ 为可选项，是基于延性的卸载刚度退化函数的幂，默认值为 0.0。Hysteretic

材料参数定义如图 3.39 所示。

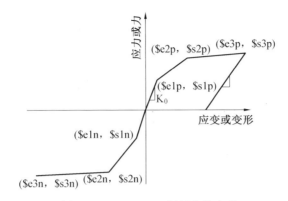

图 3.39　Hysteretic 材料参数定义

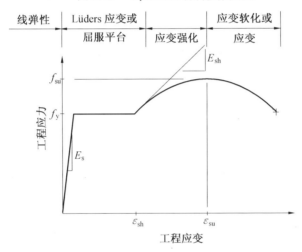

图 3.40　Reinforcing Steel 本构关系曲线

5. Reinforcing Steel

Reinforcing Steel 模型用于纤维截面中的钢筋材料本构,其本构关系曲线如图 3.40 所示。

其在 OpenSees 中的定义语句为:

uniaxialMaterial ReinforcingSteel \$ matTag \$ fy \$ fu \$ Es \$ Esh \$ esh \$ eult < − GABuck \$ lsr \$ beta \$ r \$ gama > < − DMBuck \$ lsr < \$ alpha > > < − CMFatigue \$ Cf \$ alpha \$ Cd > < − IsoHard < \$ a1 < \$ limit > > >

其中,\$ matTag 为材料代码;\$ fy 为钢筋受拉屈服强度;\$ fu 为钢筋受拉极限强度;\$ Es 为钢筋弹性模量;\$ Esh 为初始强化段的切线模量;\$ esh 为初始强化点处应变;\$ eult 为达到极限强度时对应的应变;− GABuck 选项用以定义 Gomes 和 Appleton 提出的屈曲模型;\$ lsr 为长细比;\$ beta 为屈曲应力 − 应变关系曲线的放大因子;\$ r 为屈曲折减系数,为 0 ~ 1 之间的实数,当 r = 1 时表示无屈曲;\$ gama 为曲率常数;− DMBuck 为可选项,用以定义 Dhakal 和 Maekawa 提出的屈曲模型,其中 \$ alpha 为调节常数,介于 0.75 ~ 1.0 之间,默认值为 1.0;< − CMFatigue \$ Cf \$ alpha \$ Cd > 为用来定义 Coffin − Manson 疲劳和强度折减模型参数; − IsoHard 为可选项定义等向强化参数; $ a1 为硬化常数, 默认值为 4.3; $ limit 为屈服平台折减限值, 介于 0.01 ~ 1.0 之间, 默认值为 0.01。

6. Dodd Restrepo

Dodd Restrepo 材料构造的是 Dodd − Restrepo 提出的钢筋本构模型, 其调用语句为:
uniaxialMaterial Dodd_Restrepo $ tag $ Fy $ Fsu $ ESH $ ESU $ Youngs $ ESHI $ FSHI < $ OmegaFac >

其中, $ tag 为材料代码; $ Fy 为屈服强度; $ Fsu 为极限抗拉强度; $ ESH 为受拉初始强化点处应变; $ ESU 为极限抗拉强度对应的极限拉应变; $ Youngs 为弹性模量; $ ESHI 为受拉应变强化段曲线上任一点处的应变, 其取值区间为 $[(ESU + 5ESH)/6, (ESU + 3ESH)/4]$; $ FSHI 为与应变 $ ESHI 对应的受拉强度; $ OmegaFac 为反映包辛格效应的参数, 取值区间为 $[0.75, 1.15]$, 最大取值时趋近于双线性的包辛格曲线, 其默认值为 1.0。

7. RambergOsgoodSteel

RambergOsgoodSteel 材料模型构造的是 Ramberg 和 Osgood 建议的钢筋本构模型。其调用语句为:
uniaxialMaterial RambergOsgoodSteel $ matTag $ fy $ E0 $ a $ n

其中, $ matTag 为材料代码; $ fy 为屈服强度; $ E0 为初始弹性模量; $ a 为屈服点处的残余应变, 通常取 0.002; $ n 为弹性段到塑性段过度的控制参数, 其取值必须为奇数, 通常取 5 或更大。Ramberg − Osgood 滞回本构关系曲线如图 3.41 所示。

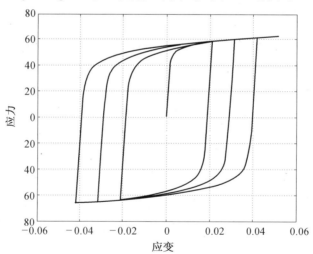

图 3.41　Ramberg − Osgood 滞回本构关系曲线

第4章　非线性梁柱单元理论

建筑工程中的一些常见结构形式,如框架结构、框架剪力墙结构等,通常由成千上万个构件组成,若采用实体单元对整个结构进行建模分析几乎是不可能的。对于这类结构的整体分析,一般采用传统的杆系单元。这时,通常用梁单元模拟结构中的梁、柱等构件,用壳单元模拟剪力墙和连梁,用桁架单元模拟支撑。根据各构件的类型、尺寸、材料组成、受力工况,设定相应的非线性恢复力关系,并根据所要分析的问题类型输入荷载工况,得到整个结构的非线性行为。在分析过程中,所采用的梁柱单元模型是否能合理精确模拟钢筋混凝土梁柱在地震作用下的弹塑性力学行为是问题的关键所在。

框架结构构件上的塑性变形往往集中表现在塑性铰区域,从采用的描述弹塑性变形的模型看,常用的有集中塑性和分布塑性两类,前者主要是各类分量模型,后者包括纤维模型和变刚度模型。本章将主要介绍钢筋混凝土的宏观梁柱单元模型,并具体从宏观钢筋混凝土梁柱单元理论的发展过程、基于柔度法的一般钢筋混凝土梁柱单元模型的建立和基于柔度法的钢筋混凝土纤维单元模型的建立几个方面进行阐述。

4.1　梁柱宏观单元理论概述

本节主要对梁柱宏观单元的发展过程做简要的介绍,其中主要包括梁柱宏观单元的集中塑性模型、分布塑性模型和纤维截面单元模型,并针对各种单元在钢筋混凝土结构分析中的适用性进行简要讨论。

4.1.1　集中塑性模型

在地震作用下,钢筋混凝土框架结构的非线性行为一般集中在框架梁柱的端部,因此最早提出的非线性单元模型为集中塑性模型,即在梁柱单元两端各设置用以模拟塑性铰的零长度非线性弹簧。Clough 和 Johnston 于 1967 年提出了集中塑性铰的并联构件模型,该模型由两个平行的单元构成:一个用于模拟屈服的理想弹塑性单元,另一个用于模拟应力强化的线弹性单元,如图 4.1(a) 所示。同年,Giberson 提出了串联模型,该模型由一个线弹性单元和两个连接在其两端的非线性转动弹簧组成;在分析过程中,单元的非线性变形集中在两端的非线性转动弹簧处,如图 4.1(b) 所示。该串联模型比 Clough 的并列单元模型实用性更好,因为可通过指定单元端部两个非线性弹簧的弯矩转角关系来实现对钢筋混凝土构件复杂滞回行为的模拟。针对上述的串联集中塑性模型,研究者已提出了若干适用于其两端非线性弹簧的本构关系(弯矩 - 转角关系)。常见的弯矩 - 转角关系模型如图 4.2 所示。这些弯矩 - 转角关系模型中包含了对循环弯剪刚度退化、往复捏缩效应以及应变渗透等因素的考虑。

集中塑性模型是对实际结构中塑性铰随加载在构件端部逐渐展开的过程的简化,其主

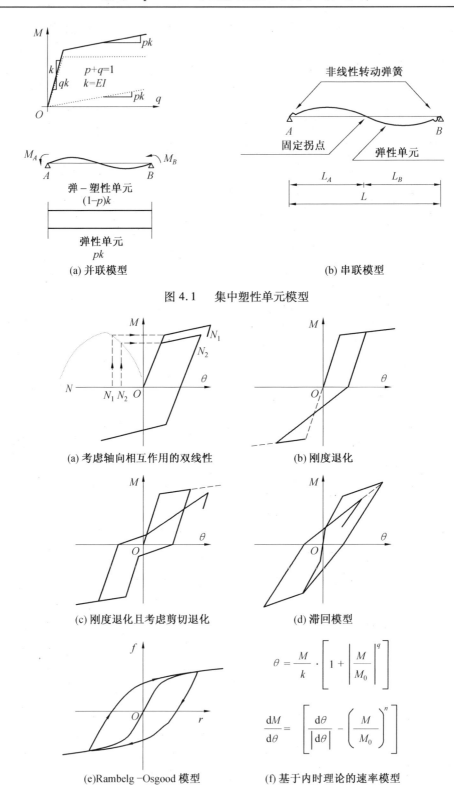

(a) 并联模型　　　　　　　　(b) 串联模型

图 4.1　集中塑性单元模型

(a) 考虑轴向相互作用的双线性　　(b) 刚度退化

(c) 刚度退化且考虑剪切退化　　(d) 滞回模型

(e)Rambelg－Osgood 模型　　(f) 基于内时理论的速率模型

图 4.2　常见弯矩－转角关系模型

要优势是简化了计算分析过程,提高了数值计算的稳定性;然而其最大缺陷是忽略了刚度沿杆长方形的变化,不能很好地模拟塑性铰区长度随加载历史变化而变化的特性。假定非弹性变形集中在杆端塑性铰上的集中塑性铰单元模型,与试验得到的塑性变形分布在杆端附近有限区域的结果是不吻合的,采用这种模型模拟单元的弹塑性性能会导致梁柱单元中反弯点始终保持不变的结果,且无法表征构件屈服后刚度连续变化的过程。

4.1.2　分布塑性模型

分布塑性模型克服了集中塑性模型的缺点,为进一步对钢筋混凝土构件进行精确分析提供了条件,被认为能更合理地描述混凝土构件的非线性状态。分布塑性模型一般由几个分布于单元上的控制截面组成,单元的整体响应通过对各个控制截面响应的加权积分得到。与集中塑性模型相比,分布塑性模型最大的特点是单元的非线性行为可发生在各个控制截面。

最早的分布塑性模型由 Takayanagi 和 Schnobrich 于 1979 年提出。在该模型中,梁柱构件被沿长度方向分为若干段,每段由一个非线性转动弹簧进行简化,如图 4.3 所示。其中每段构件上的弯矩被认为是均匀分布的,且其值等于该段构件中点处的弯矩,根据静力缩聚法可缩减该多弹簧体系的自由度,使之可作为单个梁柱单元处理。虽然最后单元的非线性行为仍然集中到端部的两个非线性转动弹簧上考虑,但因其在计算过程中考虑了单元各个非线性转动弹簧的非线性变形,该单元模型仍被认为是分布塑性模型。

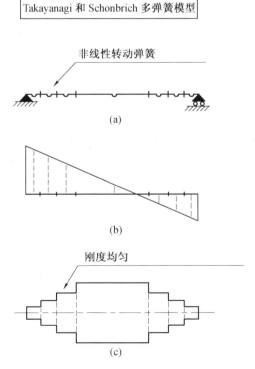

图 4.3　Takayanagi 和 Schnobrich 提出的多弹簧模型

1988 年,Filippou 和 Issa 同样采用将整个单元划分为多个子单元的方法,所不同的是在

Filippou 和 Issa 提出的单元模型中,设置多个子单元是为考虑多种不同的构件响应,如构件的弯、剪、扭等效应分别由不同的子单元考虑,最后根据各个子单元的响应得出构件的整体响应。

最初的分布非线性单元模型的位移变形方程是基于经典的刚度法,采用三次艾尔米特多项式作为单元的位移插值函数导出的。图 4.4 所示为考虑刚体位移的三维梁柱单元模型,图 4.5 所示则为相应的不考虑刚体位移的模型。为便于讨论,以下的推导过程中弯曲变形部分只考虑绕 Z 轴的弯曲变形;由此根据图 4.4 和图 4.5,考虑和不考虑刚体位移的单元位移向量可分别用 $\bar{q}$ 和 q 表示为

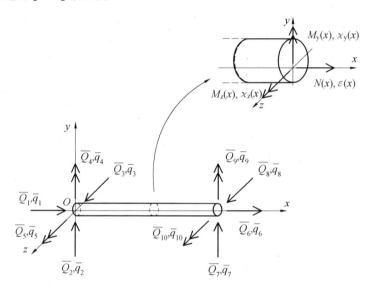

图 4.4　三维梁柱单元模型

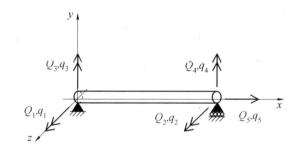

图 4.5　二维梁柱单元模型

$$\bar{q} = \begin{bmatrix} \bar{q}_1 & \bar{q}_2 & \bar{q}_5 & \bar{q}_6 & \bar{q}_7 & \bar{q}_{10} \end{bmatrix}^T \tag{4.1}$$

$$q = \begin{bmatrix} q_1 & q_2 & q_5 \end{bmatrix}^T \tag{4.2}$$

若 x 表示构件的纵轴方向,则构件沿轴各处的横向位移向量 $v(x)$ 和轴向位移向量 $u(x)$ 可近似表示为

$$\bar{d}(x) = \begin{Bmatrix} u(x) \\ v(x) \end{Bmatrix} = a_d(x) \cdot \bar{q} \tag{4.3}$$

式中,$\boldsymbol{a}_d(x)$ 为位移插值函数矩阵,其中横向位移采用三次多项式进行插值,轴向位移用线性函数进行插值。

$$\boldsymbol{a}_d(x) = \begin{bmatrix} \psi_1(x) & 0 & 0 & \psi_2(x) & 0 & 0 \\ 0 & \phi_1(x) & \phi_2(x) & 0 & \phi_3(x) & \phi_4(x) \end{bmatrix} \tag{4.4}$$

式中

$$\psi_1(x) = 1 - \frac{x}{L}, \qquad \psi_2(x) = \frac{x}{L}$$

$$\phi_1(x) = 2\frac{x^3}{L^3} - 3\frac{x^2}{L^2} + 1, \quad \phi_2(x) = \frac{x^3}{L^3} - 2\frac{x^2}{L^2} + x$$

$$\phi_3(x) = -2\frac{x^3}{L^3} + 3\frac{x^2}{L^2}, \qquad \phi_4(x) = \frac{x^3}{L^3} - \frac{x^2}{L^2}$$

上述插值函数是在不考虑单元荷载(只考虑节点荷载)的情况下导出的,当不考虑单元荷载时,单元内的弯矩为线性分布,易得三次多项式函数可表示单元的位移分布。

令截面的轴向应变矩阵为 $\boldsymbol{\varepsilon}(x)$,截面关于 z 轴弯曲变形的曲率矩阵为 $\boldsymbol{\chi}_z(x)$,根据小变形假定和平截面假定,截面变形矩阵可表示为

$$\boldsymbol{d}(x) = \begin{Bmatrix} \boldsymbol{\varepsilon}(x) \\ \boldsymbol{\chi}_z(x) \end{Bmatrix} = \begin{Bmatrix} \boldsymbol{u}'(x) \\ \boldsymbol{v}''(x) \end{Bmatrix} = \bar{\boldsymbol{a}}(x) \cdot \bar{\boldsymbol{q}} \tag{4.5}$$

式中

$$\bar{\boldsymbol{a}}(x) = \begin{bmatrix} \psi'_1(x) & 0 & 0 & \psi'_2(x) & 0 & 0 \\ 0 & \phi''_1(x) & \phi''_2(x) & 0 & \phi''_3(x) & \phi''_4(x) \end{bmatrix}$$

根据虚位移原理可求出单元的刚度矩阵 $\bar{\boldsymbol{K}}$ 为

$$\bar{\boldsymbol{K}} = \int_0^L \bar{\boldsymbol{a}}^T(x) \cdot \boldsymbol{k}(x) \cdot \bar{\boldsymbol{a}}(x) \, dx \tag{4.6}$$

式中,$\boldsymbol{k}(x)$ 为截面的刚度矩阵,若令截面力矩阵为 $\boldsymbol{D}(x)$,则有如下关系:

$$\boldsymbol{D}(x) = \begin{Bmatrix} \boldsymbol{N}(x) \\ \boldsymbol{M}_z(x) \end{Bmatrix} = \boldsymbol{k}(x)\boldsymbol{d}(x) \tag{4.7}$$

最后根据虚位移原理对不同截面的反力进行积分得出单元反力为

$$\bar{\boldsymbol{Q}}_R = \int_0^L \bar{\boldsymbol{a}}^T(x) \cdot \boldsymbol{D}_R(x) \, dx \tag{4.8}$$

上述即为基于刚度法的分布非线性单元模型的一般方程。然而,基于刚度法的单元的一个主要局限在于假设的三次插值函数。假设在线性或近似线性的响应下可以得出满意的结果,但当钢筋混凝土构件端部产生明显的屈服时,曲率的分布在非弹性区域变为显著非线性,各截面的曲率不再沿构件呈线性分布,而是已经屈服的构件端部截面的曲率明显比构件中部弹性段截面的曲率大,使原来的三次艾尔米特位移插值函数不再适用,因此无法描述构件进入高度非线性或荷载超过峰值承载力之后的应变软化行为。

传统的位移法由于在计算过程中采用了固定不变的三次艾尔米特位移插值,从而限制了其在结构非线性分析中的应用。为了提高分析精度和应用范围,1982 年 Mahasuverachai 率先提出了在非线性分析过程中不断改变的基于柔度的位移形函数,其截面内力和变形的

增量方程表示为

$$\Delta \boldsymbol{d}(x) = \boldsymbol{a}(x) \cdot \Delta \boldsymbol{q} \tag{4.9}$$

式中,$\boldsymbol{a}(x)$ 为与单元柔度矩阵和截面柔度矩阵有关且在分析过程中不断改变的单元位移形函数,即

$$\boldsymbol{a}(x) = \boldsymbol{f}(x) \cdot \boldsymbol{b}(x) \cdot \boldsymbol{F}^{-1}$$

柔度法是基于单元的力形函数导出的;根据图 4.5,在单向弯曲的条件下,单元力可以表示为

$$\boldsymbol{Q} = \begin{bmatrix} Q_1 & Q_2 & Q_3 \end{bmatrix}^{\mathrm{T}} \tag{4.10}$$

在不承受单元荷载(只承受节点荷载)时,可认为单元内的弯矩为线性分布且轴力为恒定值,单元各处截面的内力可用力形函数表示为

$$\boldsymbol{D}(x) = \boldsymbol{b}(x) \cdot \boldsymbol{Q} \tag{4.11}$$

式中,$\boldsymbol{b}(x)$ 为单元的力形函数矩阵,即

$$\boldsymbol{b}(x) = \begin{bmatrix} 0 & 0 & 1 \\ \dfrac{x}{L} - 1 & \dfrac{x}{L} & 0 \end{bmatrix} \tag{4.12}$$

根据虚力原理可求得单元的柔度矩阵为

$$\boldsymbol{F} = \int_0^L \boldsymbol{b}^{\mathrm{T}}(x) \cdot \boldsymbol{f}(x) \cdot \boldsymbol{b}(x) \, \mathrm{d}x \tag{4.13}$$

式中,$\boldsymbol{f}(x)$ 为截面柔度矩阵,且有如下截面的内力变形关系:

$$\boldsymbol{d}(x) = \boldsymbol{f}(x) \cdot \boldsymbol{D}(x) \tag{4.14}$$

由上述可知,柔度法的突出优点是无论单元处于怎样的状态,只要满足未施加单元荷载的条件,单元的平衡状态便始终能得到满足,即尽管单元已进入高度非线性状态,假定的单元内力的分布模式始终是精确的。

4.1.3 纤维单元模型

在对集中非线性模型和分布非线性模型以及柔度法研究的基础上,进一步提出了基于柔度的纤维单元模型。实践表明,基于柔度法的纤维单元模型是钢筋混凝土构件非线性分析较为理想的宏观模型。纤维单元模型的主要特点是将梁柱构件沿纵轴方向划分为若干条纤维,如图 4.6 所示。每条纤维的几何控制参数包括纤维在截面局部坐标系下的位置坐标 (y_i, z_i) 以及纤维的横截面积 A_{ifib};截面的本构关系不是直接给定而是通过对截面内所有纤维的单轴本构关系进行积分得到。截面组成纤维的力学行为由纤维材料的单轴本构关系决定,且纤维单元模型仍然遵循平截面假定和小变形假定。

纤维单元模型的建立需解决两大关键问题:一是单元状态的确定,即如何根据给定的单元位移求单元反力;二是如何确定用于计算单元柔度矩阵 $\boldsymbol{F}$ 的截面柔度矩阵 $\boldsymbol{f}(x)$。

基于柔度法的单元模型的基本假设是单元内力按给定的力形函数分布,如式(4.11)所示。根据一般的单元状态确定方法,先由单元力由式(4.11)计算得到各截面的内力,然后根据平衡原理计算各条纤维的应力;但由于截面的纤维条数远远大于平衡方程个数,故此方法无法根据截面内力求出纤维应力。基于柔度法的纤维截面模型所采用的方法是将截面的本构关系分段线性化,然后根据前一步计算得到的截面柔度矩阵和当前截面内力计算出当

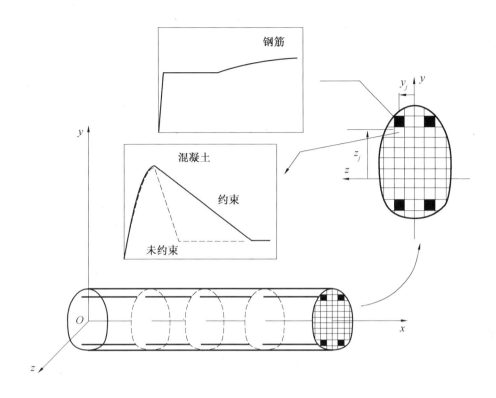

图 4.6　纤维单元模型示意图

前的截面形变,在此基础上根据截面纤维的单轴本构关系,可得出各纤维的应力和刚度,进而得出截面的反力和截面的刚度矩阵 $\boldsymbol{k}(x)$:

$$\boldsymbol{k}(x) = \begin{bmatrix} \sum_{\mathrm{ifib}}^{n(x)} E_{\mathrm{ifib}} \cdot A_{\mathrm{ifib}} & -\sum_{\mathrm{ifib}}^{n(x)} E_{\mathrm{ifib}} \cdot A_{\mathrm{ifib}} \cdot y_{\mathrm{ifib}} \\ -\sum_{\mathrm{ifib}}^{n(x)} E_{\mathrm{ifib}} \cdot A_{\mathrm{ifib}} \cdot y_{\mathrm{ifib}} & \sum_{\mathrm{ifib}}^{n(x)} E_{\mathrm{ifib}} \cdot A_{\mathrm{ifib}} \cdot y_{\mathrm{ifib}}^2 \end{bmatrix} \tag{4.15}$$

对截面刚度矩阵求逆即可得出截面的柔度矩阵:

$$\boldsymbol{f}(x) = \boldsymbol{k}^{-1}(x) \tag{4.16}$$

由式(4.13)即可求出新的单元柔度矩阵 $\boldsymbol{F}$,由 $\boldsymbol{K} = \boldsymbol{F}^{-1}$ 即可得到新的单元刚度矩阵。然后便是如何根据单元的各截面反力得出单元反力,这也是建立基于柔度法的纤维单元模型的关键所在。

1984 年 Kaba 和 Mahin 提出了第一个基于柔度法的纤维单元模型,其基本理论如上所述:采用力形函数确定单元柔度矩阵。在确定单元状态时,采用式(4.9)根据单元位移计算截面形变,然后根据截面形变和纤维应力应变关系确定各纤维的应力应变及刚度,进而得出截面的刚度 $\boldsymbol{k}(x)$ 和截面反力 $\boldsymbol{D}_{\mathrm{R}}(x)$,对截面刚度矩阵求逆可得截面柔度矩阵 $\boldsymbol{f}(x)$,根据虚位移原理可求得单元反力增量为

$$\Delta \boldsymbol{Q}_{\mathrm{R}} = \int_0^L \boldsymbol{a}^{\mathrm{T}}(x) \cdot \Delta \boldsymbol{D}_{\mathrm{R}}(x) \, \mathrm{d}x \tag{4.17}$$

1991 年 Fabio F. Taucer 等提出了一种新的基于柔度法的梁柱纤维单元模型,并提出了适用于构件高度非线性和应变软化阶段分析的数值算法,该模型具有完备的理论基础和良好的数值稳定性,是较为成熟的基于柔度法的纤维单元模型,本章将在下文对其进行详细介绍。

4.2　基于柔度法的梁柱单元基本理论

基于柔度法的梁柱单元模型依然遵循小变形和平截面假定,截面的内力变形关系是直接给定的,其主要优点是在计算过程中单元始终满足力平衡和变形协调的要求,且能够模拟构件的软化行为。

为便于理解,本节将从"混合法"出发推导基于柔度法梁柱单元的一般方程。"混合法"即该单元同时用到力形函数和位移形函数,与刚度法中的位移形函数不同,基于柔度的位移形函数会在结构迭代计算过程中不断改变,而且通过选择适当形式的基于柔度的位移形函数,能使单元一般方程大大简化;当选择特定形式的基于柔度位移形函数时,"混合法"便演化为"柔度法"。

4.2.1　单元模型的定义

不考虑刚体位移的单元模型如图4.7所示,其中 x、y、z 为单元的局部坐标系,x 轴与构件的纵轴方向平行且通过构件截面的几何中心;X、Y、Z 为整体坐标系。在以下的推导过程中单元的力、位移和变形等变量的命名遵循以下规则:单元力由大写字母表示,而单元力所对应的单元位移或变形则由对应的小写字母表示,常规字体表示标量,黑体字母表示矢量。

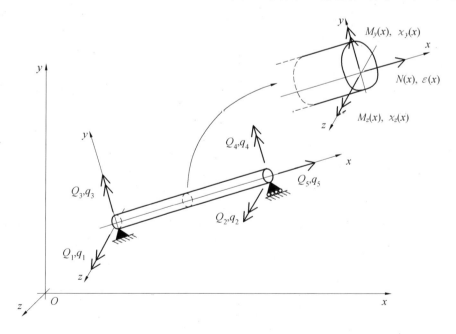

图 4.7　不考虑刚体位移的单元模型示意图

由于图单元的构建是基于线性几何的,若需要刚体位移,只需通过简单的几何变换即可,在此为使推导过程简洁,只针对不考虑刚体位移的情况进行讨论。

由图可知,单元共有 5 个自由度:单元两端部节点分别绕局部坐标系的 y 轴和 z 轴的转动自由度 q_1、q_3、q_2、q_4 和轴向的拉压变形自由度 q_5,而大写的 Q_1、Q_3、Q_2、Q_4、Q_5 则分别表示各自由度对应的单元力,以向量形式可表示为

$$单元力向量: \qquad \boldsymbol{Q} = \begin{Bmatrix} Q_1 \\ Q_2 \\ Q_3 \\ Q_4 \\ Q_5 \end{Bmatrix} \qquad (4.18)$$

$$单元形变向量: \qquad \boldsymbol{q} = \begin{Bmatrix} q_1 \\ q_2 \\ q_3 \\ q_4 \\ q_5 \end{Bmatrix} \qquad (4.19)$$

图 4.7 同时给出了单元截面的内力和变形示意,其中截面的形变包括:轴向应变 $\varepsilon(x)$、截面分别绕局部坐标系 y、z 轴的转动曲率 $\chi_y(x)$ 和 $\chi_z(x)$,其对应的截面内力分别为截面轴力 $N(x)$ 以及该截面的绕 y、z 轴的弯矩 $M_y(x)$ 和 $M_z(x)$。类似地,截面的内力可用向量表示如下:

$$截面力向量: \qquad \boldsymbol{D}(x) = \begin{Bmatrix} M_z(x) \\ M_y(x) \\ N(x) \end{Bmatrix} = \begin{Bmatrix} D_1(x) \\ D_2(x) \\ D_3(x) \end{Bmatrix} \qquad (4.20)$$

$$截面形变向量: \qquad \boldsymbol{d}(x) = \begin{Bmatrix} \chi_z(x) \\ \chi_y(x) \\ \varepsilon(x) \end{Bmatrix} = \begin{Bmatrix} d_1(x) \\ d_2(x) \\ d_3(x) \end{Bmatrix} \qquad (4.21)$$

4.2.2　基本方程

上一节介绍了基于柔度法的梁柱单元模型的基本变量,接下来将从普通"混合法"出发,推导梁柱单元模型的基本方程,在推导过程中,为使方程更具一般性,截面的本构关系、力插值函数和位移插值函数均未具体指定而是用抽象函数代替。在一般的"混合法"中,用以确定单元内力场和变形场的"力形函数"和"位移形函数"是相互独立的,并有如下关系:

$$\Delta \boldsymbol{d}^i(x) = \boldsymbol{a}(x) \cdot \Delta \boldsymbol{q}^i \qquad (4.22)$$
$$\boldsymbol{D}^i(x) = \boldsymbol{b}(x) \cdot \boldsymbol{Q}^i \qquad (4.23)$$
写成增量形式为 $\qquad \Delta \boldsymbol{D}^i(x) = \boldsymbol{b}(x) \cdot \Delta \boldsymbol{Q}^i \qquad (4.24)$

其中,$\boldsymbol{a}(x)$、$\boldsymbol{b}(x)$ 位移(形变)插值矩阵和和力插值矩阵,上标 i 表示第 i 次结构层面的 Newton – Raphson 迭代计算次数,其中结构层面的 N – R 迭代的目的是使外部施加的总荷载和内部单元的总反力相平衡。此处在单元的方程中引入结构层面迭代计算的上标是因为接下来引入的基于柔度的特殊位移插值函数在计算过程随着迭代进行会不断更新,因而需加

上标以区别。

将截面的非线性本构关系分段线性化之后,得到的本构加权积分形式为

$$\int_0^L \delta D^T(x) \cdot [\Delta d^i(x) - f^{i-1}(x) \cdot \Delta D^i(x)] dx = 0 \tag{4.25}$$

将式(4.22)和式(4.24)代入上式得

$$\delta Q^T \int_0^L b^T(x) \cdot [a(x) \cdot \Delta q^i - f^{i-1}(x) \cdot b(x) \cdot \Delta Q^i] dx = 0 \tag{4.26}$$

由于上式对任何 δQ^T 均成立,故有

$$[\int_0^L b^T(x) \cdot a(x) \cdot dx] \cdot \Delta q^i - [\int_0^L b^T(x) \cdot f^{i-1}(x) \cdot b(x) dx] \cdot \Delta Q^i = 0 \tag{4.27}$$

显然

$$F^{i-1} = [\int_0^L b^T(x) \cdot f^{i-1}(x) \cdot b(x) dx] \tag{4.28}$$

并令

$$T = [\int_0^L b^T(x) \cdot a(x) dx] \tag{4.29}$$

式中,F 为单元的柔度矩阵;T 为仅由单元力和位移插值函数决定的矩阵,将式(4.28)和式(4.29)代入式(4.27),可将其简化为

$$T \cdot \Delta q^i - F^{i-1} \cdot \Delta Q^i = 0 \quad 或 \quad T \cdot \Delta q^i = F^{i-1} \cdot \Delta Q^i \tag{4.30}$$

上式即为截面分段线性化的截面力与变形关系的积分表达形式。

对"混合法",单元平衡方程的积分形式可由虚位移原理导出,根据虚位移原理:

$$\int_0^L \delta d^T(x) \cdot [D^{i-1}(x) + \Delta D^i(x)] \cdot d(x) = \delta q^T \cdot P^i \tag{4.31}$$

式中,P^i 为与单元内力相平衡的单元荷载向量,将式(4.22)和式(4.24)代入上式得

$$\delta q^T \{\int_0^L a^T(x) \cdot [b(x) Q^{i-1} + b(x) \cdot \Delta Q^i] \cdot d(x)\} = \delta q^T \cdot P^i \tag{4.32}$$

显然,上式对任意 δq^T 都满足,于是有

$$[\int_0^L a^T(x) \cdot b(x) dx] \cdot Q^{i-1} + [\int_0^L a^T(x) \cdot b(x) dx] \cdot \Delta Q^i = P^i \tag{4.33}$$

由式(4.29)可知,上式可用矩阵形式表示为

$$T^T \cdot Q^{i-1} + T^T \cdot \Delta Q^i = P^i \tag{4.34}$$

联立式(4.30)和式(4.34)消去 ΔQ^i,可得

$$T^T \cdot [F^{i-1}]^{-1} \cdot T \cdot \Delta q^i = P^i - T^T \cdot Q^{i-1} \tag{4.35}$$

至此,力插值函数 $b(x)$ 和形变插值函数 $a(x)$ 均只是以抽象函数的形式代入,而没有指定具体的函数形式。虽然在"混合法"中力插值函数 $b(x)$ 和位移插值函数 $a(x)$ 是完全独立的,但由式(4.29)可发现,选择适当形式的位移插值函数 $a(x)$ 能使上式简化,于是可将 $a(x)$ 选为如下基于柔度的形式:

$$a(x) = f^{i-1}(x) \cdot b(x) \cdot [F^{i-1}]^{-1} \tag{4.36}$$

将上式代入式(4.22)有

$$\Delta d^i(x) = f^{i-1}(x) \cdot b(x) \cdot [F^{i-1}]^{-1} \cdot \Delta q^i \tag{4.37}$$

之所以选择形如式(4.36)所示的基于柔度的位移形函数,是因为它能将式(4.29)简化为单位阵,将式(4.36)代入式(4.29)有

$$T = \left[\int_0^L b^T(x) \cdot f^{i-1}(x) \cdot b(x) \mathrm{d}x \right] \cdot [F^{i-1}]^{-1} = I \tag{4.38}$$

将上式代入式(4.35)可得

$$[F^{i-1}]^{-1} \cdot \Delta q^i = P^i - Q^{i-1} \tag{4.39}$$

因此,形如式(4.36)的基于柔度的形函数使"混合法"退化成了"柔度法",如式(4.39)所示。该式为增量形式的单元力和单元变形的线性关系式,式中的刚度矩阵是通过对柔度矩阵求逆得到的,这是柔度法与传统刚度法的主要区别之一。

以上便是由"混合法"得出基于柔度法梁柱单元模型的基本方程的推导过程,虽然采用经典的柔度法也可得到式(4.39)的结果,但"混合法"的推导过程能更直观地给出基于柔度的形位移函数 $a(x)$ 的选择过程,同时也为后续研究和探索其他形式的位移形函数提供了思路。

4.2.3　单元状态判断

在一般结构非线性分析过程中,结构某迭代步的所有自由度上的位移增量由程序根据该步外部荷载增量由直接刚度法计算得出,然后根据各节点的位移增量得出各单元的变形增量,接下来的关键问题是如何根据给定的单元变形求出单元的反力。上述由给定的单元变形求单元反力的过程称为单元状态判断;比单元状态判断更高一层次的是结构状态判断,即完成单元状态判断得到所有单元的反力后,集成所有单元反力得到结构总反力的过程。

在得到结构总反力后,与当前的结构外部荷载比较,将其差值即不平衡力作为外部荷载再次施加给结构,重新计算单元变形增量,判断单元状态,判断结构状态,再与当前外部荷载比较,重复此过程(Newton – Raphson 迭代)直至满足容差要求,则认为完成当前荷载步的计算,可对结构施加下一荷载增量。

图 4.8 所示为结构非线性分析中结构层面、单元层面和截面层面的相互嵌套的迭代过程。其中上标 k 表示外部荷载步数; ΔP_E^k 和 P_E^k 分别表示当前外部荷载增量和外部总荷载;上标 i 表示 N – R(Newton – Raphson) 迭代步数,一般每一步外部荷载增量需要若干步 N – R 迭代计算完成。而每一步 N – R 迭代计算都需要重新判断单元状态,上标 j 所表示的即为实现单元状态判断而进行的单元层面的迭代计算步数。

在传统的刚度法中,单元状态的判断过程为先根据单元端点位移,由位移形函数得到单元内部各截面的变形,然后根据截面的变形和截面的力 – 变形关系,得到截面的反力,进而对截面反力沿单元进行加权积分得到单元总反力,便完成了单元状态判断过程。而对于基于柔度法的梁柱单元模型,首先是要根据前一步计算得到的单元刚度和当前的单元变形计算得到当前的单元力,然后根据力形函数得到单元的力场分布,接下来便是根据截面内力计算截面变形,但是截面的力 – 变形关系通常以力关于变形的非线性函数的形式给出,故给根据截面力计算截面变形带来困难。

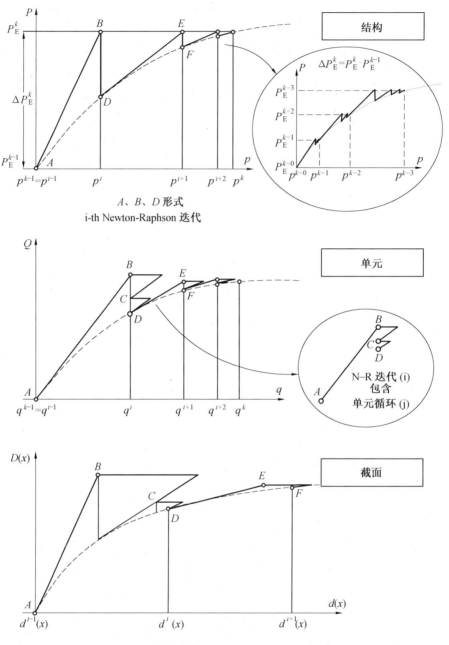

图 4.8　结构非线性分析不同层次的迭代过程

Fabio F. Taucer 等于 1991 年提出的非线性求解方法很好地解决了上述问题,该方法先根据单元力由力插值函数计算得到的各截面力 $D(x)$;然后由前一步截面刚度和当前截面力增量计算得到的截面变形增量及截面总变形,在此基础上根据截面的力 - 变形关系计算得到的截面反力 $D_R(x)$;将 $D(x)$ 与 $D_R(x)$ 的差值 $D_u(x) = D(x) - D_R(x)$ 称为截面不平衡力,然后由截面不平衡力计算相应的截面残留变形 $r(x) = f(x) \cdot D_u(x)$;根据虚力原理,将 $r(x)$ 在单元上积分,即可得到单元的残留变形 $s = \int_0^L b^T(x) \cdot r(x) dx$;接下来为使结构位移协调条件得到满足,给单元施加附加的单元力 $\boldsymbol{Q} = -\boldsymbol{F} \cdot s$,消除的单元残留变形,并在 $\boldsymbol{Q}$ 的作用下,重复上述步骤,判断单元状态,计算单元残留变形,直到单元残留变形 s 满足收敛条件,即完成单元状态判断,计算回到结构层面开始进入下一步 N – R 迭代。详细的迭代法确定单元状态计算过程如下:

第 i 步 N – R 迭代中,需要根据当前单元变形 $\boldsymbol{q}^i = \boldsymbol{q}^{i-1} + \Delta\boldsymbol{q}^i$ 计算当前单元反力,为此在该步 N – R 迭代中引入一个内嵌迭代过程完成单元反力计算,该内嵌迭代过程的步数以 j 表示,并记该步 N – R 迭代的内嵌迭代过程的初始态,即 $j = 0$ 时的状态,为上一步 N – R 迭代的收敛结果,于是

$$(\boldsymbol{F}^{j=0})^{-1} = (\boldsymbol{F}^{i-1})^{-1} \tag{4.40}$$

且当前给定的单元变形增量为

$$\Delta\boldsymbol{q}^{j=1} = \Delta\boldsymbol{q}^i \tag{4.41}$$

于是可计算得到单元力的增量为

$$\Delta\boldsymbol{Q}^{j=1} = (\boldsymbol{F}^{j=0})^{-1} \cdot \Delta\boldsymbol{Q}^{j=1} \tag{4.42}$$

根据力形函数,截面力的增量为

$$\Delta\boldsymbol{D}^{j=1}(x) = \boldsymbol{b}(x) \cdot \Delta\boldsymbol{Q}^{j=1} \tag{4.43}$$

取当前截面柔度矩阵为前一步 N – R 迭代的结果,即

$$\boldsymbol{f}^{j=0}(x) = \boldsymbol{f}^{i-1}(x) \tag{4.44}$$

由线性化的截面力和变形关系得到截面的变形增量为

$$\Delta\boldsymbol{d}^{j=1}(x) = \boldsymbol{f}^{j=0}(x) \cdot \Delta\boldsymbol{D}^{j=1}(x) \tag{4.45}$$

根据截面的变形增量即可得到当前截面的总变形为

$$\boldsymbol{d}^{j=1}(x) = \boldsymbol{d}^{j=0}(x) + \Delta\boldsymbol{d}^{j=1}(x) \tag{4.46}$$

由截面的力 – 变形关系,根据 $\boldsymbol{d}^{j=1}(x)$ 可计算得到截面的反力 $\boldsymbol{D}_{\mathrm{R}}^{j=1}(x)$ 和新的截面柔度矩阵 $\boldsymbol{f}^{j=1}(x)$。

同时由式(4.43)可知

$$\boldsymbol{D}^{j=1}(x) = \boldsymbol{D}^{j=0}(x) + \Delta\boldsymbol{D}^{j=1}(x) = \boldsymbol{D}_{\mathrm{R}}^{i-1}(x) + \Delta\boldsymbol{D}^{j=1}(x) \tag{4.47}$$

于是可得截面的不平衡力为

$$\boldsymbol{D}_{\mathrm{U}}^{j=1}(x) = \boldsymbol{D}^{j=1}(x) - \boldsymbol{D}_{\mathrm{R}}^{j=1}(x) \tag{4.48}$$

进而计算得到截面的残留变形为

$$\boldsymbol{r}^{j=1}(x) = \boldsymbol{f}^{j=1}(x) \cdot \boldsymbol{D}_{\mathrm{U}}^{j=1}(x) \tag{4.49}$$

根据虚力原理,截面的残留变形沿单元积分即可得到单元的残留变形为

$$s^{j=1} = \int_0^L \boldsymbol{b}^{\mathrm{T}}(x) \cdot \boldsymbol{r}^{j=1}(x)\,\mathrm{d}x \tag{4.50}$$

至此,$j = 1$ 的迭代过程结束,该步迭代过程计算了截面的残留变形 $\boldsymbol{r}^{j=1}(x)$ 和单元的残留变形 $s^{j=1}$,下面介绍 j 循环的余下迭代过程,也是迭代确定单元状态的关键。

由于共用某一节点的单元在该节点的位移应相等,即满足位移协调要求;但单元残留变形 $s^{j=1}$ 的存在使得位移协调要求无法得到满足;为了使单元变形满足位移协调要求,需在单元端部施加修正力 $-(\boldsymbol{F}^{j=1})^{-1} \cdot s^{j=1}$,其中 $\boldsymbol{F}^{j=1}$ 为 $j = 1$ 迭代步中更新的截面切线柔度矩阵积分得到的新的单元切线柔度矩阵。$j = 2$ 的具体迭代过程如下:

在 $j = 1$ 的迭代完成的基础上,将上述修正力施加给单元

$$Q^{j=2} = Q^{j=1} + \Delta Q^{j=2} \tag{4.51}$$

其中

$$\Delta Q^{j=2} = -(F^{j=1})^{-1} \cdot s^{j=1} \tag{4.52}$$

同时得到新的截面力和截面变形为

$$D^{j=2}(x) = D^{j=1}(x) + \Delta D^{j=2}(x) \tag{4.53}$$

$$d^{j=2}(x) = d^{j=1}(x) + \Delta d^{j=2}(x) \tag{4.54}$$

其中

$$\Delta D^{j=2}(x) = -b(x) \cdot (F^{j=1})^{-1} \cdot s^{j=1} \tag{4.55}$$

$$\Delta d^{j=2}(x) = r^{j=1}(x) - f^{j=1}(x) \cdot b(x) \cdot (F^{j=1})^{-1} \cdot s^{j=1} \tag{4.56}$$

由 $d^{j=2}(x)$ 计算当前的截面切线柔度 $f^{j=2}(x)$，并积分计算对应的单元切线柔度 $F^{j=2}$，然后根据个定的截面力 – 变形关系，计算当前近似截面反力 $D_R^{j=2}(x)$。

此时类似 $j=1$ 的过程计算截面的残留变形和单元的残留变形为

$$D_U^{j=2}(x) = D^{j=2}(x) - D_R^{j=2}(x) \tag{4.57}$$

$$r^{j=2}(x) = f^{j=2}(x) \cdot D_U^{j=2}(x) \tag{4.58}$$

$$s^{j=2} = \int_0^L b^T(x) \cdot r^{j=2}(x) \, dx \tag{4.59}$$

至此 $j=2$ 的迭代过程结束。

此后重复上述过程，直至单元残留变形 s^j 满足收敛容差要求，则完成第 i 步 N – R 迭代的单元状态判断，接下来集成所有单元反力与当前施加的结构荷载作差得到结构不平衡力于收敛容差比较，进而判断 N – R 迭代是否收敛；若已收敛，开始进入下一荷载步的计算，如未收敛，则以上述不平衡力作为荷载施加给结构，开始进入下一步 N – R 迭代，直至迭代收敛才开始计算下一荷载步，直至分析完成。

第5章 钢筋混凝土梁的非线性分析

5.1 梁的受力特点及分析

5.1.1 梁的受力特点

梁是典型的受弯构件,即截面上通常有弯矩和剪力共同作用而轴力可忽略不计的构件。钢筋混凝土结构中,如框架的边梁、支撑悬臂板的雨篷梁、曲梁、吊车梁和螺旋楼梯梁等还受扭矩作用。

采用基于柔度法的纤维单元模型模拟分析钢筋混凝土构件时无法考虑剪切变形的影响,因此该模型仅对剪切变形影响较小的构件较适用。对钢筋混凝土梁,首先分析剪切变形对构件总变形的影响。以一均布荷载作用下的简支梁为例,如图5.1所示。由力法可计算得到梁跨中点的挠度,如式(5.1),进一步可简化为式(5.2)。

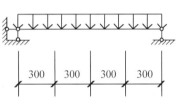

图 5.1 均布荷载作用下的简支梁

$$\Delta_{yC} = 2\left[\int_0^{l/2} \frac{\overline{M}M_P}{EI}\mathrm{d}x + \int_0^{l/2} \frac{k\overline{F}F_{QP}}{GA}\mathrm{d}x\right]$$

$$= 2\left[\frac{1}{EI}\int_0^{l/2} \frac{x}{2}\left(\frac{1}{2}qlx - \frac{1}{2}qx^2\right)\mathrm{d}x + \frac{k}{GA}\int_0^{l/2} \frac{1}{2}\left(\frac{1}{2}ql - qx\right)\mathrm{d}x\right] \qquad (5.1)$$

$$= \frac{5ql^4}{384EI} + \frac{kql^2}{8GA}(\downarrow)$$

$$\Delta_{yC} = \frac{5ql^4}{384EI}\left[1 + 2.4\left(\frac{h}{l}\right)^2\right](\downarrow) \tag{5.2}$$

由式(5.2)可知,剪切变形对总变形的影响主要取决于梁的跨高比。基于公式可得到剪切变形占总的挠度变形的比例与跨高比的关系,如图5.2所示。由图可知,当跨高比大于6时,剪切变形对总变形的影响已经很小;而实际结构中的大多数梁的跨高比均大于6,因此可以采用不考虑剪切影响的纤维单元模型模拟。

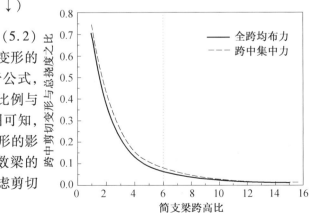

图 5.2 简支梁剪切变形随跨高比增加的变化规律

5.1.2 基于有限条带法的截面弯矩 – 曲率分析

有限条带法建立的纤维模型是纤维截面模型的一种简化形式,主要用于钢筋混凝土平面受力构件在轴力和单向弯矩作用下的截面非线性分析。下面以受弯构件的截面弯矩 – 曲率关系为例,简单介绍有限条带法。

基本假定:

(1) 截面的应变符合平截面假定,应力、应变以受压为正,受拉为负。

(2) 钢筋与混凝土之间充分黏结,变形协调,无相对滑移。

(3) 忽略剪切变形的影响。

(4) 不考虑受拉区混凝土参与工作。

由构件中取一带裂缝单元为脱离体,则单元曲率可以表示为

$$\phi = \frac{\varepsilon_{cm}}{kh_0} = \frac{\varepsilon_s}{(1-k)h_0} = \frac{\varepsilon_{cm} + \varepsilon_s}{h_0} \tag{5.3}$$

式中,h_0 为截面有效高度;k 为受压区高度系数;ε_s 为钢筋应变;ε_{cm} 为受压区边缘混凝土应变。

取如图 5.3 所示截面计算简图,沿截面高度方向将截面划分为若干个混凝土和钢筋有限条带,对截面形心轴取矩,根据平衡条件可以列出如下平衡方程:

$$N = \sum_{j=1}^{m} \sigma_{cj} A_{cj} + \sum_{i=1}^{n} \sigma_{si} A_{si} \tag{5.4}$$

$$M = \sum_{j=1}^{m} \sigma_{cj} A_{cj} \left(\frac{h}{2} - h_{cj} \right) + \sum_{i=1}^{n} \sigma_{si} A_{si} \left(\frac{h}{2} - h_{si} \right) \tag{5.5}$$

式中,A_{si} 为第 i 层钢筋截面积;A_{cj} 为受压区第 j 条混凝土条带面积;h_{cj} 为受压区第 j 层混凝土条带中心至受压区边缘距离;h_{si} 为第 i 层钢筋至受压区边缘距离;σ_{si} 为第 i 层钢筋应力;σ_{cj} 为第 j 条混凝土条带应力。

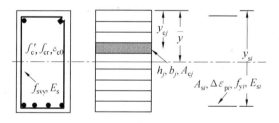

图 5.3　截面的条带划分及应变分布

采用分级加曲率逐步积分的方法来计算混凝土柱截面的弯矩 – 曲率关系,基本步骤如下:

(1) 确定构件所受轴力、几何参数、配筋参数、材料应力 – 应变曲线。

(2) 沿截面高度方向划分为 k 个平行的条带单元,给定一初始曲率 ϕ。

(3) 假设受压区边缘混凝土的应变为 ε_{cm}。

(4) 由条带的位置坐标和平截面假定,可求出所有混凝土条带应变 ε_{sj} 及钢筋的应变 ε_{si},如图 5.3 所示。

(5) 根据给定的混凝土本构关系及钢筋的本构关系,求出每个条带的应力 σ_{cj} 及钢筋的

应力 σ_{si}。

（6）将各条带应力乘以各条带的面积，得到受压区混凝土受到的合力：$N_c = \sum N_{cj} = \sum \sigma_{cj} dA_{cj}$，钢筋合力：$N_s = \sum N_{si} = \sum \sigma_{si} A_{si}$，将受压区混凝土合力及钢筋合力汇总：$N = N_c + N_s$。

（7）采用二分法验证合力 N 是否满足平衡条件，若满足，则说明当前假设的 ε_{cm} 为当前曲率 ϕ 所对应的真实混凝土受压区边缘压应变；若不满足，则重复上述步骤直到满足轴力平衡。

（8）将满足平衡条件后的各条带内力 N_{cj} 及各钢筋内力 N_{si}，对截面1/2高度的中轴线处求矩并累积求和，得到当前曲率对应的截面弯矩。

（9）增加曲率，重复上述过程，直到弯矩降低到极限弯矩的 85% 或受压区边缘混凝土压应变达到混凝土极限压应变时，认为截面破坏，弯矩 – 曲率关系计算结束。

弯矩 – 曲率关系计算流程图，如图5.4 所示。

算例：钢筋混凝土简支梁跨度为 3 000 mm，截面高为 600 mm，截面宽为 250 mm，采用 C30 混凝土，保护层厚度为 25 mm，钢筋屈服抗拉强度为 $f_y = 300$ MPa，采用有限条带法来讨论配筋率对梁的弯矩 – 曲率关系影响和曲率延性系数的影响。不同配筋简支梁的弯矩 – 曲率关系如图5.5 所示，其中，ρ 表示截面纵筋配筋率，μ 表示最大弯矩时对应的截面曲率延性系数。由图可知，当配筋率很小时，构件发生脆性破坏，其构件截面的弯矩和曲率均较小；当构件截面配筋率适中，构件最终发生适筋破坏，其极限曲率和曲率延性系数均较大；当构件截面配筋路较大时，构件最终发生超筋破坏，其极限曲率和曲率延性系数均小于适筋梁。

5.2　OpenSees 中的梁柱单元

到目前为止，OpenSees 中用于结构分析的梁柱单元有：弹性梁柱单元、刚度修正的弹性梁柱单元、集中塑性铰梁柱单元、基于位移的梁柱单元、基于力的梁柱单元、考虑弯剪耦合的基于位移的梁柱单元、弹性铁木辛柯梁柱单元、多垂直杆单元及滞回弯剪耦合模型，其中后两种模型主要用于剪力墙的模拟，将在后文介绍，本节将详细介绍前几种用于钢筋混凝土梁柱模拟分析的梁柱单元的特点和相应的应用方法。

5.2.1　弹性梁柱单元

弹性梁柱单元是一种较为简单的单元形式，即把构件考虑为弹性的单元，按结构力学的方法求解结构刚度矩阵或者柔度矩阵，然后进行相应的运算分析，主要用于求解结构的周期与振型和简单的结构分析。

OpenSees 中弹性梁柱单元的调用语句为：

对二维平面问题：

element elasticBeamColumn $ eleTag $ iNode $ jNode $ A $ E $ Iz $ transfTag < – mass $ massDens > < – cMass >

对三维空间问题：

element elasticBeamColumn $ eleTag $ iNode $ jNode $ A $ E $ G $ J $ Iy $ Iz

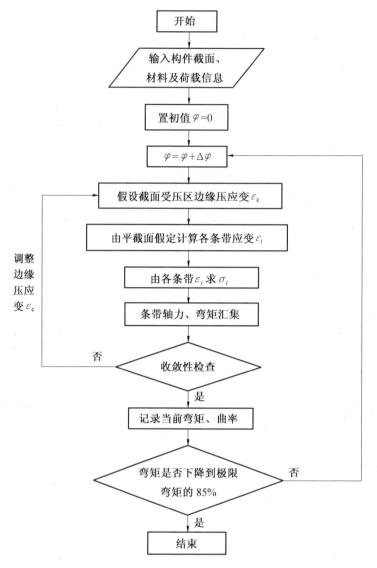

图 5.4　弯矩－曲率关系计算流程图

$ transfTag ＜－mass　$ massDens ＞

其中，$ eleTag 为单元编号；$ iNode 和 $ jNode 分别为单元开始和结束节点；$ A 为截面面积；$ E 为弹性模量；$ G 为剪切模量；$ J 为截面扭转惯性矩；$ Iy 和 $ Iz 分别为绕局部坐标 y 轴和 z 轴的惯性矩；$ transfTag 为预先定义的坐标转换编号；$ massDens 为单元质量密度（缺省设为 0）；－cMass 用以形成一致质量矩阵（缺省为集中质量阵）。

注：对弹性梁柱单元，当新建一个单元记录对象时，有效的输出关键字是"force"。

例：

element elasticBeamColumn 1 2 4 5.5 100.0 1e6 9；

该命令定义了一个单元编号为 1 的弹性梁柱单元，其起始节点为 2 和 4，截面面积为 5.5，弹性模量为 100.0，绕局部 z 轴的惯性矩为 1e6，坐标转换代码为 9。

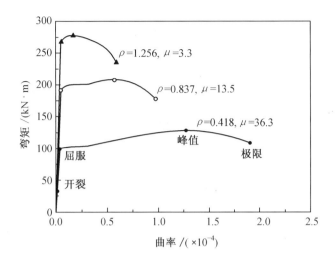

图 5.5　不同配筋率简支梁的弯矩－曲率关系

5.2.2　弹性铁木辛柯梁柱单元

该命令用以构建一个弹性铁木辛柯梁柱单元。铁木辛柯梁用以描述框架构件的剪切变形。单元的调用命令如下：

对二维平面问题：

element ElasticTimoshenkoBeam $ eleTag $ iNode $ jNode $ E $ G $ A $ Iz $ Avy $ transfTag < − mass $ massDens > < − cMass >

对三维空间问题：

element ElasticTimoshenkoBeam $ eleTag $ iNode $ jNode $ E $ G $ A $ Jx $ Iy $ Iz $ Avy $ Avz $ transfTag < − mass $ massDens > < − cMass >

其中，$ eleTag 为单元编号；$ iNode 和 $ jNode 分别为单元两端节点编号；$ E 为弹性模量；$ G 为剪切模量；$ A 为截面面积；$ Jx 为截面扭转惯性矩；$ Iy 和 $ Iz 分别为绕局部坐标 y 轴和 z 轴的惯性矩；$ Avy 和 $ Avz 分别为局部坐标 y 轴和 z 轴的剪切面积；$ transfTag 为预先定义的坐标转换编号；$ massDens 为单元质量密度（缺省设为 0）；− cMass 用以形成一致质量矩阵（缺省为集中质量矩阵）。

注：① 对弹性铁木辛柯梁柱单元，当新建一个单元记录对象时，有效的输出关键字是"force"；② 对实心矩形截面，通常假定剪切面积为总面积的 5/6，对工字形截面剪切面积可取腹板面积（Aweb）。例：

element ElasticTimoshenkoBeam 1 2 4 100.0 45.0 6.0 4.5 5.0 9;

该命令定义了一个单元编号为 1 的弹性铁木辛柯梁柱单元，其起始节点为 2 和 4，E = 100，G = 45，A = 6.0，I = 4.5，Av = 5.0，坐标转换代码为 9。

5.2.3　刚度修正的弹性梁柱单元

刚度修正的弹性梁柱单元适用于二维平面问题，由带有刚度比例阻尼的弹性单元和位于单元两端的刚度比例阻尼为零的弹簧组成。该模型原理是基于 Zareian 和 Medina(2010

年)、Zareian 和 Krawinkler(2009 年)一系列分析研究的基础,能够解决数值阻尼在带集中塑性弹簧的框架结构的动力分析问题。单元的调用命令如下:

Element ModElasticBeam2d $eleTag $iNode $jNode $A $E $Iz $K11 $K33 $K44 $transfTag < − mass $massDens > < − cMass >

其中, $eleTag 为单元编号; $iNode 和 $jNode 分别为单元开始和结束节点; $A 为截面面积; $E 为弹性模量; $Iz 为绕局部坐标 z 轴的惯性矩; $K11 和 $K33 分别为平动刚度修正系数; $k44 为转动刚度修正系数; $transfTag 为预先定义的坐标转换编号; $massDens 为单元质量密度(缺省设为 0); − cMass 用以形成一致质量矩阵(缺省为集中质量矩阵)。

单元结构:对于具有时不变弯矩梯度的结构单元,6 自由度的二维等截面梁单元被等效替换为由两端半刚性旋转弹簧和位于中间部位的弹性梁单元组成的二维刚度修正的弹性梁柱单元。原梁单元的端部转动刚度为 Ke = 6EIz/L(E 为弹性模量,Iz 为惯性矩,L 为梁长),刚度修正单元端部弹簧的转动刚度为 Ks,两者的比值定义为 n = Ks/Ke。

当刚度修正单元有两个端部弹簧时:

① 在两个弹簧中间的弹性单元的弹性惯性矩为 Iz,mod = (n + 1)/n * Iz;

② 弹簧转动刚度为 Ks = n * 6 * EIz,mod/L;

③ 转动刚度修正系数为 K44 = 6 * (1 + n)/(2 + 3 * n);

④ 平动刚度修正系数为 K11 = K33 = (1 + 2 * n) * K44/(1 + n);

⑤ 对弹性单元的刚度比例阻尼的修正刚度系数 bmod = 1 + (1/2n) * b。

当刚度修正单元有一个端部弹簧时:

① 在两个弹簧中间的弹性单元的弹性惯性矩为 Iz,mod = (n + 1)/n * Iz;

② 弹簧转动刚度为 Ks = n * 6 * EIz,mod/L;

③ 转动刚度修正系数为 K44 = 6 * n/(1 + 3 * n);

④ 平动刚度修正系数为 K11 = (1 + 2 * n) * K44/(1 + n);

⑤ 平动刚度修正系数为 K33 = 2 * K44;

⑥ 对弹性单元的刚度比例阻尼的修正刚度系数 bmod = 1 + (1/2n) * b。

注:对 n = 1 的刚性弹簧,平动刚度修正系数 K11 = K33 = 4.0;转动刚度修正系数 K44 = 2.0。例:

element ModelasticBeam2d 1 2 4 5.5 100.0 1e6 4.0 4.0 2.0 1;

该命令定义了一个单元编号为 1 的刚度修正弹性梁柱单元,其起始节点分别为 2 和 4,截面面积为 5.5,弹性模量为 100.0,绕局部 z 轴的惯性矩为 1e6,平动刚度修正系数 K11 = K33 = 4.0,K44 = 2.0,坐标转换代码为 1。

5.2.4　集中塑性铰梁柱单元

集中塑性铰梁柱单元基于有限单元柔度法,在单元两端指定一定长度的塑性区段用于考虑构件的塑性特征,如黏结滑移、钢筋屈服、混凝土塑性;中间区域仍然采用线弹性的梁柱单元,在塑性铰区采用两点 Gauss − Radau 积分方法,以反映塑性区的特征。此单元模拟的精度很大程度上取决于塑性区段长度的正确选取。单元的调用命令如下:

element forceBeamColumn $eleTag $iNode $jNode $transfTag "HingeRadau

$ secTagI　$ LpI　$ secTagJ　$ LpJ　$ secTagInterior"　< – mass　$ massDens　>　< – iter　$ maxIters　$ tol >

其中, $ eleTag 为单元编号; $ iNode 和 $ jNode 分别为单元端部 I 节点和 J 节点编号; $ transfTag 为预先定义的坐标转换编号; $ secTagI 为端部 I 节点的截面编号; $ LpI 为 I 节点塑性铰长度; $ secTagJ 为端部 J 节点截面编号; $ LpJ 为 J 节点塑性铰长度; $ secTagInterior 为单元中间区段截面编号(不仅限于弹性截面,任意截面类型均可,如纤维截面); $ massDens 为单元质量密度(缺省设为 0); $ maxIters 为满足单元兼容性的最大迭代次数(缺省设为 1); $ tol 为容差精度(缺省设为 10 – 16)。

注:关键词 HingeRadau 可以替换为以下不同的情况,以便于不同的塑性铰区积分方法。

HingeRadau:4LpI 和 4LpJ 的塑性铰区范围内采用 2 点 Gauss – Radau 积分法(6 个单元积分点);

HingeRadau Two:LpI 和 LpJ 的塑性铰区范围内采用 2 点 Gauss – Radau 积分法(6 个单元积分点);

HingeMidpoint:塑性铰区范围内采用中点积分法(4 个单元积分点);

HingeEndpoint:塑性铰区范围内采用端点积分法(4 个单元积分点)。

采用关键词 HingeRadau 的主要优势有:

① 用户可以指定一个具有物理意义的塑性铰长度;

② 最大弯矩在单元端部产生;

③ 对线弹性等截面梁可得到精确数值解;

④ 当变形集中于单元端部时,特征长度等于用于指定的塑性铰长度。

采用关键词 HingeRadau 的主要缺点有:

① 单元的屈服后响应对应变强化截面响应过柔(考虑使用 HingeRadau Two);

② 用户需事先知道塑性铰区长度(可采用经验公式)。

5.2.5　基于位移的梁柱单元

基于位移的梁柱单元基于有限单元刚度法,能够考虑沿着单元长度方向的塑性分布,通常需要将构件细分为多个单元,以便得到较为精确的分析结果。单元的调用命令如下:

element　dispBeamColumn　$ eleTag　$ iNode　$ jNode　$ numIntgrPts　$ secTag　$ transfTag　< – mass　$ massDens >　< – cMass >　< – integration　$ intType >

当单元长度内使用不同的截面类型时,可使用如下命令:

element　dispBeamColumn　$ eleTag　$ iNode　$ jNode　$ numIntgrPts　–　sections　$ secTag1　$ secTag2 ...　$ transfTag　< – mass　$ massDens >　< – cMass >　< – integration　$ intType >

其中, $ eleTag 为单元编号; $ iNode 和 $ jNode 为单元端节点; $ numIntgrPts 为沿单元长度方向的积分点个数; $ secTag 为预先定义的截面编号; $ secTag1　$ secTag2 ... 为预先定义的不同类型截面编号; $ transfTag 为预先定义的坐标转换类型编号; $ massDens 为单元质量密度(缺省设为 0); – cMass 用以形成一致质量矩阵(缺省为集中质量矩阵); $ intType 为数值积分方法(可选方法有 Lobotto, Legendre, Radau, NewtonCotes,

Trapezoidal,缺省时为 Legendre)。

注:① 默认积分方法为 Gauss - Legendre 求积规则;② 默认为等截面单元,即每个积分点的单元截面通过 secTag 指定;③ 当新建一个单元记录对象(ElementRecorder)时,有效的输出关键字是"force"和"section $ secNum secArg1 secArg2…"其中 $ secNum 输出的积分点数据代码。例:

element dispBeamColumn 1 2 4 5 8 9;

该命令定义了一个单元编号为 1 的基于位移的梁柱单元,其单元端节点分别为 2 和 4,积分点个数为 5,每个截面的编号为 8,单元的几何转换代码为 9。

5.2.6 基于力的梁柱单元

基于力的梁柱单元允许刚度沿杆长变化,通过确定单元控制截面的截面抗力和截面柔度矩阵,再通过数值积分方法求得整个构件的柔度距阵。相比于刚度法,柔度法的优点在于不受线性曲率分布的限制,不需要再细分单元,这种模型能更准确地反映构件的实际受力特性,一般仅需要 3 ~ 5 个高斯积分点就可以达到要求的计算精度,是一种较为常用的非线性结构分析单元。单元的调用命令如下:

element forceBeamColumn $ eleTag $ iNode $ jNode $ transfTag "IntegrationType arg1 arg2…" < - mass $ massDens > < - iter $ maxIters $ tol >

其中, $ eleTag 为单元编号; $ iNode 和 $ jNode 分别为单元两端节点; $ transfTag 为预先定义的坐标转换类型编号;IntegrationType arg1 arg2…为指定积分点位置与权重以及相应的截面力 - 位移模型; $ massDens 为单元质量密度,用以形成集中质量矩阵(缺省设为 0); $ maxIters 为最大迭代次数(缺省设为 10); $ tol 为容差精度(缺省设为 10^{-12})。

原始版本命令调用如下:

element forceBeamColumn $ eleTag $ iNode $ jNode $ numIntgrPts $ secTag $ transfTag < - mass $ massDens > < - iter $ maxIters $ tol > < - integration $ intType >

其中, $ eleTag 为单元编号; $ iNode 和 $ jNode 分别为单元两端节点; $ numIntgrPts 为沿单元长度的 Gauss - Lobatto 积分点个数; $ secTag 为先前定义的截面编号; $ transfTag 为预先定义的坐标转换类型编号; $ massDens 为单元质量密度(缺省设为 0); $ maxIters 为最大迭代次数; $ tol 为容差精度; $ intType 为积分方法。

可选旧版本命令调用如下(保持向后兼容):

element nonlinearBeamColumn $ eleTag $ iNode $ jNode $ numIntgrPts $ secTag $ transfTag < - mass $ massDens > < - iter $ maxIters $ tol > < - integration $ intType >

其中, $ eleTag 为单元编号; $ iNode 和 $ jNode 分别为单元两端节点; $ numIntgrPts 为积分点个数; $ secTag 为先前定义的截面编号; $ transfTag 为预先定义的坐标转换类型编号; $ massDens 为单元质量密度; $ maxIters 为最大迭代次数; $ tol 为容差精度; $ intType 为积分方法,可选用 Lobotto、Legendre、Radau、NewtonCotes、Trapezoidal 等方法,缺省时为 Lobatto。

例如,以下 3 条命令定义了相同的梁柱单元,尽管部分参数的排列顺序有所不同:

①element　forceBeamColumn　$ eleTag　$ iNode　$ jNode　$ transfTag　Lobatto $ secTag $ numIntgrPts；

②element　forceBeamColumn　$ eleTag　$ iNode　$ jNode　$ numIntgrPts $ secTag $ transfTag；

③element　nonlinearBeamColumn　$ eleTag　$ iNode　$ jNode　$ numIntgrPts $ secTag $ transfTag。

注：① – iter 选项能够灵活选择迭代形式，可以提高全局收敛速度；② 单元的输出选项有：力或整体坐标系下的力、局部坐标系下的力、基底反力、截面信息、基底变形、塑性变形、反弯点、切线位移及积分点、积分权重。例：

element forceBeamColumn 1 2 4 9 Lobatto 8 5；

该命令定义了一个单元编号为 1 的基于力的梁柱单元，其单元端节点分别为 2 和 4,5 个 Gauss – Lobatto 积分点，每个截面的编号为 8，单元的几何转换代码为 9。

5.2.7　弯剪耦合的梁柱单元

弯剪耦合的梁柱单元是一种分布塑性的基于位移的梁柱单元，能够考虑弯曲和剪切的相互作用，主要用于剪切作用不可忽略的结构分析（深梁、剪力墙等）。单元的调用命令如下：

element　dispBeamColumnInt　$ eleTag　$ iNode　$ jNode　$ numIntgrPts　$ secTag $ transfTag $ cRot ＜ – mass $ massDens ＞

其中，$ eleTag 为单元编号；$ iNode 和 $ jNode 分别为单元两端节点编号；$ numIntgrPts 为积分点个数；$ secTag 为截面类型编号；$ transfTag 为坐标转换类型编号；$ cRot 为单元旋转中心系数（曲率分布中心），从底部到旋转中心的高度距离的比例（0 – 1）；$ massDens 为单元质量密度（缺省设为 0）。

注：① 当新建一个 ElementRecorder 对象时，有效的输出关键字为"force"和"section $ secNum secArg1 secArg2..."其中 secNum 用于输出每个积分点数据；② 在应用此单元时，需要特别注意单元截面划分和材料编号。例：

element dispBeamColumnInt 1 1 3 2 2 1 0.4；

该命令定义了一个单元编号为 1 的基于力的梁柱单元，其单元端节点分别为 1 和 3，2 个积分点，截面的编号为 2，单元的几何转换代码为 1，曲率分布中心系数为 0.4。

5.3　OpenSees 中的截面

由上节可知，在调用梁柱单元时需先定义截面，OpenSees 中提供了多种截面类型，如弹性截面、纤维截面、工字形截面、钢筋混凝土截面等。最常用的截面类型是弹性截面和纤维截面，而工字形截面和钢筋混凝土截面则是分别针对型钢和钢筋混凝土封装的纤维截面，本节主要介绍上述钢筋混凝土非线性分析时常用的截面定义和使用方法。

5.3.1　弹性截面

弹性截面可用于非线性梁柱单元，对于开发复杂模型的初始阶段较适用。定义截面是

是否考虑剪切变形是可选的,具体截面的调用命令如下:

section Elastic $ secTag $ E $ A $ Iz < $ G $ alphaY >

section Elastic $ secTag $ E $ A $ Iz $ Iy $ G $ J < $ alphaY $ alphaZ >

其中, $ secTag 为截面编号; $ E 为弹性模量; $ A 为截面面积; $ Iy 和 $ Iz 分别为绕局部坐标 y 轴和 z 轴的惯性矩; $ G 为剪切模量; $ J 为截面扭转惯性矩(三维模型时需要); $ alphaY 和 $ alphaZ 分别为沿局部坐标 y 轴和 z 轴的剪切形状因子。

5.3.2 纤维截面

纤维截面由一个个纤维组成,每个纤维包含一个单轴材料、一个面积和一个位置(y,z)信息。纤维截面的调用命令如下:

section Fiber $ secTag < – GJ $ GJ > {

fiber...

patch...

layer...

...

}

其中, $ secTag 为截面编号; $ GJ 为截面的线弹性扭转刚度(可选项,缺省认为无扭转刚度);fiber... 为生成单个纤维命令;patch... 为在几何截面上生成若干个纤维命令; layer... 为沿圆弧上生成一系列纤维命令。

注:①定义的纤维截面由包含在大括号"{}"内的所有纤维生成命令构成;②patch 和 layer 命令可以在一个命令中生成多个纤维;③ 在一个单元记录命令中,用户可以输出纤维截面的力、位移、应力 – 应变等信息,如"deformation""forces""forceAndDeformation""fiber $ fiberNum $ matArg1...""fiber $ yLoc $ zLoc $ matTag $ matArg1"。

生成单个纤维的 fiber 命令调用如下:

fiber $ yLoc $ zLoc $ A $ matTag

其中, $ yLoc 为纤维在截面上的 y 坐标(局部坐标系); $ zLoc 为纤维在截面上的 z 坐标(局部坐标系); $ A 为纤维的面积; $ matTag 为赋予该纤维的材料属性编号(材料命令见第二章)。

在截面上生成多个纤维的 patch 命令目前有 3 种:四边形、矩形和圆形。

对于四边形截面,其 4 个顶点为 I、J、K、L,指定 4 点的坐标时需按逆时针顺序指定,如图 5.6 所示。生成四边形纤维截面的 patch 命令调用如下:

patch quad $ matTag $ numSubdivIJ $ numSubdivJK $ yI $ zI $ yJ $ zJ $ yK $ zK $ yL $ zL

其中, $ matTag 为赋予该纤维的材料类型编号; $ numSubdivIJ 为沿 IJ 方向划分的纤维数量; $ numSubdivJK 为沿 JK 方向划分的纤维数量; $ yI 和 $ zI 分别为顶点 I 的局部 y 坐标和 z 坐标; $ yJ 和 $ zJ 分别为顶点 J 的局部 y 坐标和 z 坐标; $ yK 和 $ zK 分别为顶点 K 的局部 y 坐标和 z 坐标; $ yL 和 $ zL 分别为顶点 L 的局部 y 坐标和 z 坐标。

对于矩形截面,其几何形状由顶点 I、J 的坐标定义,I 点为截面左下点,J 点为截面右上点,如图 5.7 所示。生成矩形纤维截面的 patch 命令调用如下:

patch rect $ matTag $ numSubdivY $ numSubdivZ $ yI $ zI $ yJ $ zJ

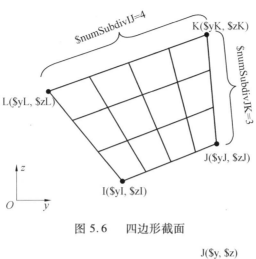

图 5.6　四边形截面

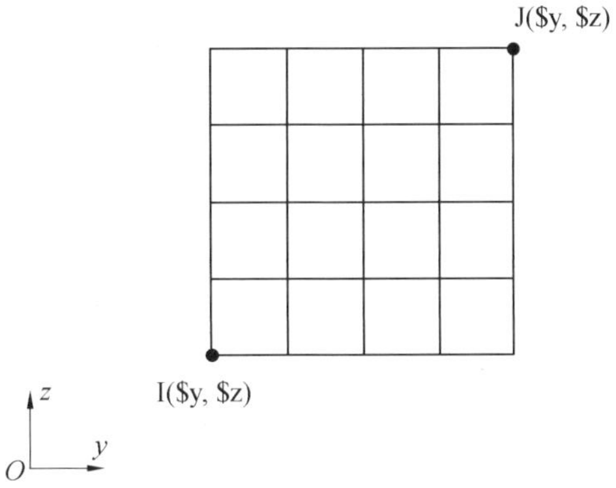

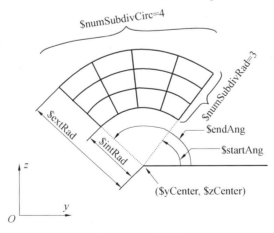

图 5.7　矩形截面

其中, $ matTag 为赋予该纤维的材料类型编号; $ numSubdivY 为沿局部坐标 Y 方向划分的纤维数量; $ numSubdivZ 为沿局部坐标 Z 方向划分的纤维数量; $ yI 和 $ zI 为顶点 I 的局部 y 坐标和 z 坐标; $ yJ 和 $ zJ 为顶点 J 的局部 y 坐标和 z 坐标。

圆形纤维截面如图 5.8 所示。生成圆形纤维截面的 patch 命令调用如下:

图 5.8　圆形截面

patch circ $ matTag $ numSubdivCirc $ numSubdivRad $ yCenter $ zCenter $ intRad

$ extRad $ startAng $ endAng

其中，$ matTag 为赋予该纤维的材料类型编号；$ numSubdivCirc 为沿圆周方向划分的纤维数量；$ numSubdivRad 为沿径向划分的纤维数量；$ yCenter 和 $ zCenter 分别为圆心的局部 y 坐标和 z 坐标；$ intRad 为圆形内径；$ extRad 为圆形外径；$ startAng 为起始角度；$ endAng 为结束角度。

沿直线或圆弧生成多个纤维的 layer 命令调用如下：

沿直线(图 5.9)：

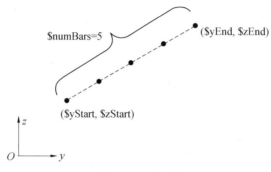

图 5.9　沿直线

layer straight $ matTag $ numFiber $ areaFiber $ yStart $ zStart $ yEnd $ zEnd

其中，$ matTag 为赋予该纤维的材料类型编号；$ numFibers 为沿直线方向的纤维数量；$ areaFiber 为每个纤维的面积；$ yStart 和 $ zStart 分别为第一个纤维的 y 坐标和 z 坐标；$ yEnd 和 $ zEnd 分别为最后一个纤维的 y 坐标和 z 坐标。

沿圆弧(图 5.10)：

layer circ $ matTag $ numFiber $ areaFiber $ yCenter $ zCenter $ radius < $ startAng $ endAng >

其中，$ matTag 为赋予该纤维的材料类型编号；$ numFiber 沿圆弧方向的纤维数量；$ areaFiber 每个纤维的面积；$ yCenter 和 $ zCenter 为圆弧圆心的局部 y 坐标和 z 坐标；$ radius 为圆弧半径；$ startAng 为起始角度(可选项，默认为 0°)；$ endAng 为结束角度(可选项，默认为 360° - 360/ $ numFiber)。

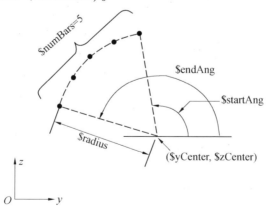

图 5.10　沿圆弧

5.3.3　钢筋混凝土截面

该命令是用以创建一个封装的矩形钢筋混凝土纤维截面,由约束核心区混凝土、保护层混凝土及上部和下部钢筋组成,适用于平面框架的分析。截面的调用命令如下:

section RCSection2d $ secTag $ coreTag $ coverTag $ steelTag $ d $ b $ cover $ Atop $ Abot $ Aside $ Nfcore $ Nfcover $ Nfs

其中,$ secTag 为截面编号;$ coreTag 为箍筋约束核心区分配给每根混凝土纤维的材料代码;$ coverTag 为混凝土保护层分配给每根纤维的材料代码;$ steelTag 为每根纤维的材料代码;$ d 为截面高度;$ b 为截面宽度;$ cover 为保护层厚度;$ Atop 为截面上部钢筋的截面面积;$ Abot 为截面下部钢筋的截面面积;$ Aside 为截面中部钢筋的截面面积;$ Nfcore 为约束核心区高度方向划分的纤维数量;$ Nfcover 为保护层厚度方向划分的纤维数量;$ Nfs 为截面上部和下部的钢筋数量。

5.4　基于 OpenSees 的钢筋混凝土简支梁分析实例

5.4.1　问题描述

单跨钢筋混凝土矩形截面简支梁,梁跨度 6 000 mm,截面宽度 $b = 300$ mm,截面高度 $h = 600$ mm。混凝土强度等级为 C30,到箍筋外皮的保护层厚度为 25 mm。截面上部和下部分别配置 2 根和 3 根直径 25 mm 的 HRB335 级钢筋为纵向受力钢筋;箍筋采用直径为 8 mm 的 HPB300 级钢筋,箍筋间距 150 mm。分别考虑梁承受跨中 60 kN 集中荷载和 10 kN/m 分布荷载两种情况。

5.4.2　命令流分析

(1)主程序。

```
# — — — — — — — — — — — — — — — 主程序 — — — — — — — — — — — — — — — — —
wipe;                              # 清零
model BasicBuilder - ndm 2 - ndf 3;   # 模型为二维,每个节点有 3 个自由度
source Units. tcl;                 # 调用单位定义子程序
source GeometricParameters. tcl;   # 调用几何参数定义子程序
source Material. tcl;              # 调用材料属性定义子程序
source FiberSection. tcl;          # 调用纤维截面设定子程序
source Elements. tcl;              # 调用单元定义子程序
source RecorderRC. tcl;            # 调用输出记录子程序
source PointGravityLoad. tcl;      # 调用施加集中荷载子程序
source UniformGravityLoad. tcl;    # 调用施加分布荷载子程序
source PointPush. tcl;             # 调用集中荷载作用下的位移控制非线性
                                     分析子程序
source UniformPush. tcl;           # 调用分布荷载作用下的位移控制非线性
```

分析子程序

以上代码为分析过程的主程序,为便于理解和修改程序,将单位定义、建模过程和分析过程等分别编制了模块化子程序。程序建立的模型为二维模型,每个节点有 3 个自由度,沿 x、y 方向的平动和自由旋转。需要注意的是,在进行集中荷载作用下的分析时,可先将分布荷载作用分析的子程序注释掉,即在程序调用前面加"#"进行注释,如下:

source UniformGravityLoad. tcl;

source UniformPush. tcl;

此时,"#"号后面部分变成灰色(注释部分),此部分内容在程序运行时将不执行。

(2) 定义单位。

```
# － － － － － － － － － － － － － － 定义基本单位 － － － － － － － － － － －
set NT 1.0;                                    # 设定力基本单位,牛(N)
set mm 1.0;                                    # 设定长度基本单位,毫米(mm)
set sec 1.0;                                   # 设定时间基本单位,秒(s)
set kN [ expr 1000.0 * $ NT];                  # 由基本单位定义千牛(kN)
set MPa [ expr 1.0 * $ NT/pow( $ mm,2)];       # 由基本单位定义应力(MPa)
set LunitTXT "mm";                             # 为输出记录定义基本单位文本
set FunitTXT "kN";                             # 为输出记录定义基本单位文本
set TunitTXT "sec";                            # 为输出记录定义基本单位文本
set m [ expr 1000.0 * $ mm];                   # 由基本单位定义米(m)
set mm2 [ expr $ mm * $ mm];                   # 由基本单位定义平方毫米(mm²)
set mm4 [ expr $ mm * $ mm * $ mm * $ mm];     # 由基本单位定义毫米四次幂(mm⁴)
set cm [ expr 10.0 * $ mm];                    # 由基本单位定义厘米(cm)
set PI [ expr 2 * asin(1.0)];                  # 设定常数 π
set Ubig 1. e10;                               # 设定一个极大值
set Usmall [ expr 1/ $ Ubig];                  # 设定一个极小值
puts " ‖ Units defined completely ‖ "          # 屏幕显示定义单位完毕
```

与大多有限元软件一样,OpenSees 建模和分析时需要自己设定量纲。该模型建模和分析过程中的量纲为:牛顿(N)、毫米(mm)、秒(s)。

(3) 设定模型几何参数。

```
# － － － － － － － － － － － － － － 定义模型几何参数 － － － － － － － － － － －
set B [ expr 300. * $ mm];                     # 梁截面宽度
set H [ expr 600. * $ mm];                     # 梁截面高度
set Ab [ expr $ B * $ H];                      # 梁截面面积
set Izb [ expr 1./12. * $ B * pow( $ H,3)];    # 截面惯性矩
set Lb [ expr 6000. * $ mm];                   # 梁跨度
set Cover [ expr 25. * $ mm];                  # 混凝土保护层厚度
set Bcore [ expr ( $ B - 2 * $ Cover)];        # 箍筋约束核心区截面宽度
set Hcore [ expr ( $ H - 2 * $ Cover)];        # 箍筋约束核心区截面高度
set Acor [ expr $ Bcore * $ Hcore];            # 箍筋约束核心区面积
```

```
set NmBarTop 2 ;                              # 截面上部纵筋根数
set NmBarBot 3 ;                              # 截面下部纵筋根数
set Dlbar [ expr 25 * $ mm ];                 # 纵筋直径
set Albar [ expr $ PI * pow( $ Dlbar,2)/4.0]; # 单根纵筋截面面积
set CAlbarTop [ expr $ NmBarTop * $ Albar ];  # 截面上部纵筋的截面面积
set CAlbarBot [ expr $ NmBarBot * $ Albar ];  # 截面下部纵筋的截面面积
set CAlbar [ expr $ CAlbarTop + $ CAlbarBot ];# 全部纵筋的截面面积
set Fy [ expr 360. * $ MPa ];                 # 纵筋屈服强度
set Es [ expr 200000. * $ MPa ];              # 纵筋弹性模量
set Dhbar [ expr 8. * $ mm ];                 # 箍筋直径
set Ash [ expr $ PI * pow( $ Dhbar,2)/4.0];   # 单根箍筋截面面积
set Fyh [ expr 300. * $ MPa ];                # 箍筋屈服强度
set Esh [ expr 200000 * $ MPa ];              # 箍筋弹性模量
set xyt [ expr $ Fyh/ $ Esh ];                # 箍筋屈服应变
set LDhb [ expr 2 * ( $ Bcore - $ Dhbar) + 2 * ( $ Hcore - $ Dhbar)];   # 箍筋周长
set SV [ expr 150 * $ mm ];                   # 箍筋间距
set SVc [ expr $ SV - $ Dhbar ];              # 箍筋净距
puts " ‖ Section geometry completely defined ‖ "   # 屏幕显示截面几何参数定义完毕
# - - - - - - - - - - - - - - - 定义节点坐标 - - - - - - - - - - - - - - - -
node 1 0 0 ;                                  # 节点 1 坐标(0,0)
node 2 1000 0 ;                               # 节点 2 坐标(1000,0)
node 3 2000 0 ;                               # 节点 3 坐标(2000,0)
node 4 3000 0 ;                               # 节点 4 坐标(3000,0)
node 5 4000 0 ;                               # 节点 5 坐标(4000,0)
node 6 5000 0 ;                               # 节点 6 坐标(5000,0)
node 7  $ Lb 0 ;                              # 节点 7 坐标(6000,0)
# - - - - - - - - - - - - - - - 定义节点边界条件 - - - - - - - - - - - - - -
fix 1 1 1 0 ;                                 #1 节点为固定铰支座(限制两个方向的平
                                                动)
fix 7 0 1 0 ;                                 #2 节点为可动铰支座(限制竖向的平动)
puts " ‖ Nodal coordinates defined completely ‖ "   # 屏幕显示节点坐标定义完毕
```

以上代码为定义梁的跨度、截面尺寸、配筋及节点坐标和约束等信息。模型将 6 m 长的简支梁每隔 1 m 划分一个节点,共 7 个节点,其中 1 节点和 7 节点分别为端节点,节点边界条件按简支梁边界设定。

(4) 定义材料。

```
# - - - - - - - - - - - - - - - 定义材料编号 - - - - - - - - - - - - - - - -
set IDsteel 1 ;                               # 定义钢筋材料编号
set IDcoverC 2 ;                              # 定义保护层混凝土编号
set IDcoreC 3 ;                               # 定义约束核心区混凝土编号
```

```
# - - - - - - - - - - - - - - - 定义保护层混凝土材料参数 - - - - - - - - - - - - - -
set fc [expr 25 * $MPa];                    # 混凝土圆柱体抗压强度
set x0 0.002;                               # 未约束混凝土峰值应变
set fc0 - $fc;                              # 素混凝土峰值应力
set xc0 - $x0;                              # 素混凝土峰值应变
set fcu0 [expr 0.2 * $fc0];                   # 素混凝土极限强度
set xcu0 - 0.004;                             # 素混凝土极限应变
uniaxialMaterial Concrete01 $IDcoverC $fc0 $xc0 $fcu0 $xcu0;
# - - - - - - - - - - - - - - 定义箍筋约束混凝土材料参数 - - - - - - - - - - - - - -
set ps [expr $CAlbar/ $Ab];                   # 全截面纵筋配筋率
set pcc [expr $CAlbar/ $Acor];                  # 核心区截面纵筋配筋率
set pst [expr $Ash * $LDhb/( $Acor * $SV)];# 体积配箍率
set lmda [expr $pst * $Fyh/ $fc];             # 箍筋约束强化参数 λ
set fcc [expr $fc0 * (1 + 0.5 * $lmda)];        # 约束混凝土峰值应力
set xcc [expr $xc0 * (1 + 2.5 * $lmda)];        # 约束混凝土峰值应变
set fcu [expr 0.35 * $fcc];                    # 约束混凝土极限应力
set xcu [expr 2 * $xcc];                      # 约束混凝土极限应变
uniaxialMaterial Concrete01 $IDcoreC $fcc $xcc $fcu $xcu;
# - - - - - - - - - - - - - - - - 定义钢筋本构参数 - - - - - - - - - - - - - -
set R0 18.5;
set cR1 0.925;
set cR2 0.15;
set haRatio 0.0005;
uniaxialMaterial Steel02 $IDsteel $Fy $Es $haRatio $R0 $cR1 $cR2;
puts "|| Material parameters defined completely ||"    # 屏幕显示材料参数定义完毕
```

以上代码为定义混凝土和钢筋的材料本构,其中保护层和核心区混凝土采用单轴材料 Concrete01,钢筋采用 Steel01。

(5) 定义纤维截面。

```
# - - - - - - - - - - - - - - - - 定义材料编号 - - - - - - - - - - - - - -
set RCSecTag 1;                             # 纤维截面编号
# - - - - - - - - - - - 纤维截面定义 - - - -（对称截面） - - - - - - - - - - - -
set b1 5;                                  # 纤维划分数量
set b2 1;                                  # 纤维划分数量
set h1 5;                                  # 纤维划分数量
set h2 1;                                  # 纤维划分数量
set hs1 [expr $Hcore/2 - $Dhbar - $Dlbar/2];  # 纵筋截面中心纵坐标
set bs1 [expr $Bcore/2 - $Dhbar - $Dlbar/2];  # 纵筋截面中心横坐标
set coverY [expr $H/2];                       # 截面高度最外缘位置
set coverZ [expr $B/2];                       # 截面宽带度最外缘位置
```

```
set coreY [expr $Hcore/2];                     # 截面核心区高度最外缘位置
set coreZ [expr $Bcore/2];                     # 截面核心区宽度最外缘位置
section Fiber $RCSecTag {;
    patch quad $IDcoreC $b1 $h1 - $coreY $coreZ - $coreY - $coreZ $coreY -
$coreZ $coreY $coreZ;                          # 定义核心区纤维
    patch quad $IDcoverC $b1 $h2 - $coverY $coverZ - $coverY - $coverZ -
$coreY - $coverZ - $coreY $coverZ;             # 定义底部混凝土保护层纤维
    patch quad $IDcoverC $b1 $h2 $coreY $coverZ $coreY - $coverZ $coverY -
$coverZ $coverY $coverZ;                        # 定义上部混凝土保护层纤维
    patch quad $IDcoverC $b2 $h1 - $coreY $coverZ - $coreY $coreZ $coreY
$coreZ $coreY $coverZ;                          # 定义左侧混凝土保护层纤维
    patch quad $IDcoverC $b2 $h1 - $coreY - $coverZ - $coreY - $coverZ $coreY
- $coverZ $coreY - $coreZ;                      # 定义右侧混凝土保护层纤维
    layer straight $IDsteel $NmBarTop $Albar $hs1 $bs1 $hs1 - $bs1;
                                                # 定义上部钢筋纤维
    layer straight $IDsteel $NmBarBot $Albar - $hs1 $bs1 - $hs1 - $bs1;
                                                # 定义下部钢筋纤维
};                                              # 纤维截面定义结束
puts " || Fiber sections defined completely ||"     # 屏幕显示纤维截面定义完毕
```

以上为定义纤维截面代码,分别使用 patch 和 layer 命令定义混凝土和钢筋纤维截面,特别要注意的是在使用 patch 命令时,每个四边形纤维截面的划分必须保证四个节点沿逆时针方向进行。

（6）定义单元。

```
# - - - - - - - - - - - - - - 定义坐标几何转换关系 - - - - - - - - - - - - - - - - -
set IDBeamTransf 2;                             # 坐标转换关系编号
geomTransf Linear $IDBeamTransf;                # 整体坐标和局部坐标采用线性转换关系
# - - - - - - - - - - - - - - 定义非线性梁柱单元 - - - - - - - - - - - - - - - -
set nP 3;                                       # 高斯积分点个数
element nonlinearBeamColumn 1 1 2 $nP $RCSecTag $IDBeamTransf;
element nonlinearBeamColumn 2 2 3 $nP $RCSecTag $IDBeamTransf;
element nonlinearBeamColumn 3 3 4 $nP $RCSecTag $IDBeamTransf;
element nonlinearBeamColumn 4 4 5 $nP $RCSecTag $IDBeamTransf;
element nonlinearBeamColumn 5 5 6 $nP $RCSecTag $IDBeamTransf;
element nonlinearBeamColumn 6 6 7 $nP $RCSecTag $IDBeamTransf;
puts " || Elements defined compoletely ||"      # 屏幕显示单元定义完毕
```

以上为定义非线性梁柱单元代码,算例采用基于力的非线性梁柱单元,将整个梁由划分的 7 个节点划分成 6 个单元。单元的整体坐标与局部坐标采用线性转换关系。

（7）定义输出记录。

```
# - - - - - - - - - - - - - 定义和创建存储路径和名称 - - - - - - - - - - - - - - -
```

```
set dataDir1 EleNode;                    # 定义单元的输出结果存储目录名称
file mkdir $ dataDir1;                    # 创建数据目录
set dataDir2 Material;                    # 定义材料的输出结果存储目录名称
file mkdir $ dataDir2;                    # 创建数据目录
# --------------- 指定要输出记录的信息 ------------------
for { set NodeI 1} { $ NodeI < = 7} {incr NodeI 1} } ;
recorder Node - file $ dataDir1/Node $ NodeI. txt - time - node $ NodeI - dof 1 2
3 disp;                                   # 记录各节点位移
};

recorder Node - file $ dataDir1/RBase1. txt - time - node 1 - dof 1 2 3 reaction;# 记录
节点 1 的反力
recorder Node - file $ dataDir1/RBase7. txt - time - node 7 - dof 1 2 3 reaction;# 记录
节点 7 的反力
for { set ElementI 1} { $ ElementI < = 6} {incr ElementI 1} {
recorder Element - file $ dataDir1/Ele $ ElementI. txt - time - ele $ ElementI force;
# 记录各单元的力
recorder Element - file $ dataDir1/SecD $ ElementI. txt - time - ele $ ElementI section
2 deformation;                           # 记录各单元的截面变形
recorder Element - file $ dataDir1/SecP $ ElementI. txt - time - ele $ ElementI section
2 force;                                  # 记录各单元的截面内力
};

recorder Element - file $ dataDir2/S1. txt - time - ele 3 section 2 fiber $ hs1 $ bs1
$ IDsteel stressStrain;                   # 记录受压纵筋的应力 - 应变
recorder Element - file $ dataDir2/S2. txt - time - ele 3 section 2 fiber - $ hs1 $ bs1
$ IDsteel stressStrain;                   # 记录受拉纵筋的应力 - 应变
recorder Element - file $ dataDir2/C1. txt - time - ele 3 section 2 fiber $ coverY 0
$ IDcoverC stressStrain;                  # 记录保护层混凝土的应力 - 应变
recorder Element - file $ dataDir2/C2. txt - time - ele 3 section 2 fiber $ hs1 0
$ IDcoreC stressStrain;                   # 记录核心区边缘混凝土的应力 - 应变
recorder Element - file $ dataDir2/C3. txt - time - ele 3 section 2 fiber 0.0. $ IDcoreC
stressStrain;                             # 记录中性轴混凝土的应力 - 应变
puts " || Recorder defined completely || " # 屏幕显示输出记录定义完毕
```

以上为输出记录命令代码,向外部文件输出的是各节点位移、支座反力、各单元内力及各单元截面内力和变形,跨中单元混凝土及钢筋应力 - 应变等。

（8）施加重力荷载。

① 集中荷载。

```
# --------------- 定义集中重力荷载 ------------------
set IDctrlNode 4;                         # 设定控制节点
set FN [ expr - 60 * $ kN];               # 集中重力荷载值(60kN)
```

```
pattern Plain 1 Linear ｛                # 荷载模式
load  $ IDctrlNode 0  $ FN 0             # 集中荷载位置
｝;
# ‒ ‒ ‒ ‒ ‒ ‒ ‒ ‒ ‒ 重力分析参数 ‒ ‒ ‒ ‒ 力控制的静力分析 ‒ ‒ ‒ ‒ ‒ ‒ ‒ ‒
set Tol 1.0e ‒ 8;                        # 收敛容许误差
constraints Plain;                       # 约束控制方法
numberer Plain;                          # 自由度控制方法
system BandGeneral;                      # 存储和求解系统方程方法
test NormDispIncr  $ Tol 6 0;            # 收敛性测试方法
algorithm Newton;                        # 迭代算法
set NstepGravity 10;                     # 分 10 步施加重力荷载
set DGravity [ expr 1. / $ NstepGravity ];   # 第一步荷载增量
integrator LoadControl  $ DGravity;      # 确定下一个分析时间步
analysis Static;                         # 定义分析类型
initialize;
analyze  $ NstepGravity;                 # 施加重力荷载
# ‒ ‒ ‒ ‒ ‒ ‒ ‒ ‒ ‒ ‒ ‒ 保持重力荷载不变和重设时间为 0 ‒ ‒ ‒ ‒ ‒ ‒ ‒ ‒ ‒
loadConst ‒ time 0.0
print node 1 2 3 4 5 6 7                 # 屏幕输出节点信息
print ele 1 2 3 4 5 6                    # 屏幕输出单元信息
puts " ｜｜ Model built completed ｜｜ "   # 屏幕显示建模完成
```

以上为施加重力荷载子程序代码,采用增量形式将重力荷载等静荷载逐级施加,并分析计算结构的受力、变形反应情况,使用 loadConst 命令保持已计算的静荷载作用的量值不变。

② 分布荷载

分布重力荷载的定义和施加,除了荷载模式定义有所不同外,其余均与集中荷载施加分析过程相同。

```
# ‒ ‒ ‒ ‒ ‒ ‒ ‒ ‒ ‒ ‒ ‒ ‒ 定义均布重力荷载 ‒ ‒ ‒ ‒ ‒ ‒ ‒ ‒ ‒ ‒ ‒ ‒
set IDctrlNode 4;                        # 设定控制节点
set Qf [ expr ‒ 10 * $ kN/ $ m ];        # 均布重力荷载值(10 kN/m)
pattern Plain 1 Linear ｛                # 荷载模式
    for ｛set EleI 1｝ ｛ $ EleI < = 6｝ ｛incr EleI 1｝ ｛
    eleLoad ‒ ele  $ EleI ‒ type ‒ beamUniform  $ Qf 0
    ｝                                    # 定义均布荷载
｝;
```

(9) 位移控制模式的非线性分析。

① 集中荷载作用下。

```
# ‒ ‒ ‒ ‒ ‒ ‒ ‒ ‒ ‒ ‒ ‒ ‒ 荷载参数设置 ‒ ‒ ‒ ‒ ‒ ‒ ‒ ‒ ‒ ‒ ‒ ‒
set Dmax [ expr ‒ 300 * $ mm ];          # 最大位移
```

```
set Dincr [expr − 1 * $ mm];                # 位移增量
set IDctrlDOF 2;                            # 位移施加方向
# − − − − − − − − − − − − − 设定分析时的荷载模式 − − − − − − − − − − − − − −
pattern Plain 200 Linear { ;
load $ IDctrlNode 0.0 $ FN 0.0
}
set constraintsType Plain;
constraints $ constraintsType
numberer Plain
system BandGeneral
set Tol 1. e − 8;
set maxNumIter 6;                          # 收敛性检验最大次数
set printFlag 1;                           # 收敛性检验屏幕输出信息代码,1 表示输
                                             出每一步的信息
set TestType EnergyIncr;                   # 收敛检验类型
test $ TestType $ Tol $ maxNumIter $ printFlag;
set algorithmType Newton
algorithm $ algorithmType;
integrator DisplacementControl $ IDctrlNode $ IDctrlDOF $ Dincr
analysis Static
# − − − − − − − − − − − − − 执行静力 Pushover 分析 − − − − − − − − − − − − − −
set Nsteps [expr int( $ Dmax/ $ Dincr)];   # 分析步数
set ok 0;
set controlDisp 0.0;
set D0 0.0;                                # 分析从 0.0 开始
set Dstep [expr ( $ controlDisp − $ D0)/( $ Dmax − $ D0)]
while { $ Dstep < 1.0 && $ ok == 0} {
set controlDisp [nodeDisp $ IDctrlNode $ IDctrlDOF ]
    set Dstep [expr ( $ controlDisp − $ D0)/( $ Dmax − $ D0)]
    set ok [analyze 1 ]
    if { $ ok ! = 0} {
        puts "Trying Newton with Initial Tangent .."
        test NormDispIncr    $ Tol 2000   0
        algorithm Newton − initial
        set ok [analyze 1 ]
        test $ TestType $ Tol $ maxNumIter   0
        algorithm $ algorithmType
    }
    if { $ ok ! = 0} {
```

```
        puts "Trying Broyden .."
        algorithm Broyden 8
        set ok [analyze 1]
        algorithm $algorithmType
    }
    if {$ok != 0} {
        puts "Trying NewtonWithLineSearch .."
        algorithm NewtonLineSearch .8
        set ok [analyze 1]
        algorithm $algorithmType
    }
            };
    puts "Pushover Done. Control Disp = [nodeDisp $IDctrlNode $IDctrlDOF]"
```

以上为集中重力荷载作用下的位移控制模式非线性分析代码。值得注意的是,在受力分析的过程中,如果在某些特定时间点上始终不能找到结构内外力的平衡收敛状态,则用户可以再人为规定其他的迭代处理方法。

② 分布荷载作用下。

分布荷载作用下基于位移控制模式的非线性分析过程与上述集中荷载作用下分析过程基本相同,仅在定义荷载模式时改为均布荷载模式即可,方法与上文重力荷载分析时相同。

5.4.3　分析结果

（1）在弹性阶段并且仅考虑弯曲变形时,由两种工况下梁的挠度相同:

$$\Delta_{yC} = \frac{5ql^4}{384EI} = \Delta'_{yC} = \frac{Fl^3}{48EI} \Rightarrow ql = 1.6F$$

在塑性阶段,不同工况下同一结构的塑性极限弯矩相同,于是有

$$\frac{ql^2}{8} = \frac{Fl}{4} \Rightarrow ql = 2F$$

可知,在弹性阶段时,两工况下竖向总反力之比应为 1.6 左右,在弹塑性阶段两者的比值为 2.0 左右。基于 OpenSees 的分析结果,支座总反力及其之比如图 5.11 所示。由图可知,数值模拟分析结果和理论推导吻合。

（2）仅有集中重力荷载和均布重力荷载作用时梁的挠度变形,如图 5.12 所示。由图可知,虽然集中荷载和均布荷载值等值,但集中重力荷载导致的梁跨中挠度值明显大于均布重力荷载作用下跨中挠度。

（3）采用位移控制模式时,在集中重力荷载和均布重力荷载作用下梁的挠度变形比较,如图 5.13 所示。由图可知,两种荷载工况下的节点竖向位移很接近。

（4）梁受压边缘的混凝土应力 – 应变关系及受拉和受压钢筋的应力 – 应变关系分别如图 5.14 和图 5.15 所示。由图可知,材料的应力 – 应变关系与设定的单轴材料本构相吻合。

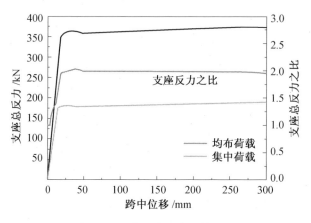

图 5.11　支座总反力及其之比

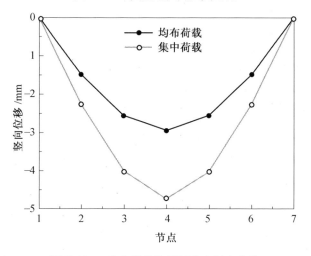

图 5.12　重力荷载作用下节点竖向位移

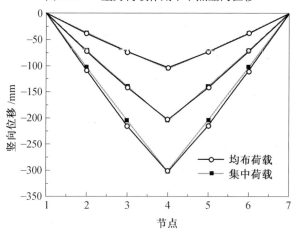

图 5.13　位移加载控制下节点竖向位移

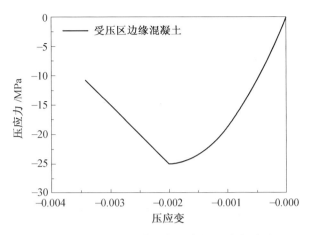

图 5.14　梁受压边缘混凝土应力 – 应变关系

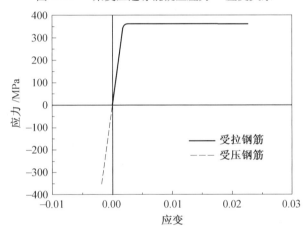

图 5.15　钢筋的应力 – 应变关系

第6章　钢筋混凝土柱的非线性分析

6.1　钢筋混凝土柱的抗震性能

钢筋混凝土柱是建筑结构、桥梁结构中主要的竖向承重构件,也是抵抗水平地震力的主要构件。地震中柱构件的失效将导致结构的局部或整体倒塌,并且柱子过大的水平残余变形是建筑及桥梁结构震后难以修复的主要原因之一。钢筋混凝土框架的抗震设计中,提倡"强震弱梁",就是从大量震害中得到的教训。1995年日本阪神地震中,大量建造于1981年之前的建筑遭到严重破坏,其中一个重要原因是当时的设计规范中没有柱端箍筋加密的要求,导致了旧建筑中很多柱发生严重剪切破坏或弯剪破坏。图6.1(a)所示为地震中底层柱的破坏导致了整个建筑结构的倒塌。1999年我国台湾集集地震中,共有5万多所房屋完全倒塌,另有5万多所房屋部分倒塌。在该次地震调查中发现,大量框架结构的底部大开间成为软弱层,软弱层部分柱子的破坏导致了结构整体的倒塌;另外,尚有不少结构未按强柱弱梁原则设计,柱子截面小、材料强度低,地震时发生框架柱的压溃、折断。2008年汶川地震中,大量底框砖混建筑由于底层刚度远小于上部结构,使得底层框架变形集中、损伤严重,导致整个建筑的垮塌或局部倒塌。图6.1(b)所示为都江堰市华夏广场小区某住宅楼震后情况,由于底部大开间的两层整体倒塌,5层建筑震后变为3层。

(a) 底层柱破坏导致结构倒塌　　　　　　　　　　(b) 某住宅楼底部两层完全倒塌

图6.1　柱的破坏导致结构整体倒塌

6.1.1　结构合理破坏方式

地震作用下结构的合理破坏模式是实现抗震设防目标的决定性因素之一,对于提高结构抵抗大震的能力作用显著,成为抗震设计必须重点考虑的方面。结构的破坏方式包括3方面内容:损伤顺序、损伤部位和损伤程度。若想实现整体结构"中震可修"或"大震不倒"的设防目标,就要确保各构件的抗震性能有合理的差别。以次要构件先损伤、关键构件后损伤,确保结构的可修复性和抗倒塌能力,可实现损伤顺序的合理化;控制明显损伤仅发生于次要构件,增加结构滞回耗能,即实现损伤部位的合理化;允许部分构件严重损伤,控制关键构件的损伤程度,使得发生内力重分布后的结构依然具有较好的承载力和变性能力,即实现损伤程度合理化。

我国的抗震设计规范在结构破坏方式的选择与控制方面做出了许多相应的规定。根据规范要求,结构在地震时要免于倒塌则合理破坏方式为:

(1)梁先于柱,即规范中的"强柱弱梁",确保梁端实际抗弯承载力小于柱端抗弯承载力,使得梁端塑性铰先于柱端塑性铰出现。

(2)弯先于剪,即规范中的"强剪弱弯",确保构件的抗剪承载力大于构件弯曲破坏时实际达到的剪力,使得梁、柱、剪力墙在弯曲屈服前不会发生剪切破坏。

(3)杆先于节,即规范中的"强节点弱构件",确保节点核心区的承载力大于该节点处构件破坏时的相应荷载效应,加强节点区的锚固措施,使得节点的破坏晚于构件的破坏。

(4)拉先于压,确保各构件的破坏始于纵筋的受拉屈服,而不是始于混凝土的受压破坏,即确保构件为延性破坏。

《建筑抗震设计规范》中对结构破坏方式的要求,是通过调整构件的组合内力设计值和加强抗震构造措施这两方面实现的。汶川地震震害表明,我国《建筑抗震设计规范》为实现合理破坏方式而进行的规定存在不合理、不完善之处。例如,汶川地震中大量框架结构普遍出现柱铰,结构退化成图 6.2(a)所示的楼层机制而出现严重破坏或倒塌,规范所倡导的图 6.2(b)所示的强柱弱梁型框架的整体机制破坏模式没有形成。

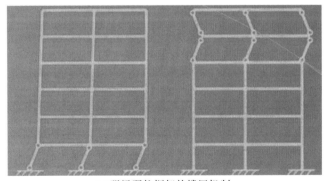 

(a) 强梁弱柱框架的楼层机制　　　　　　　　(b) 强柱弱梁框架的整体机制

图 6.2　框架结构的屈服机制

6.1.2　钢筋混凝土柱的破坏类型

在地震作用下,钢筋混凝土柱的基本破坏类型通常有 3 种:弯曲破坏、剪切破坏和黏结破坏。破坏形式不同,震害也不同。

1. 弯曲破坏

弯曲破坏始于柱端受拉纵向钢筋屈服形成塑性铰,在经历较大塑性变形后,柱受压区混凝土达到极限压应变而压溃,如图 6.3(a)所示。在整个破坏过程中,水平力始终小于抗剪承载力,故破坏由抗弯承载力控制。弯曲破坏时柱的一端或两端塑性铰区水平的弯曲裂缝密布,破坏过程有明显的变形征兆并可吸收大量能量,属延性破坏。当柱的剪跨比较大、轴压比较小时,一般发生弯曲破坏。

2. 剪切破坏

剪切破坏是柱子在地震剪力反复作用下出现斜裂缝或 X 形裂缝,裂缝宽度往往很大,修复困难,属于脆性破坏,如图 6.3(b) 所示。框架中有错层、夹层或半高填充墙时,使柱子剪跨比变小,形成短柱,刚度增大,吸收的地震剪力较大,当未采取相应的提供抗震能力措施时,便易出现剪切破坏。长柱箍筋配置不足时,也会造成剪切破坏。

3. 黏结破坏

黏结破坏根据诱发原因可分为两种类型。第一类是由于钢筋锚固或搭接长度不足,导致纵筋与混凝土之间发生较大滑移而破坏。在日本阪神地震中,大量建于 1981 年之前的桥墩因为纵筋锚固长度不足发生了第一类黏结破坏。第二类是由于纵筋配筋率或直径较大,混凝土对纵筋的握裹力不足,当弯曲或剪切裂缝出现后,在地震反复荷载作用下沿主筋出现黏结裂缝,使混凝土沿主筋压溃脱落从而导致柱子破坏。图 6.3(c) 所示为典型的第二类钢筋混凝土柱黏结破坏情况。1994 年美国北岭地震、1999 年我国台湾集集地震以及 2008 年汶川地震均发现了这种钢筋混凝土柱的黏结破坏。

应指出的是,实际震害中钢筋混凝土柱的破坏往往同时含有弯曲、剪切和黏结破坏中的 2 种或 3 种类型,如弯剪破坏、剪切 – 黏结破坏等。因此,应根据钢筋混凝土柱的几何特征、荷载特征、配筋情况等综合分析该柱的破坏机理。

(a) 弯曲破坏　　　　　　　　(b) 剪切破坏　　　　　　　　(c) 黏结破坏

图 6.3　钢筋混凝土柱破坏类型

6.1.3　影响柱抗震性能的几个重要参数

钢筋混凝土柱的抗震性能从根本上说,是由其自身特征决定的,即柱的截面尺寸、柱高、材料强度、箍筋及纵筋配置情况等。研究表明,影响柱抗震性能的最重要的自身特征参数包括轴压比、剪跨比、配箍率和纵筋配筋率等。

1. 轴压比

根据我国《建筑抗震设计规范》的规定,轴压比 n 的计算公式为

$$n = \frac{N}{f_c A} \tag{6.1}$$

式中,f_c 为混凝土轴心抗压强度;A 为柱截面面积。

实际的钢筋混凝土框架结构中,柱通常受到编号弯矩和轴力的作用,为压弯构件。对截面高度为 h、有效高度为 h_0、宽度为 b、混凝土轴心抗压强度为 f_c、拉压侧纵筋屈服强度 $f_y = f'_y$、拉压侧纵筋面积分别为 A_s、A'_s 的钢筋混凝土柱,由《混凝土结构设计原理》的相关基本知识可知,无论是大偏压还是小偏压,其破坏总是以混凝土受压边缘纤维达到极限压应变为标志。其区别仅在于大偏压柱的受拉侧纵筋在破坏阶段会屈服,而小偏压柱则不会。故存在这样一个临界状态:即当柱身控制截面的混凝土受压边缘达到极限压应变时,受拉侧纵筋同时达到受拉屈服应变。

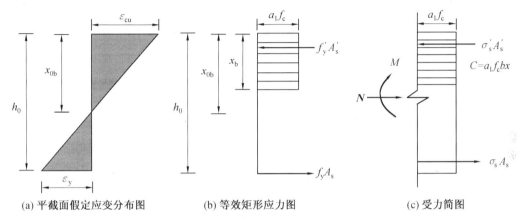

(a) 平截面假定应变分布图　　　(b) 等效矩形应力图　　　(c) 受力简图

图 6.4　大小偏压的界限状态分析

根据平截面假定,此时该柱控制截面的实际应变分布如图 6.4(a) 所示,实际的混凝土受压区高度 x_{0b} 可由几何关系得

$$\frac{x_{0b}}{h_0} = \frac{\varepsilon_{cu}}{\varepsilon_{cu} + \varepsilon_y} \Rightarrow x_{0b} = h_0 \frac{\varepsilon_{cu}}{\varepsilon_{cu} + \varepsilon_y} \tag{6.2}$$

式中,ε_{cu} 和 ε_y 分别为混凝土极限压应变和纵筋屈服应变。由材料本构关系及图 6.4(a) 所示应变分布图,可得实际应力分布图(指按照平截面假定计算的)。为方便计算,将该应力分布转化为图 6.4(b) 所示"等效矩形应力图",该图中混凝土受压区高度 x_b 为

$$x_b = \beta_1 x_{0b} = \beta_1 h_0 \frac{\varepsilon_{cu}}{\varepsilon_{cu} + \dfrac{f_y}{E_s}} = \beta_1 h_0 \frac{\varepsilon_{cu}}{\varepsilon_{cu} + \varepsilon_y} \tag{6.3}$$

其中,《建筑抗震设计规范》规定当混凝土强度等级不超过 C50 时 β_1 取 0.80,混凝土强度为 C80 时取 0.74,其间取值按线性内插法确定。由此引出"界限相对受压区高度",即该临界状态下等效矩形应力图中相对受压区高度 ξ_b 为

$$\xi_b = \frac{x_b}{h_0} = \frac{\beta_1}{1 + \dfrac{f_y}{E_s \varepsilon_{cu}}} = \frac{\beta_1}{1 + \dfrac{\varepsilon_y}{\varepsilon_{cu}}} \tag{6.4}$$

由图 6.4(a) 所示应变分布图易得,$\xi \leqslant \xi_b$ 时,受拉侧纵筋屈服,为大偏压破坏;$\xi > \xi_b$ 时,受拉侧纵筋不会屈服,为小偏压破坏。此为判别大小偏压柱的根本原则。另外,由图 6.4(c) 的受力简图得截面力的平衡方程为

$$N = \alpha_1 f_c bx + \sigma'_s A'_s - \sigma_s A_s \tag{6.5}$$

将式写成分段函数的形式为

$$N = \begin{cases} \alpha_1 f_c bx - f_y A_s & (0 < x < 2a'_s) \\ \alpha_1 f_c bx + f'_y A'_s - f_y A_s & (2a'_s \leqslant x \leqslant x_b) \\ \alpha_1 f_c bx + f'_y A'_s - f_y A_s \dfrac{x - \beta_1 h_0}{(\xi_b - \beta_1) h_0} & (x > x_b) \end{cases} \quad (6.6)$$

式中,a'_s 为受压侧纵筋合力作用点至受压混凝土边缘距离。上式在推导时进行了如下两个简化处理:$0 < x < 2a'_s$ 时,受压纵筋压应力较小,忽略不计;$x > x_b$ 时,受拉侧纵筋的应力近似为

$$\sigma_s = \frac{f_y}{\xi_b - \beta_1} \left(\frac{x}{h_0} - \beta_1 \right) \quad (6.7)$$

由式(6.6)可求得,轴力 N 关于 x 的导数 $\dfrac{dN}{dx} > 0$ 恒成立,故其反函数的导数 $\dfrac{dx}{dN} = \dfrac{1}{\dfrac{dN}{dx}} > 0$ 亦恒成立,即受压区高度 x 随截面轴力 N 单调递增。若把界限状态时截面上的轴力记为 N_b,其表达式为

$$N_b = \alpha_1 f_c b x_b + f'_y A'_s - f_y A_s \quad (6.8)$$

于是,我们得到另外一个判别大小偏压的方法:$N \leqslant N_b$ 时,有 $\xi \leqslant \xi_b$,为大偏压破坏;$N > N_b$ 时,有 $\xi > \xi_b$,为小偏压破坏。

上述钢筋混凝土柱大小偏压临界状态时的轴压比,称为"界限轴压比"n_b,即 $n_b = N_b/(f_c A)$。关于界限轴压比 n_b 有如下重要结论:当柱的轴压比小于 n_b 时,随着轴力的增加柱抗弯承载力逐渐增大;当轴压比大于 n_b 时,随着轴力的增加钢筋混凝土柱抗弯承载力反而逐渐减小。理论推导分析如下:柱控制截面的受力分析简图如图6.4(c)所示。对受拉纵筋合力作用点取矩,大小偏压截面均有

$$M = \alpha_1 f_c bx \left(h_0 - \frac{x}{2} \right) + \sigma'_s A'_s (h_0 - a'_s) - N \left(\frac{h}{2} - a_s \right) \quad (6.9)$$

若记

$$C_1 = \sigma'_s A'_s (h_0 - a'_s) \quad (6.10)$$

则

$$M = \alpha_1 f_c bx \left(h_0 - \frac{x}{2} \right) - N \left(\frac{h}{2} - a_s \right) + C_1 \quad (6.11)$$

前文已述,当 $x < 2a'_s$ 时,可近似认为 $C_1 = 0$;当 $x \geqslant 2a'_s$ 时,$C_1 = f'_y A'_s (h_0 - a'_s)$,因此 C_1 总为常数。下面计算导数 $\dfrac{dM}{dN}$,考察截面抗弯承载力 M 随截面上作用的恒定轴力 N 的变化规律。

(1)$x \in (0, x_b)$ 时,为大偏压。式(6.11)中可认为 M 为关于 x 的函数,而受压区高度 x 又是轴力 N 的函数,利用求导法则有

$$\frac{dM}{dN} = \frac{dM}{dx} \frac{dx}{dN} = \frac{dM}{dx} \frac{1}{\dfrac{dN}{dx}} \quad (6.12)$$

利用式(6.6)及式(6.11)计算得

$$\frac{\mathrm{d}M}{\mathrm{d}N} = \frac{h}{2} - x \tag{6.13}$$

利用不等式放缩得

$$\frac{\mathrm{d}M}{\mathrm{d}N} \geqslant \frac{h}{2} - x_{\mathrm{b}} = \frac{h}{2} - \beta_1 h_0 \frac{1}{1 + \dfrac{\varepsilon_{\mathrm{y}}}{\varepsilon_{\mathrm{cu}}}} \tag{6.14}$$

此时,$x \in (0, x_{\mathrm{b}})$,故 $\dfrac{\mathrm{d}M}{\mathrm{d}N} \geqslant 0$ 一般情况下总是成立的。因此,大偏压时,随着轴力的增加,钢筋混凝土柱抗弯承载力将逐渐增大。

(2)$x \in (x_{\mathrm{b}}, h)$ 时,为小偏压。同理可得

$$\frac{\mathrm{d}M}{\mathrm{d}N} = \frac{\alpha_1 f_{\mathrm{c}} b h_0 - \alpha_1 f_{\mathrm{c}} b x - \left(\dfrac{h}{2} - a_{\mathrm{s}} \right) \left[\alpha_1 f_{\mathrm{c}} b x + f'_{\mathrm{y}} A'_{\mathrm{s}} + C_2 (x - \beta_1 h_0) \right]}{\alpha_1 f_{\mathrm{c}} b + C_2} \tag{6.15}$$

式中,$C_2 = \dfrac{f_{\mathrm{y}} A_{\mathrm{s}} \beta_1 h_0 \varepsilon_{\mathrm{y}}}{\varepsilon_{\mathrm{cu}} + \varepsilon_{\mathrm{y}}}$ 为常数。可证明,$x \in (x_{\mathrm{b}}, h)$ 时,$\dfrac{\mathrm{d}M}{\mathrm{d}N} < 0$ 恒成立,证明过程略。故小偏压时,随着轴力的增加,钢筋混凝土柱抗弯承载力将逐渐减小。

另外,读者可以自己编程验证界限轴压比的这条性质,加深对其概念的理解。任取一钢筋混凝土柱截面,指定几何尺寸、配筋面积、材料强度;令作用于截面上的轴压比 n 由 0 逐渐增大至 1,即轴力 N 由 0 增大至 $f_{\mathrm{c}} A$,依次计算相应于各轴力的截面抗弯承载力 M,然后绘制出该截面的 $N-M$ 曲线,其结果与图 6.5 中曲线形状一致,仅数值不同。由该图所示柱截面 $N-M$ 曲线,可以更加直观地认识到轴力对截面抗弯承载力的影响规律,以及最不利荷载的确定规则。图 6.5 中曲线上的 A、B、C 三点一次表示构件处于弯曲状态、接线状态和轴压状态,在临界状态时抗弯承载力达到最大;图中与 N 轴夹角为 θ 的虚线表示以固定偏心距 $e = \tan \theta = \dfrac{M}{N}$ 对钢筋混凝土柱进行压弯试验的加载路径,位于 $N-M$ 曲线内部的虚线上的各点表示钢筋混凝土柱尚未破坏,D 点为此次加载破坏时的轴力和弯矩。显然,当压弯试验的偏心距改变时,此虚线的倾角随之改变,则测得的轴力和弯矩承载力也随之改变。

若不考虑柱的剪切和黏结破坏,当轴压比小于界限轴压比时,柱破坏时受拉侧纵筋屈服、受压侧混凝土压溃,为延性破坏;当轴压比大于界限轴压比时,柱破坏始于受压区混凝土压碎、受拉纵筋不屈服,为脆性破坏。另外,随着轴压比的增大,钢筋混凝土柱的延性不断降低,变形和耗能能力不断减小,构件破坏时脆性越来越明显。我国《建筑抗震设计规范》中,对不同抗震等级、不同结构类型中的柱均规定了相应的设计轴压比上限值,就是为了保证钢筋混凝土柱不会因轴压比过大而延性不足。

2. 剪跨比

柱的剪跨比从实质上讲,反映的是构件所受剪力水平和弯矩水平的比例关系。剪跨比 λ 的计算公式为

$$\lambda = \frac{M}{V h_0} \tag{6.16}$$

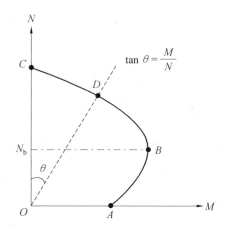

图 6.5　钢筋混凝土柱截面 $N - M$ 曲线

式中，M 为柱上下端弯矩较大值；V 为与 M 对应的剪力；h_0 为柱截面有效高度。

　　剪跨比是影响钢筋混凝土柱破坏形式最重要的参数。Iwasaki 等对 3 根剪跨比分别为 2.2、3.8 和 5.4 的钢筋混凝土柱的循环往复荷载试验发现，剪跨比为 3.8 和 5.4 的柱发生弯曲破坏，而剪跨比为 2.2 的柱发生剪切破坏。美国国家标准技术研究所（NIST）的研究者对两个剪跨比分别为 3 和 6 的足尺圆柱进行试验，结果表明两个柱均为弯曲破坏，相比之下后者的塑性铰区长度更大。可近似地认为，剪跨比小于 3 的柱子易发生剪切破坏，而剪跨比大于 4 的柱子在进行非线性分析时可忽略剪切的影响。图 6.6 所示为国内外部分钢筋混凝土柱剪切主导型破坏试验研究结果，该图反映了发生该类破坏时柱的剪跨比和轴压比的分布情况。可以看出，当钢筋混凝土柱在剪跨比在 $1 \leqslant \lambda \leqslant 3$ 范围内时，即使轴压比较小（如 $0 \leqslant n \leqslant 0.3$），仍可发生剪切主导性破坏。根据试验和分析研究结论，总体来说，当剪跨比较小时，柱主要发生剪切主导型破坏，如剪切斜压破坏或剪切黏结破坏，延性较小；随着剪跨比的增大，柱将主要发生弯曲主导型破坏，如弯剪破坏或弯曲破坏，破坏过程较为缓慢，延性较好。

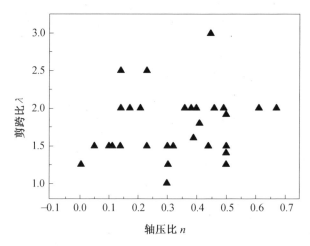

图 6.6　钢筋混凝土柱发生剪切主导型破坏时轴压比与剪跨比分布

3. 配箍率

箍筋能有效地约束混凝土的变形,使柱中混凝土近似处于 3 向受压状态,提高混凝土的峰值承载力和极限压应变,从而提高构件的延性。另外,当箍筋布置较密时,能有效限制受压纵筋局部屈曲。配箍率和体积配箍率是从几何特征上描述箍筋配置多少的参数,除此之外,还可用配箍特征值 λ_v 从几何和力学特征上来描述箍筋对混凝土的约束程度。配箍特征值的计算公式为

$$\lambda_v = \frac{f_{yv}}{f_c}\rho_v \tag{6.17}$$

式中,f_{yv} 为箍筋抗拉强度;f_c 为混凝土轴心抗压强度;ρ_v 为体积配箍率。配箍特征值不仅引入所配置箍筋与混凝土在体积上的比例,还引入二者强度上的相对关系,因此是一个描述配箍多少的综合而有效的参数。

Jaradat 针对美国 1971 年之前建造的钢筋混凝土墩柱的抗震性能进行试验研究和分析,该类桥墩箍筋配置与我国当前《公路桥梁抗震设计细则(2008)》要求相比明显不足;试验研究结果表明该类桥墩延性较差,易发生剪切黏结破坏。Bayrak 对 24 个矩形或方形截面钢筋混凝土柱进行拟静力试验,研究表明,仅配置矩形或方形箍筋的钢筋混凝土柱,延性较差,而增配适量的菱形箍筋形成复合箍筋则可对所有纵筋提供有效约束,防止纵筋的屈曲,对提高钢筋混凝土柱延性和耗能十分有利。以往研究表明,配箍率的提高能有效提高混凝土的极限压应变,增加材料延性;对受压纵筋起到良好的防屈曲约束作用;改善钢筋混凝土柱达到水平峰值承载力之后阶段的滞回性能,使滞回曲线更加饱满。但当配箍率达到一定限值之后,混凝土的压碎会发生于箍筋屈服之前,这时再增大配箍率并不能充分发挥箍筋的作用而造成浪费。

4. 纵筋配筋率

钢筋混凝土构件中的拉力可近似认为完全由纵筋承担。若纵筋配置过少,会使得钢筋混凝土柱的屈服弯矩十分接近甚至小于开裂弯矩,不仅导致水平承载力过低,还有可能造成纵筋被拉断发生脆性破坏。在一定范围内,纵筋配筋率的增大能有效提高混凝土柱的承载力和延性。但当纵筋配置过多时,钢筋混凝土柱的破坏始于受压区混凝土压碎,为带有爆炸性的脆性破坏,反而会降低其抗震性能。因此,要合理选择纵筋配筋率,而非"多多益善"。

除上述 4 个主要的自身特征参数之外,钢筋混凝土柱的混凝土强度、箍筋形式、纵筋的强度及直径等对钢筋混凝土柱的抗震性能都有着一定的影响。钢筋混凝土柱的抗震性能受到上述各参数的综合影响,故要考察已知钢筋混凝土构件的抗震性能必须同时考虑各种因素的影响。

6.2　钢筋混凝土柱的抗震性能试验研究

结构抗震试验是考察结构或构件抗震性能的一种较为直接而准确的研究方法,常用的抗震试验方法包括拟静力试验、拟动力试验和振动台试验,其中,拟静力试验方法最为普遍。拟静力试验又称低周反复荷载试验,是指对结构或结构构件施加多次往复循环作用的

静力荷载,这种方法是用静力方法求得结构在往复振动中的受力特点和变形特点,因此称为拟静力试验,或伪静力试验。拟静力试验的加载速率很低,因此由于加载速率而引起的应力、应变的变化速率对于试验结果的影响很小,可以忽略不计。同时该方法为循环加载或周期性加载试验。拟动力试验方法最早于 1969 年由日本学者 M. Hakuno 等人提出,在 20 世纪 80 年代中期到 20 世纪 90 年代中期得到新的发展。拟动力试验是一种联机试验,通过计算机控制加载模拟地震过程,目前很少采用该方法研究钢筋混凝土柱的抗震性能。振动台试验能真实模拟地震时的地面运动,试验时可量测记录安装于振动台上的模型的加速度、速度、位移、应变等数据,观察结构或构件的破坏过程和破坏形态,故在结构试验中,振动台试验被认为是最真实地反应抗震性能的试验。振动台试验方法更常以整体结构为研究对象。

钢筋混凝土柱拟静力试验的主要目的如下:① 获得钢筋混凝土柱的荷载 – 位移滞回曲线和骨架曲线,从强度、延性和耗能 3 个方面对试件抗震性能进行比较和评价;② 观察结构或构件的破坏过程确定其机制,为改进现行结构抗震设计方法及改进结构设计的构造措施提供依据;③ 建立结构在地震作用下的恢复力特性,确定结构构件恢复力的计算模型。

进行拟静力试验所用的设备可分为加载设备、反力设备和量测设备。试验加载设备需解决的关键问题是确保轴力的随动,即保证整个加载过程中轴力大小不变、方向始终竖直向下(与重力方向一致),目的是引入二阶弯矩对构件的不利影响,更加真实地考察其抗震性能。图 6.7 为两类较为常见的不能确保轴力随动的加载方式。图 6.7(a) 采用两根外部预应力拉杆施加轴力,则轴力大小和方向在位移加载过程中均不断改变;图 6.7(b) 采用两个作动器加载轴力,可以保证轴力大小不变,但轴力方向始终指向柱根部。这两种轴力加载方式均存在一定缺陷。图 6.8 为钢筋混凝土柱拟静力试验的照片及试验装置示意图,其中应用了轴力随动装置。通过置于柱顶与反力架之间的滚轮和钢铰,可以确保轴力方向始终竖直向下;再通过力传感器控制液压千斤顶,可确保轴力的大小不变。

(a) 采用外部预应力拉杆施加轴力　　　　　　(b) 采用作动器施加轴力

图 6.7　两类不能确保轴力随动的拟静力加载方式

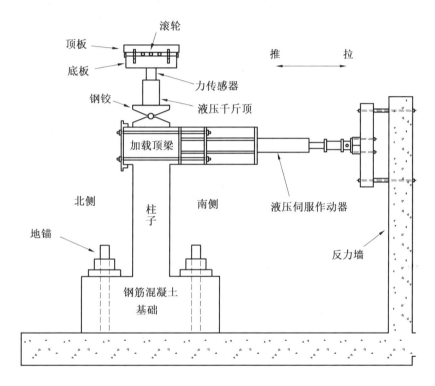

图 6.8　　轴力随动拟静力试验加载装置

　　拟静力试验常采用变幅位移控制的加载方式,加载过程中以屈服位移或其倍数作为第一级控制位移,其后按一定的位移增幅进行循环往复加载,如图 6.9 所示。对于钢筋混凝土柱这类不具有明显屈服点的构件,其屈服位移是由研究者根据数值模拟所得屈服位移,并结合已有专业知识而确定的一个认为合适的位移标准值来控制试验加载。

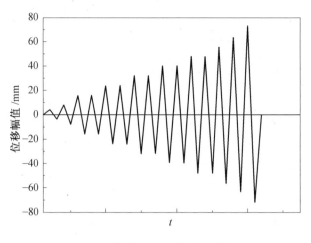

图 6.9　拟静力试验位移加载制度

6.3　评定柱抗震性能的重要指标

　　基于通过钢筋混凝土柱的荷载－位移滞回曲线和骨架曲线,可以考察受剪跨比、轴压比、配箍率、纵筋配筋率、混凝土强度等诸多因素对柱抗震性能的影响。在本节中将介绍基于荷载－位移曲线得到的用于定量评定钢筋混凝土柱抗震性能的重要指标,主要包括峰值承载力、位移延性系数、累积耗能、等效刚度及卸载刚度、等效黏滞阻尼比等。这些参数分别描述了柱的承载力、延性、耗能能力、刚度以及阻尼特性。

6.3.1　荷载－位移滞回曲线和骨架曲线

　　钢筋混凝土柱在循环往复荷载作用下的荷载－变形曲线称为柱的滞回曲线。图 6.10中虚线即为某钢筋混凝土柱的荷载－位移试验滞回曲线。正反向各一次加卸载后所形成的荷载－位移滞回环曲线具有不同的形状;而滞回环所包围的面积即为消耗的能量。理想弹塑性材料的滞回环为一封闭平行四边形;包辛格材料的滞回环为饱满梭形。钢筋混凝土构件则存在 3 种典型的滞回环形状:梭形、弓形、倒 S 形,如图 6.11 所示。梭形形状饱满圆滑,代表无黏结破坏及剪切破坏的影响,吸收和耗散的能量都很大。钢筋混凝土长柱(剪跨比一般大于 4)采用对称配筋且钢筋锚固可靠时,一般会在柱端部形成塑性铰,这种情况下滞回曲线多为梭形。弓形滞回环中部内凹,存在捏缩效应,代表构件受到一定的剪切及钢筋黏结滑移的影响。相对于梭形滞回环,弓形包围的面积要小一些,所以耗能能力也相对较差。倒 S 形滞回环存在严重的捏缩效应,表明存在较大的黏结滑移和剪切的影响。在 3 种典型滞回曲线中,梭形耗能能力最强,弓形次之,倒 S 形最差。

　　滞回曲线的平滑包络线即为该柱的骨架曲线,它反映了构件受力与变形不同阶段的特性。变幅位移加载试验中,各级位移下的峰值点均应包含在骨架曲线上。如图 6.10 中的实线就是该柱的骨架曲线。另外,试验研究表明,一般情况下,普通钢筋混凝土构件进行单调加载直至破坏所得荷载－位移曲线可近似为其骨架曲线,除非存在严重剪切或滑移等因素使得滞回曲线发生严重的扭曲。

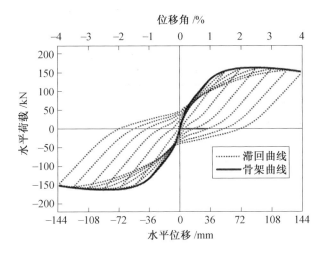

图 6.10　某钢筋混凝土柱滞回曲线和骨架曲线

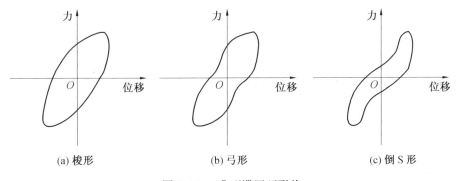

(a) 梭形　　　　　　　　(b) 弓形　　　　　　　(c) 倒 S 形

图 6.11　典型滞回环形状

6.3.2　抗震性能评价指标

通过滞回曲线可以直接求得钢筋混凝土柱的峰值承载力、累积耗能、等效刚度与卸载刚度、等效黏滞阻尼比以及骨架曲线,继而由骨架曲线可求得柱位移延性系数等参数。这些参数分别从不同的角度对柱的抗震性能做出量化评定,全面考察各参数所反映的信息即可获得对钢筋混凝土柱抗震性能的综合评定。下面依次做详细介绍。

(1)峰值承载力。

即滞回曲线中各数据点水平力绝对值的最大值。由 OpenSees 模拟而得的滞回曲线在正反两向的峰值承载力是相等的;但由于结构试验中不对称性是在所难免的,故利用拟静力试验所得滞回曲线求峰值承载力应取正反两向绝对值的平均值。

(2)累积耗能。

每个滞回环所包围的面积就是在该级位移下往复一周所消耗的能量,称为单圈耗能,如图 6.12(a)中阴影部分。将所有滞回环所围面积累加起来就是该柱构件的累积耗能。累积耗能可以直观地反映出钢筋混凝土柱的能量耗散能力。

(3)等效刚度与卸载刚度。

滞回耗能、等效刚度、卸载刚度及等效黏滞阻尼比定义如图 6.12(a)所示。等效刚度可用于刻画钢筋混凝土柱的刚度退化,随着加载位移的增大,等效刚度不断减小,但减小速度越来越慢。等效刚度和卸载刚度可用于确定构件加卸载规则,即可用于建立柱的恢复力模型。

(4) 等效黏滞阻尼比。

如图 6.12(b) 所示,等效黏滞阻尼比计算公式如下:

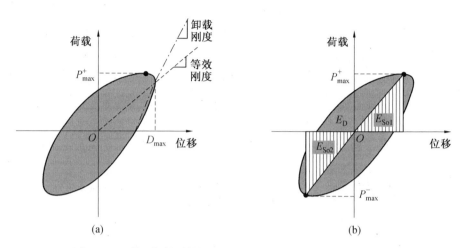

图 6.12   滞回耗能、等效刚度、卸载刚度及等效黏滞阻尼比定义

$$\xi_{eq} = \frac{1}{2\pi} \frac{E_D}{E_{So1} + E_{So2}} \tag{6.18}$$

式中,E_D 为钢筋混凝土柱的单圈耗能;E_{So1} 和 E_{So2} 分别为正向加载和负向加载的最大弹性应变能。等效黏滞阻尼比综合描述构件的弹性和滞回阻尼,可从阻尼的角度描述构件的耗能能力。同时,等效黏滞阻尼比在基于位移的设计方法中具有十分重要的作用。

(5) 位移延性系数。

为计算位移延性系数 μ_Δ,需先定义 3 个特征点,即屈服点 A、峰值点 B 和极限点 C,如图 6.13 所示。位移延性系数的计算公式如下:

$$\mu_\Delta = \frac{\Delta_u}{\Delta_y} \tag{6.19}$$

式中,Δ_u 和 Δ_y 分别为极限点位移和屈服点位移。需指出的是,图 6.13 所示仅为位移延性系数的计算骨架曲线的正向位移部分,在计算位移延性系数时需取正反向延性系数的平均值。

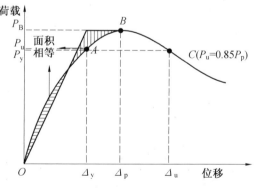

图 6.13   位移延性系数的计算

6.4　荷载 - 位移恢复力模型

6.4.1　荷载 - 位移恢复力模型的概念及分类

结构或构件在受扰产生变形时企图恢复原有状态的抗力,称为恢复力,而恢复力与变形之间的关系曲线称为恢复力特性曲线。钢筋混凝土结构或构件的实际恢复力特性曲线十分复杂,难以直接应用于结构抗震分析,故需寻求能够反映实际恢复力曲线特征且便于数学描述及工程应用的实用化恢复力曲线,即所谓的恢复力模型。

要完整描述构件的恢复力模型,应同时定义构件的骨架曲线和滞回规则,其中某一方面发生变化则意味着构件的动力性能也将随之发生变化。根据骨架曲线的形状,已提出的恢复力模型大体分为折线性模型和曲线性模型两类,其中折线模型又可根据折线段数分为双线性、三线性和四线性等模型。根据滞回规则的特性,恢复力模型又可分为刚度退化型、强度退化型、刚度和强度均退化型等类型。图 6.14 所示即为刚度退化双线性模型和曲线性模型。曲线性恢复力模型由连续的曲线构成,刚度变化连续,较符合工程实际,但刚度计算方法较复杂;折线性恢复力模型由于在动力分析中刚度修正次数少,计算效率有了很大提高,所以在一般的结构构件分析中多采用此类恢复力模型。但是,折线性恢复力模型也存在着刚度变化不连续的问题。

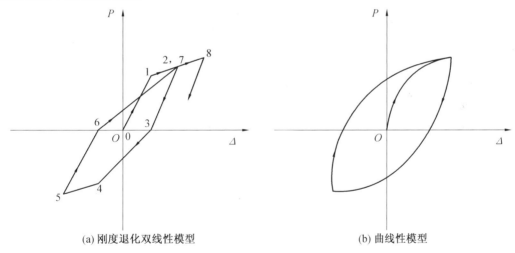

(a) 刚度退化双线性模型　　　　　　　　　　(b) 曲线性模型

图 6.14　荷载 - 位移恢复力模型示意

在结构的弹塑性地震反应分析中应用最为广泛的是双线性模型。该模型首次由 Penizen(1962 年) 根据钢材的试验结果提出,考虑了钢材的包辛格效应和应变硬化。为了反映钢筋混凝土框架在反复荷载作用下非线性阶段刚度退化的影响,Clough 和 Johnston(1966 年) 考虑再加载时刚度退化对双线性模型进行了改进,提出了退化双线性模型(Clough 模型)。这是目前应用最为广泛的两个恢复力模型,现在很多模型都是在此基础上考虑新的因素加以修改的。

6.4.2 恢复力模型的建立思路及特征参数

本节首先介绍恢复力模型的建立思路及特征参数,然后以其中较为典型的双线性和三线性模型为例来说明如何建立恢复力模型。

恢复力模型的建立包括两方面的内容:骨架曲线模型形式及其参数的确定、滞回规则的确定。根据大量试验结果和精确数值模拟结果,首先对所研究构件的骨架曲线的特征进行统计分析,确定简化的骨架曲线模型形式,例如图 6.15 所示的即为由弹性上升段、弹塑性上升段和下降段组成的三折线骨架曲线模型;然后,对构件的加载、卸载刚度变化规律进行统计分析,确定该构件简化的滞回规则;最后,将骨架曲线模型与滞回规则组合起来就得到了该类构件的恢复力模型。图 6.16 所示恢复力模型中的骨架曲线与图 6.15 所示的完全相同,而其滞回规则采用的是定点指向型加卸载规则,即每次的正向或反向加载曲线均通过某一固定不变的点(即图中的点 A 和点 B),该定点的引入是为了简化考虑加载刚度的退化。

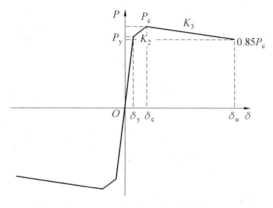

图 6.15 三折线骨架曲线模型

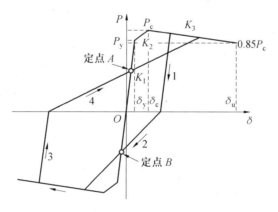

图 6.16 定点指向型三折线恢复力模型

当恢复力模型的形式确定之后,就需要确定其具有的特征参数。不同形式的恢复力模型的特征参数及其确定方法是不同的。为使读者对恢复力模型的特征参数有更清晰的认识,下面以图 6.16 所示的定点指向型三折线恢复力模型为例进行介绍。经过大量试验和数值模拟分析,该模型中定点的承载力取为其峰值承载力的 0.45 倍。另外,该模型所研究的构件的卸载刚度退化不明显,故将之忽略以简化模型,而仅考虑加载刚度的退化。因此,该模型具有 5 个独立的特征参数,分别为屈服承载力 P_y、峰值承载力 P_c、弹性刚度 K_1、弹塑性刚度 K_2 和下降段刚度 K_3。通过这 5 个特征参数,结合两个定点对加载路径的指向作用,就可以完全确定下该恢复力模型。例如,峰值点处的位移 θ_c 可通过下式计算:

$$\theta_c = \frac{P_c - P_y}{K_2} + \frac{P_y}{K_1} \tag{6.20}$$

影响钢筋混凝土柱抗震性能的内在因素很多(如轴压比、剪跨比、配筋率、配箍率等),而这些内在因素也会影响恢复力模型中特征参数的取值。为确定各特征参数的量值,通常的做法是先在各内在因素单独影响下进行大量数值模拟,再对数值模拟得到的恢复力模型特征参数进行回归分析,进而确定各特征参数的计算公式。

6.4.3　双线性恢复力模型的建立

有两段折线代替正、反加载恢复力骨架曲线并考虑钢筋混凝土结构或构件的刚度退化性质即构件的双线性恢复力模型。刚度退化模型又可分为两类:① 考虑结构或构件屈服后的硬化情况,第二条折线取为坡顶;② 不考虑结构或构件屈服后的硬化情况,第二条折线为平顶,如图 6.17 所示。

1.双线性模型的主要特点

骨架曲线的正、反向均采用两段折线来代替,第一个折点对应于屈服点,相应的力和变形为 F_y 与 x_y;卸载时刚度不退化,按照初始刚度 k_1,卸载至零反向再加载时刚度退化;非弹性阶段卸载至零,第一次反向加载时直线指向反向屈服点,后续反向加载时直线指向所经历过的最大位移点,出现刚度退化;中途卸载时,卸载刚度取 k_1。双线性模型如图 6.14(a) 所示,其中 k_1 和 k_2 分别为结构或构件的弹性刚度和硬化刚度。

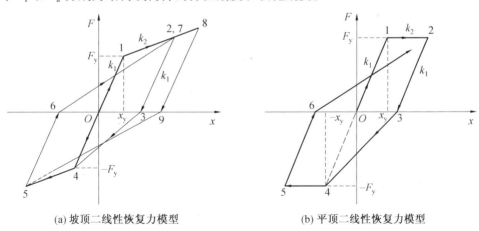

(a) 坡顶二线性恢复力模型　　　　　　　(b) 平顶二线性恢复力模型

图 6.17　双线性恢复力模型

2.恢复力模型的确定

设 $F(x_i)$、x_i 表示 t_i 时刻结构的恢复力与变形,则在 $t_{i+1} = t_i + \Delta t$ 时刻双线性恢复力模型的恢复力 $F(x_{i+1})$ 和变形 x_{i+1} 之间满足下列关系式:

$$F(x_{i+1}) = F(x_i) + \alpha k_1 (x_{i+1} - x_i) \tag{6.21}$$

式中,α 为刚度降低系数,其取值随恢复力模型直线段的不同而异。

(1) 滞回规则一:正向或反向弹性阶段(01 段或 04 段)。

此段应满足的条件为

$$\dot{x} > 0, x < x_y \text{ 或 } \dot{x} < 0, x > -x_y \tag{6.22}$$

加载初始状态(0 点)有 $x_0 = 0, Fx_0 = 0$,刚度降低系数 $\alpha = 1$,从而恢复力模型的表达式可以写成

$$F(x_{i+1}) = k_1 x_{i+1} \tag{6.23}$$

其中,$k_1 = \dfrac{F_y}{x_y}$。过了 1 点或 4 点后,恢复力曲线将经过一个拐点,滞回曲线的刚度发生变化,滞回曲线一些特征参数也发生变化,如刚度降低系数 α、正向与负向最大位移 $x_{\min}$、$x_{\max}$ 及相应的恢复力 $F(x_{\min})$、$F(x_{\max})$ 均发生变化。

(2) 滞回规则二:正向或反向硬化阶段(12 段或 45 段)。

此段应满足的条件为

$$\dot{x} > 0, x > x_y \text{ 或 } \dot{x} < 0, x < -x_y \tag{6.24}$$

此段初始条件为

$$x_i = \pm x_y, Fx_i = \pm Fx_y \tag{6.25}$$

刚度降低系数 $\alpha = \dfrac{k_2}{k_1} < 1$,从而恢复力模型的表达式可以写成

$$F(x_{i+1}) = \pm F(x_y) + \alpha k_1 (x_{i+1} \mp x_y) \tag{6.26}$$

(3) 滞回规则三:正向硬化阶段后卸载(23 段)。

此段应满足的条件为

$$\dot{x} < 0, x > x_2 \tag{6.27}$$

此段初始条件为

$$x_i = x_2, Fx_i = Fx_2 \tag{6.28}$$

刚度降低系数 $\alpha = 1$,从而恢复力模型的表达式可以写成

$$F(x_{i+1}) = F(x_2) + k_1 (x_{i+1} - x_2) \tag{6.29}$$

(4) 滞回规则四:正向硬化阶段卸载至零后,第一次反向加载(34 段)。

此段应满足的条件为

$$\dot{x} < 0, x < x_3 \tag{6.30}$$

此段初始条件为

$$x_i = x_3, Fx_i = Fx_3 = 0 \tag{6.31}$$

刚度降低系数为

$$\alpha = \frac{F(x_y)}{k_1(x_3 + x_y)} < 1 \tag{6.32}$$

从而恢复力模型的表达式可以写成

$$F(x_{i+1}) = \frac{F(x_y)}{x_3 + x_y}(x_{i+1} - x_3) \tag{6.33}$$

(5) 滞回规则五:反向硬化阶段后卸载(56 段)。

此段应满足的条件为

$$\dot{x} > 0, x > -x_5 \tag{6.34}$$

此段初始条件为

$$x_i = -x_5, Fx_i = -Fx_5 \tag{6.35}$$

刚度降低系数 $\alpha = 1$，从而恢复力模型的表达式可以写成

$$F(x_{i+1}) = -F(x_5) + k_1(x_{i+1} + x_5) \tag{6.36}$$

（6）滞回规则六：反向硬化阶段卸载至零后，第一次反向加载（62 段）。

此段应满足的条件为

$$\dot{x} > 0, x > -x_6 \tag{6.37}$$

此段初始条件为

$$x_i = -x_6, Fx_i = -Fx_6 = 0 \tag{6.38}$$

刚度降低系数为

$$\alpha = \frac{F(x_2)}{k_1(x_2 + x_6)} < 1 \tag{6.39}$$

从而恢复力模型的表达式可以写成

$$F(x_{i+1}) = \frac{F(x_2)}{x_2 + x_6}(x_{i+1} + x_6) \tag{6.40}$$

对于中途卸载和再加载情况，只要注意按弹性刚度卸载，按指向相应方向最大位移点处的刚度进行再加载即可，规律同上。

6.4.4　三线性恢复力模型的建立

用三段折线代表正、反向加载恢复力骨架曲线并同时考虑钢筋混凝土结构或构件的刚度退化即为三线性恢复力模型。该模型与双线性模型相比，可以更好地描述钢筋混凝土结构或构件的真实恢复力曲线，与双线性模型类似，根据是否考虑结构或构件屈服后的硬化状况，三线性模型也分为：考虑硬化状况的坡顶三线性模型和不考虑硬化状况的平顶三线性模型，如图 6.18 所示。

1. 三线性模型的主要特点

（1）骨架曲线为三折线，其上特征点分别对应开裂、屈服和极限（不一定每个模型都存在），三折线的第一段表示线弹性阶段，此阶段刚度为 k_1，点 1 表示开裂点，第二段折线表示开裂至屈服的阶段，此阶段刚度为 k_2，点 2 为屈服点。屈服后则有第三段折线代表，其中图 6.18（a）为第三段代表屈服后硬化段，加载刚度为 k_3，图 6.18（b）第三段平顶折线代表滑移三线性模型，加载刚度为零。

（2）若在开裂至屈服阶段卸载，其卸载刚度为 k_1，屈服后所有的卸载刚度均为 2 点的割线刚度 $\alpha_y k_1$。

（3）开裂后屈服前，卸载至零第一次反向加载时直线指向开裂点；屈服后卸载至零第一次反向加载时直线指向反向屈服点。后续反向加载时直线指向经历过的最大位移点。

（4）中途卸载时，卸载刚度取为 $\alpha_y k_1$。

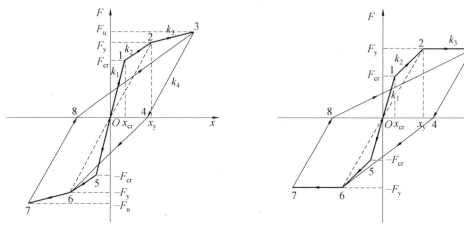

(a) 坡顶三线性恢复力模型　　　　　　　　(b) 平顶三线性恢复力模型

图 6.18　　三线性恢复力模型

2. 恢复力模型的确定

设 $F(x_i)$、x_i 表示 t_i 时刻结构的恢复力与变形,则在 $t_{i+1} = t_i + \Delta t$ 时刻双线性恢复力模型的恢复力 $F(x_{i+1})$ 和变形 x_{i+1} 之间的关系式,从而给出图 6.18(a) 所示的坡顶三线性模型各阶段力 – 变形关系式。

(1)滞回规则一:正向或反向弹性加载阶段(01 段或 05 段)。

此段应满足的条件为

$$\dot{x} > 0, x < x_{cr} \text{ 或 } \dot{x} < 0, x > -x_{cr} \tag{6.41}$$

加载初始状态(0 点)有 $x_0 = 0, Fx_0 = 0$,刚度降低系数 $\alpha = 1$,从而恢复力模型的表达式可以写成

$$F(x_{i+1}) = k_1 x_{i+1} \tag{6.42}$$

其中,$k_1 = \dfrac{F_{cr}}{x_{cr}}$。

(2)滞回规则二:正向或反向弹塑性阶段(12 段或 56 段)。

此段应满足的条件为

$$\dot{x} > 0, x_{cr} < x < x_y \text{ 或 } \dot{x} < 0, -x_{cr} > x > -x_y \tag{6.43}$$

此段初始条件为

$$x_i = \pm x_{cr}, Fx_i = \pm Fx_{cr} \tag{6.44}$$

刚度降低系数 $\alpha = \dfrac{k_2}{k_1} < 1$,从而恢复力模型的表达式可以写成

$$F(x_{i+1}) = \pm F(x_{cr}) + \alpha k_1(x_{i+1} \mp x_{cr}) \tag{6.45}$$

(3)滞回规则三:正向或反向硬化阶段(23 段或 67 段)。

此段应满足的条件为

$$\dot{x} > 0, x > x_y \text{ 或 } \dot{x} < 0, x < -x_y \tag{6.46}$$

此段初始条件为

$$x_i = \pm x_y, Fx_i = \pm Fx_y \tag{6.47}$$

刚度降低系数 $\alpha = \dfrac{k_3}{k_1} < 1$，从而恢复力模型的表达式可以写成

$$F(x_{i+1}) = \pm F(x_y) + \alpha k_1(x_{i+1} \mp x_y) \tag{6.48}$$

（4）滞回规则四：正向或反向硬化卸载阶段（34 段或 78 段）。

此段应满足的条件为

$$\dot{x} < 0, x < x_3 \text{ 或 } \dot{x} > 0, x > -x_7 \tag{6.49}$$

此段初始条件为

$$x_i = x_3, Fx_i = Fx_3 \text{ 或 } x_i = -x_7, Fx_i = -Fx_7 \tag{6.50}$$

刚度降低系数为

$$\alpha = \frac{k_4}{k_1} = \frac{F_y}{x_y k_1} < 1 \tag{6.51}$$

从而恢复力模型的表达式可以写成

$$F(x_{i+1}) = \begin{cases} F(x_3) + \alpha k_1(x_{i+1} - x_3) \\ -F(x_7) + \alpha k_1(x_{i+1} + x_7) \end{cases} \tag{6.52}$$

（5）滞回规则五：正向硬化阶段卸载至零且第一次方向加载（46 段）。

此段应满足的条件为

$$\dot{x} < 0, x < x_4 \tag{6.53}$$

此段初始条件为

$$x_i = x_4, Fx_i = Fx_4 = 0 \tag{6.54}$$

刚度降低系数为

$$\alpha = \frac{F(x_y)}{k_1(x_4 + x_y)} < 1 \tag{6.55}$$

从而恢复力模型的表达式可以写成

$$F(x_{i+1}) = \frac{F(x_y)}{x_4 + x_y}(x_{i+1} - x_4) \tag{6.56}$$

（6）滞回规则六：反向硬化阶段卸载至零后，第一次反向加载（83 段）。

此段应满足的条件为

$$\dot{x} > 0, x > -x_8 \tag{6.57}$$

此段初始条件为

$$x_i = -x_8, Fx_i = -Fx_8 = 0 \tag{6.58}$$

刚度降低系数为

$$\alpha = \frac{F(x_3)}{k_1(x_3 + x_8)} < 1 \tag{6.59}$$

从而恢复力模型的表达式可以写成

$$F(x_{i+1}) = \frac{F(x_3)}{x_3 + x_8}(x_{i+1} + x_8) \tag{6.60}$$

式中，x_3、$F(x_3)$、x_4、x_7、$F(x_7)$、x_8 分别表示与点 3、4、7、8 对应的变形和恢复力的绝对值。

6.5　基于 OpenSees 的钢筋混凝土柱抗震性能分析

通过拟静力或振动台等结构试验,可以直接、有效地获得钢筋混凝土柱的荷载－位移滞回曲线,或荷载、位移、加速度等时程反应,以及其他一些重要信息。然而,受到人力、物力、时间、空间等条件的限制,结构试验不可能详细研究所有变量对构件性能定量和定性的影响,因此我们需要利用另一个重要的研究手段 —— 有限元数值模拟分析。

在基于 OpenSees 对钢筋混凝土柱进行非线性分析时,可以十分简便地修改构件的几何参数、材料参数、配筋情况、轴力大小和加载制度等,因此可以详尽地研究轴压比、剪跨比、配箍率、纵筋配筋率、材料强度和性能、加载方式等因素对柱抗震性能的影响。在 OpenSees 中模拟柱的拟静力试验时,要在建立模型、施加轴力之后进行循环往复水平加载,加载时采用变幅位移控制的加载方式即可获取该柱的滞回曲线。

6.5.1　建模及分析过程

钢筋混凝土柱的建模及分析过程与钢筋混凝土梁的基本一致,不同之处有两个:一是需要定义轴力;二是需要指定如何考虑轴力引起的二阶效应。具体过程请参第 5 章及本章后文的实例分析。

6.5.2　钢筋与混凝土的黏结滑移

OpenSees 中的非线性梁柱单元未考虑钢筋与混凝土之间的黏结滑移;而实际结构中钢筋与混凝土之间的相对滑移会导致构件或节点出现较大变形和裂缝,以及内力(应力)不合理的分布,甚至导致发生黏结破坏。因此,当钢筋混凝土柱存在黏结滑移问题时,必须在分析中考虑其对钢筋混凝土柱抗震性能的影响。

钢筋与混凝土之间的黏结是一种复杂的相互作用,借助这种作用来传递两者间的应力,保证变形协调,从而使二者可以协同工作。这种作用实际上是钢筋与混凝土接触面上所产生的沿钢筋纵向的剪应力,即所谓的黏结应力。而黏结强度则是指黏结失效(钢筋被拔出或混凝土劈裂)时的最大平均黏结应力,主要由 3 部分组成:混凝土中水泥凝胶体与钢筋表面的化学胶结力、混凝土收缩握裹钢筋而产生的摩擦力及钢筋表面与混凝土之间的机械咬合力。在循环往复荷载作用下,钢筋混凝土柱的纵向钢筋将承受反复拉、压作用,而混凝土也将处于带裂缝工作状态,这就导致了钢筋与混凝土之间发生黏结滑移的可能性。

影响钢筋与混凝土黏结性能的因素有很多,这些影响因素大致归为以下 3 类:

(1)混凝土强度和组成成分。提高混凝土强度可以随之增加其与钢筋的化学胶结力和机械咬合力,因而可以提高黏结强度。试验表明,混凝土的强度越高,黏结强度越大,但黏结强度随混凝土强度的提高幅度逐渐降低。同时,混凝土的骨料类型、水灰比等因素对黏结性能也有一定的影响。

(2)钢筋的直径和表面形状。对单位长度的钢筋,其表面积与横截面积的比值可称为相对黏结面积。钢筋直径越大,则相对黏结面积越小,不利于黏结强度的提高。因此,在合适的范围内选择直径较小的钢筋更有利于避免黏结破坏。钢筋的表面形状对黏结强度有较大的影响,在保证其他条件不变的情况下,变形钢筋的黏结强度明显高于光面钢筋。同时,变形钢筋的肋高、肋间距大小也影响黏结性能。

（3）钢筋周围的约束条件。钢筋周围的约束条件,如混凝土保护层厚度、纵筋间距、横向配筋等,将直接影响钢筋与混凝土之间的黏结强度。保护层厚度及纵筋间距的增大可以提高外围混凝土的劈裂抗力,横向配筋的存在可以延缓径向裂缝和斜向裂缝的发展,这都有助于提高黏结性能。

钢筋与混凝土的黏结作用是局部应力状态,应力和应变分布复杂,再加上钢筋的滑移及混凝土的开裂导致平截面假定不再适用,这些都成为研究工作的难点。由于影响因素众多、破坏机理复杂、试验技术水平有限等原因,目前黏结的某些基本问题尚未得到很好的解决,还没有提出一套比较完整的、有充分论据的黏结滑移理论,这也使得钢筋与混凝土黏结滑移成为现代混凝土结构理论十分活跃的研究方向。

随着对钢筋混凝土间黏结滑移机理认识的不断加深,研究者们提出了各种模型化分析方法以求在有限元模拟中反应黏结滑移的影响。这些考虑黏结滑移的结构分析方法大致可分为以下 3 大类别。

① 在钢筋和混凝土之间的界面上附加考虑两者相互作用的“联结单元”。这种单元的特点是具有一定的弹性刚度但没有实际几何尺寸;能沿着与联结面平行的方向传递剪应力,沿着与联结面垂直的方向传递压应力,但不能传递拉应力。目前较常用的联结单元有:双弹簧联结单元、斜弹簧单元、四边形滑移单元和六边形滑移单元。在应用联结单元的微观有限元分析中,因模型的建立和分析计算工作量巨大,仅适用于构件内部微观受力机理的研究,而难以用于混凝土结构的整体分析。

② 利用能够考虑钢筋与混凝土黏结滑移的特殊的纤维梁柱单元,在确定该单元各截面的弯矩 – 曲率状态时就考虑钢筋黏结滑移的影响。利用钢筋在反复荷载下的黏结应力 – 滑移本构关系,通过分析该单元两相邻截面间钢筋的应变来计算滑移。虽然这种特殊单元具有基于纤维概念的简单性和有限元分析的准确性,但是为了反映不同区域钢筋的黏结应力特性需要划分大量的单元,导致计算量依然巨大。分析结果表明,此方法在模拟构件的总体力 – 位移反应时具有较高的准确度,但是,在模拟构件的诸如应变、曲率等局部反应的准确程度方面还没有得到有效的证明。

③ 在构件端部附加单独考虑钢筋黏结滑移作用的非线性滑移弹簧部件,将弯曲变形与滑移变形分开考虑。该部件多用梁端弯矩 – 滑移转角恢复力关系描述该弹簧的刚度滞回规则。这种方法的优点是力学模型建立简单,可用于宏观有限元分析,使计算效率得到明显改善;缺点是非线性弹簧的弯矩 – 滑移转角恢复力模型一般通过试验实测数据确定,但由于很多因素（如节点几何尺寸、纵筋直径、混凝土强度、轴压比、配箍率等）均会对节点内梁纵筋的黏结滑移造成影响,因此目前尚难以准确得出梁端弯矩 – 滑移转角的滞回规则。

6.5.3　OpenSees 中钢筋与混凝土黏结滑移的考虑

在 OpenSees 中,是通过在钢筋混凝土构件端部附加零长度单元来考虑黏结滑移影响的。这种方法把弯曲变形与滑移变形分开考虑,即用一个杆件单元来模拟构件长度内弯曲效应引起的变形,在杆件单元的端部再附加一个单独考虑滑移变形的零长度截面单元,如图6.19 所示。零长度截面单元是由两个具有相同坐标的节点定义的,单元长度为零且只有一个积分点,这样,单元的变形就等于截面的变形。杆件单元、零长度截面单元皆基于纤维分析方法,该零长度截面单元与相邻杆件单元的端截面具有相同纵筋、混凝土配置,且纵筋、混凝土在截面上的纤维划分也均相同。不同之处在于,零长度截面单元的钢筋纤维的本构模型采用的是钢筋应力 - 滑移($\sigma - s$)关系,而杆件单元的钢筋纤维的本构模型采用的是钢筋的应力 - 应变($\sigma - \varepsilon$)关系。

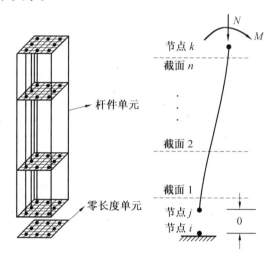

图 6.19　OpenSees 中考虑黏结滑移的钢筋混凝土柱模型

附加零长度截面单元与上一节所述的附加滑移弹簧的思路和功能是相同的。在 OpenSees 中这样考虑黏结滑移的优势,一是能够与纤维杆件模型紧密结合在一起,纤维模型本身并不需要进行任何调整(可在有限元建模时一同对零长度单元进行定义),其数值计算工作量也不会有较大增加;二是构件接触面由纤维组成,零长度截面单元能独立与其他因素单独模拟梁柱端部纵筋的滑移,不受截面形式、纵筋变化、轴力变化、加载方向等因素的限制。

学者 Mayer 和 Eligehausen 通过研究指出,钢筋的黏结滑移在锚固长度足够时与锚固长度很短时的情形存在很大差别。与基础相连的底层钢筋混凝土柱具有足够的钢筋锚固长度;而在钢筋混凝土结构节点区域,柱或梁的纵筋锚固长度可能不足。因此,在 OpenSees 中考虑钢筋混凝土结构／构件不同位置的黏结滑移时设置的零长度单元应有所不同,主要体现在零长度截面单元中钢筋黏结应力 - 滑移($\sigma - s$)本构模型是不同的。根据锚固长度是否足够,目前 OpenSees 程序提供了两种不同的黏结滑移材料,用以反映不同的钢筋应力 - 滑移($\sigma - s$)本构关系,分别为 Bond_SP01 Material 和 BarSlip Material。下面分别对这两种黏结滑移材料进行介绍。

(1)Bond_SP01 Material。

Bond_SP01 Material 模型用以构建具有足够锚固长度钢筋在部分锚固区段发生的应变渗透模型。通常应用于模拟与基础或桥梁盖梁相连的钢筋混凝土柱或剪力墙的纵筋滑移;在这种情况下,与应变渗透有关的黏结滑移通常发生在锚固长度的部分区段内。该模型也可应用于梁端区域,其钢筋的应变渗透可能包括整个的锚固区域,但应选择合适的模型参数。具体命令格式如下:

uniaxialMaterial Bond_SP01 $ matTag $ Fy $ Sy $ Fu $ Su $ b $ R

其中, $ matTag 为材料编号; $ Fy 为钢筋的屈服强度; $ Sy 为钢筋屈服应力时截面上的滑移量; $ Fu 为钢筋的极限强度; $ Su 为钢筋极限强度时在加载端处的滑移量(建议可取为 30 ~ 40Sy); $ b 为单调加载钢筋应力 - 滑移关系曲线的初始硬化系数(通常取0.3 ~ 0.5); $ R 为 钢筋应力 - 滑移滞回曲线的捏缩效应系数(通常取0.5 ~ 1.0)。

Bond_SP01 模型采用的钢筋应力 - 滑移单调本构和滞回本构,分别如图 6.20(a) 和图 6.20(b) 所示。图中, $K = f_y/s_y$ 为弹性刚度; bK 为初始屈服强化阶段的切线刚度。

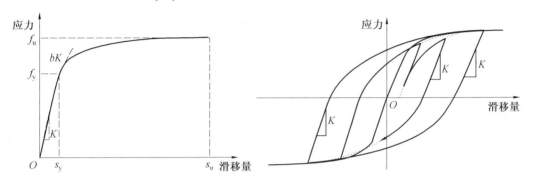

(a) 钢筋应力 - 滑移响应单调模型　　　　(b) 钢筋应力 - 滑移响应滞回模型

图 6.20　Bond_SP01 材料模型

该模型中,钢筋屈服应力时截面上的滑移量 s_y 通过具有足够锚固长度(锚固长度足够大以至于钢筋可以达到屈服) 的钢筋的拉拔试验数据拟合而得到:

$$s_y = 2.54\left[\frac{d_b}{8\,437}\frac{f_y}{\sqrt{f_c}}(2\alpha + 1)\right]^{\frac{1}{\alpha}} + 0.34 \tag{6.61}$$

式中, d_b 为钢筋直径,mm; α 为描述局部黏结应力滑移的系数,可取为 0.4; f_c 为混凝土轴心抗压强度。

捏缩效应系数 R 的取值对钢筋应力 - 滑移滞回曲线的影响,如图 6.21 所示。

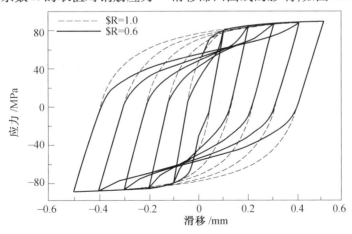

图 6.21　捏缩效应系数 R 的取值对钢筋应力 - 滑移滞回曲线的影响

(2)BarSlip Material。

BarSlip Material 模型针对的是锚固长度不足的钢筋所发生的黏结滑移,通常用于模拟钢筋混凝土梁柱节点区域的纵筋滑移。模型在循环荷载作用下表现出强度和刚度的退化，主要有卸载刚度退化、再加载刚度退化和强度退化 3 种方式。OpenSees 根据 Eligehausen 和 Hawkins 提出的钢筋应力 – 滑移关系的模型，建立了该钢筋滑移材料 BarSlip 模型。具体命令格式如下：

uniaxialMaterial BarSlip \$ matTag \$ fc \$ fy \$ Es \$ fu \$ Eh \$ db \$ ld \$ nb \$ depth \$ height < \$ ancLratio > \$ bsFlag \$ type < \$ damage \$ unit >

其中，\$ matTag 为材料编号；\$ fc 为锚固钢筋的混凝土抗压强度（正浮点值）；\$ fy、\$ Es 和 \$ fu 分别为钢筋的屈服强度、弹性模量和极限强度（正浮点值）；\$ Eh 为定义钢筋强化模量浮点值；\$ ld 为钢筋黏结滑移发展长度；\$ db 为钢筋直径；\$ nb 为钢筋数量；\$ depth 为节点区垂直于所用零长度截面单元方向的深度（梁或柱的出平面尺寸）；\$ height 为平面内垂直于钢筋方向的弯曲构件的截面高度；\$ ancLratio 为纵筋锚固长度与节点区沿纵筋方向长度的比值（可选项，默认值为 1.0）；\$ bsFlag 为锚固钢筋的相对黏结强度（选择项，strong 或 weak）；\$ type 为定义考虑钢筋滑移的零长度单元的位置（选择项，beamtop、beambot 或 column）；\$ damage 为定义损伤类型，完全损伤或无损伤（可选项，Damage 或 NoDamage，默认为 NoDamage）；\$ unit 定义基本单位（可选项，psi、MPa、Pa、psf、ksi、ksf，默认为 psi 或 MPa）。

BarSlip Material 模型能够考虑钢筋与混凝土的力学特性、节点区尺寸和锚固强弱程度等因素对钢筋黏结应力 – 滑移的影响，综合考虑黏结滑移对整个节点区性能的影响。通常，对于节点区内梁的上下两侧纵筋和柱左右两侧纵筋分别建立各自的零长度单元来考虑钢筋滑移。

6.6　OpenSees 分析实例

上一节介绍了应用 OpenSees 程序对钢筋混凝土柱进行非线性有限元分析的理论知识，本节将通过两个具体的分析实例，详细讲解建模和分析的主要步骤，并对关键的程序命令流加以解释。选取本课题组进行的钢筋混凝土柱的拟静力试验，采用 OpenSees 分析程序进行建模分析，并将分析结果与试验结果比较验证，以评估所做分析的准确性。模型未考虑钢筋与混凝土间的黏结滑移，读者可在此基础上集合前文相关内容，自行实现。

6.6.1　试验工况

所选取的圆柱直径和方柱截面边长均为 400 mm，柱身净高为 1 200 mm，从水平加载点到基础顶面距离为 1 400 mm，轴压比均为 0.45，纵筋配筋率均为 1.5%，圆柱的体积配箍率为 0.3%，两根方柱的体积配箍率分别为 0.3% 和 0.6%。纵筋实测屈服强度为 360 MPa，箍筋实测屈服强度 420 MPa；试验当天所测混凝土标准圆柱体抗压强度为 27.4 MPa。除了钢筋混凝土对比试件外，其试件分别采用碳纤维（CFRP）或玻璃纤维（GFRP）在塑性铰区进行了加固，加固区为柱底 500 mm 高度范围，选取包裹层数为 3 层和 4 层，轴压比为与对比试件相同的 0.45 的试件进行模拟分析。CFRP 布的单层厚度为 0.167 mm；标准拉伸试验实测极限抗拉强度平均值为 4 340 MPa、极限拉应变平均值为 1.78%、弹性模量为 244 GPa；GFRP 材料单层厚度为 1.3 mm、极限抗拉强度为 575 MPa、弹性模量为 26.1 GPa、极限拉应变为2.2%。试件编号、详细尺寸和配筋情况见表6.1及图6.22,加载装置同图6.8。

表6.1　试件详情及工况

试件编号	边长/mm	柱净高/mm	纵筋	箍筋	轴压比	加固方式
C1H1C0N2	400	1 200	6 Φ 20	ϕ8@200	0.45	未加固
C1H1C3N2	400	1 200	6 Φ 20	ϕ8@200	0.45	3 层 CFRP
C1H1G3N2	400	1 200	6 Φ 20	ϕ8@200	0.45	3 层 GFRP
S1H1C0N2	400	1 200	8 Φ 20	ϕ8@200	0.45	未加固
S1H1C3N2	400	1 200	8 Φ 20	ϕ8@200	0.45	3 层 CFRP
S1H1C4N2	400	1 200	8 Φ 20	ϕ8@200	0.45	4 层 CFRP

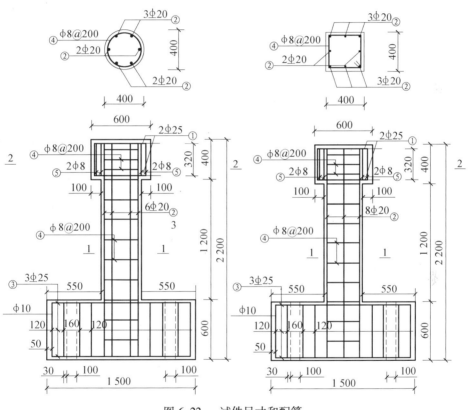

图6.22　试件尺寸和配筋

为保证试验时轴向荷载一直保持垂直且随动,降低轴力偏转产生的水平摩擦力,使构件受力状态尽量符合压弯构件受力简图,本课题组自行设计了图6.8所示的水平加载装置。试验时首先采用350 t液压千斤顶对试件施加轴力至设计试验轴压比相对应的数值并保持恒定,在轴力施加完成之后采用100 t电液伺服做动器施加水平位移。试验采用位移控制加载,试验前理论分析结果表明未加固钢筋混凝土柱的屈服位移 Δ_y 约为4 mm,故试验时按每级增加 Δ_y(1 倍理论屈服位移) 或$2\Delta_y$ 进行位移控制加载,当水平承载力下降到峰值承载力的80% 左右时,认为试件达到极限状态,结束试验停止加载。对未约束钢筋混凝土柱,第一级4 mm(Δ_y) 位移时循环一次,其后每级增加4 mm(Δ_y) 并循环两次;对FRP加固柱,前两级控制位移分别为 4 mm(Δ_y) 和 8 mm($2\Delta_y$) 并各循环一次，其后每级增加 8 mm($2\Delta_y$) 并循环 2 次，直至破坏。试验加载制度如图 6.23 所示。

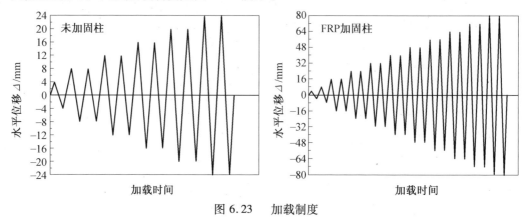

图 6.23　加载制度

6.6.2　模型建立

1. 截面和单元

采用 OpenSees 中提供的基于力的考虑分布塑性的非线性梁柱单元来模拟 FRP 加固前后的钢筋混凝土柱，与第 4 章试验相同采用半柱高悬臂柱模型。对于普通束钢筋混凝土柱，采用一个单元模拟；对 FRP 加固钢筋混凝土柱，采用两个单元，即未加固区和塑性铰 FRP 加固区分别采用一个单元。将选取的非线性梁柱单元赋予纤维截面，其中 FRP 约束区和未约束区分别划分纤维，最后将各位置纤维条带赋予其对应的材料本构模型，即可建立有限元模型。建立的钢筋混凝土柱有限元模型的单元划分和纤维截面组成示意图，如图 6.24 所示。

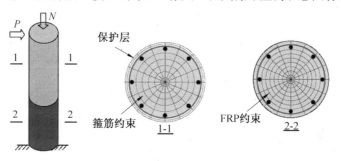

图 6.24　FRP 加固钢筋混凝土柱有限元模型示意图

2. 材料本构模型

钢筋采用 Steel02 材料模型；保护层未约束混凝土及箍筋约束混凝土采用 Concrete01 材料；FRP 约束混凝土采用课题组建立并添加入 OpenSees 平台的 FRP 约束混凝土材料模型（FRPCConcrete（圆柱）和 FRPRConcrete（方柱）），模型考虑了 FRP 与钢筋的双重约束作用及尺寸效应的影响。

6.6.3　命令流分析

1. 钢筋混凝土圆柱

（1）主程序。

```
# – – – – – – – – – – – – – – – 主程序 – – – – – – – – – – – – – – – – – – – –
wipe;                                    # 清零
modelBasicBuilder – ndm 2 – ndf 3;       # 模型为二维,每个节点有 3 个自由度
source Units.tcl;                        # 调用单位定义子程序
source GeometricParameters.tcl;          # 调用几何参数定义子程序
source Material.tcl;                     # 调用材料属性定义子程序
source Element&Section.tcl;              # 调用纤维截面和单元设定子程序
source Recorder.tcl;                     # 调用输出记录子程序
source GravityLoad.tcl;                  # 调用施加集中荷载子程序
source Push.tcl;                         # 调用位移控制单调 Pushover 分析子程序
source Cycle.tcl;                        # 调用位移控制滞回分析子程序
```

以上代码为分析过程的主程序,与第 5 章简支梁程序相同,将单位定义、建模过程和分析过程等分别编制了模块化子程序。程序建立的模型为二维模型,每个节点有 3 个自由度,沿 x、y 方向的平动和自由旋转。需要注意的是,在进行单调 Pushover 分析时,可先将滞回分析的子程序注释掉,即在程序调用前面加"#"进行注释,反之亦然。如下:

#source Cycle.tcl;

此时,"#"号后面部分变成灰色(注释部分),此部分内容在程序运行时将不执行,详见第 2 章。

（2）定义单位。

定义单位子程序与第 5 章定义单位子程序相同,不再赘述。

（3）设定模型几何参数。

```
# – – – – – – – – – – – – – – – 定义模型几何参数 – – – – – – – – – – – – – – – – – –
set Dc [expr 400 * $mm];                 # 圆柱截面直径
set Rc [expr $Dc/2.];                    # 圆柱截面半径
set Ac [expr $PI * pow($Rc,2)];          # 圆柱截面面积
set IzC [expr 1./64. * $PI * pow($Dc,4)]; # 截面惯性矩
set shearR 3.0;                          # 剪跨比
set Lc [expr $shearR * $Dc];             # 柱高
set Cover [expr 25. * $mm];              # 混凝土保护层厚度
set Rcore [expr ($Rc – 2 * $Cover)];     # 箍筋约束核心区截面半径
set Dcore [expr 2 * $Rcore];             # 箍筋约束核心区截面直径
set Acor [expr $PI * pow($Rcore,2)];     # 箍筋约束核心区面积
set NmBar 6;                             # 纵筋根数
set Dlbar [expr 20 * $mm];               # 纵筋直径
```

```
set Albar [expr $PI * pow($Dlbar,2)/4.0];     # 单根纵筋截面面积
set CAlbar [expr $NmBar * $Albar];            # 截面上总的纵筋截面面积
set Fy [expr 360. * $MPa];                    # 纵筋屈服强度
set Es [expr 200000. * $MPa];                 # 纵筋弹性模量
set haRatio 0.005;                            # 钢筋强化模量与初始弹性模量比率
set Dhbar [expr 8. * $mm];                    # 箍筋直径
set Rrein [expr $Rcore - $Dhbar/2.0];         # 纵筋纤维层半径
set Ash [expr $PI * pow($Dhbar,2)/4.0];       # 单根箍筋截面面积
set Fyh [expr 420. * $MPa];                   # 箍筋屈服强度
set Esh [expr 200000 * $MPa];                 # 箍筋弹性模量
set xyt [expr $Fyh/ $Esh];                    # 箍筋屈服应变
set LDhb [expr $PI * ($Dcore - $Dhbar)];      # 箍筋周长
set SV [expr 200 * $mm];                      # 箍筋间距
set SVc [expr $SV - $Dhbar];                  # 箍筋净距
puts "|| Section geometry completely defined ||"  # 屏幕显示截面几何参数定义完毕
# ------------------ 定义节点坐标 ------------------
node 1 0 0;                                    # 节点1坐标(0,0)
node 2 0 $Lc;                                  # 节点2坐标(0,1200)
# ------------------ 定义节点边界条件 ------------------
fix 1 1 1 1;                                   # 1 节点为固定铰支座(限制两个方向的平
                                              #   动)
fix 2 0 0 0;                                   # 2 节点为自由端,悬臂桩模型
set IDctrlNode 2;                             # 指定位移控制节点编号
set IDctrlDOF 1;                              # 指定位移控制点的控制自由度
puts "|| Nodal coordinates defined completely ||"  # 屏幕显示节点坐标定义完毕
```

以上代码为定义圆柱的高度、截面尺寸、配筋及节点坐标和约束等信息。模型将 1.2 m 长的悬臂柱采用一个单元模拟,故共 2 个节点,节点边界条件按悬臂柱边界设定。其中,钢筋对混凝土约束参数等,采用 Mander 模型计算。

(4) 定义材料。

```
# ------------------ 定义材料编号 ------------------
set IDsteel 1;                                # 定义钢筋材料编号
set IDcoverC 2;                               # 定义保护层混凝土编号
set IDcoreC 3;                                # 定义约束核心区混凝土编号
# ------------------ 定义保护层混凝土材料参数 ------------------
set fc [expr 27.4 * $MPa];                    # 混凝土圆柱体抗压强度
set x0 0.002;                                 # 未约束混凝土峰值应变
set fc0 - $fc;                                # 素混凝土峰值应力
set xc0 - $x0;                                # 素混凝土峰值应变
set fcu0 [expr 0.2 * $fc0];                   # 素混凝土极限强度
```

```
set xcu0 - 0.004;                              # 素混凝土极限应变
uniaxialMaterial Concrete01 $ IDcoverC $ fc0 $ xc0 $ fcu0 $ xcu0;
# --------------------- 定义箍筋约束混凝土材料参数 ---------------------
set ps [expr $ CAlbar/ $ Ac];                  # 全截面纵筋配筋率
set pcc [expr $ CAlbar/ $ Acor];               # 箍筋约束核心区截面纵筋配筋率
set pst [expr $ Ash * $ LDhb/( $ Acor * $ SV)];# 体积配箍率
set kes 1.0;                                    # 箍筋在横向的约束系数
set kv [expr (1 - $ SVc/(2 * $ Dcore)) * (1 - $ SVc/(2 * $ Dcore))/(1 - $ pcc)];
                                                                    # 箍筋约束系数
set fls [expr 0.5 * $ kes * $ kv * $ pst * $ Fyh];   # 箍筋有效侧向约束应力
set lmda [expr $ pst * $ Fyh/ $ fc];           # 箍筋约束强化参数 λ
set y2 [expr 2 * $ Ash * $ Fyh/( $ SV * $ Dcore)];# Mander 本构模型参数
set fccR [expr $ fc0 * ( - 1.245 + 2.245 * sqrt(1 + 7.94 * $ y2/ $ fc) -
2 * $ y2/ $ fc)];                                          # 峰值点应力
set xccR [expr $ xc0 * (1 + 5. * ( $ fccR/ $ fc0 - 1))];     # 峰值点应变
set Esec [expr $ fccR/ $ xccR];                # Mander 本构模型参数
set R [expr $ Ec/( $ Ec - $ Esec)];            # Mander 本构模型参数
set xcuR [expr 8 * $ xccR];                    # 极限点应变
set fcuR [expr ( $ fccR * ( $ xcuR/ $ xccR) * $ R)/( $ R - 1 + pow( $ xcuR/ $ xccR,
$ R))];                                        # 极限应力
uniaxialMaterial Concrete01 $ IDcoreC $ fccR $ xccR $ fcuR $ xcuR;
puts " fccR = $ fccR xccR = $ xccR fcuR = $ fcuR xcuR = $ xcuR ";
                                                # 屏幕显示各特征点参数
# --------------------- 定义钢筋本构参数 ---------------------
set R0 18.5;
set cR1 0.925;
set cR2 0.15;
set haRatio 0.0005;
uniaxialMaterial Steel02 $ IDsteel $ Fy $ Es $ haRatio $ R0 $ cR1 $ cR2;
puts " || Material parameters defined completely || "    # 屏幕显示材料参数定义完毕
```

以上代码为定义混凝土和钢筋的材料本构,其中保护层和核心区混凝土采用单轴材料 Concrete01,其中箍筋约束核心区混凝土特征点参数采用 Mander 模型计算;钢筋采用 Steel02。

（5）定义纤维截面和梁柱单元。

```
# ------------------- 定义截面编号 -------------------
set RCSecTag 1;                                # 纤维截面编号
# --------------- 纤维截面定义 ----（圆形截面）---------------
set nfcoverC 60;                               # 保护层混凝土沿环向的纤维划分数量
set nfcoverR 4;                                # 保护层混凝土沿径向的纤维划分数量
```

```
set nfcoveC 60;                        # 核心区混凝土沿环向的纤维划分数量
set nfcoveR 4;                         # 核心区混凝土沿径向的纤维划分数量
section Fiber $ RCSecTag |;
patch circ $ IDcoverC $ nfcoverC $ nfcoverR 0.0. $ Rcore $ Rc 0.360.;
                                       # 保护层混凝土
patch circ $ IDcoreC $ nfcoreC $ nfcoreR 0.0.0. $ Rcore 0.360.;
                                       # 核心区混凝土纤维
layer circ $ IDsteel $ NmBar $ Albar 0.0. $ Rrein 0.[expr 360 – 360/ $ NmBar];
                                       # 钢筋纤维
    };                                 # 纤维截面定义结束
# – – – – – – – – – – – – – – – – 定义单元类型 – – – – – – – – – – – – – – – –
# – – – – – – – – – – – – – – 定义坐标几何转换关系 – – – – – – – – – – – – – –
set ColTransfTag 2;                    # 坐标转换关系编号
set ColTransfType PDelta;              # 坐标转换类型(考虑二阶效应)
geomTransf $ ColTransfType $ ColTransfTag;    # 考虑 P – Δ 效应的转换关系
# – – – – – – – – – – – – – – 定义非线性梁柱单元 – – – – – – – – – – – – – –
Set numIntgrPts 3;                     # 高斯积分点个数
element nonlinearBeamColumn 1 1 2 $ numIntgrPts $ RCSecTag $ ColTransfTag;
puts " || Sections and elements defined completely || "
                                       # 屏幕显示截面和单元定义完毕
```

以上为定义纤维截面和非线性梁柱单元代码,分别使用 patch 和 layer 命令定义混凝土和钢筋纤维截面;悬臂柱采用一个非线性梁柱单元模拟,坐标转换考虑了二阶效应的影响。

(6) 定义输出记录。

```
# – – – – – – – – – – – – – – 定义和创建存储路径和名称 – – – – – – – – – – – –
set dataDir1 EleNode;                  # 定义单元的输出结果存储目录名称
filemkdir $ dataDir1;                  # 创建数据目录
set dataDir2 Material;                 # 定义材料的输出结果存储目录名称
filemkdir $ dataDir2;                  # 创建数据目录
# – – – – – – – – – – – – 指定要输出材料的坐标点信息 – – – – – – – – – – – –
set YStb $ Rrein;
set ZStb 0.0;
set b1 [expr $ Rcore * (1 – 0.5/ $ nfcoreR)];
set de1 [expr 360. / $ nfcoreC];
set h1 [expr $ b1 * $ PI * $ de1/360.];
set b2 [expr $ Rcore * (0.5 + 0.5/ $ nfcoreR)];
set h2 [expr $ b2 * $ PI * $ de1/360.];
recorder Node – file $ dataDir1/Node $ IDctrlNode. txt – time – node $ IDctrlNode –
dof 1 disp;                            # 记录控制节点自由度 1 方向的位移
recorder Drift – file $ dataDir1/Columndrift. txt – time – iNode 1 – jNode $ IDctrlNode
```

```
– dof 1 – perpDirn 2;                          # 记录柱端的位移角
   recorder Element – file $ dataDir1/ele1. txt – time – ele 1 force;
                                               # 记录单元力
   recorder Node – file $ dataDir1/RBase. txt – time – node 1 – dof 1 2 3 reaction;
                                               # 节点反力
   recorder Element – file $ dataDir1/SecD1. txt – time – ele 1 section $ RCSecTag
deformation;                                   # 记录单元的截面变形
   recorder Element – file $ dataDir1/SecP1. txt – time – ele 1 section $ RCSecTag force;
                                               # 记录单元的截面内力
   recorder Element – file $ dataDir2/S. txt – time – ele 1 section $ RCSecTag fiber
$ YStb 0 $ IDsteel stressStrain;               # 记录纵筋的应力 – 应变
   recorder Element – file $ dataDir2/C1. txt – time – ele 1 section $ RCSecTag fiber –
$ b1 $ h1 $ IDcoreC stressStrain;              # 记录保护层混凝土的应力 – 应变
   recorder Element – file $ dataDir2/C2. txt – time – ele 1 section $ RCSecTag fiber –
$ b2 $ h2 $ IDcoreC stressStrain;              # 记录核心区边缘混凝土的应力 – 应变
   recorder Element – file $ dataDir2/C3. txt – time – ele 1 section $ RCSecTag fiber 0. 0.
$ IDcoreC stressStrain;                        # 记录中性轴混凝土的应力 – 应变
   puts " || Recorder defined completely || "  # 屏幕显示输出记录定义完毕
```

以上为输出记录命令代码,向外部文件输出的是各节点位移、支座反力、单元内力及各元截面内力和变形,混凝土及钢筋应力 – 应变等。

（7）施加重力荷载（轴力）。

```
# – – – – – – – – – – – – – – 定义集中重力荷载 – – – – – – – – – – – – – –
set CR 0. 45;                    # 设定轴压比
set FN [expr $ CR * $ Ac * $ fc0];  # 轴力值
pattern Plain 1 Linear {          # 荷载模式
load $ IDctrlNode 0 $ FN 0         # 集中荷载位置
};
# – – – – – – – – – 重力分析参数 – – – 力控制的静力分析 – – – – – – – – –
set Tol 1. 0e – 8;               # 收敛容许误差
constraints Plain;               # 约束控制方法
numberer Plain;                  # 自由度控制方法
system BandGeneral;              # 存储和求解系统方程方法
test NormDispIncr $ Tol 6 0;     # 收敛性测试方法
algorithm Newton;                # 迭代算法
set NstepGravity 10;             # 分 10 步施加重力荷载
set DGravity [expr 1. / $ NstepGravity];  # 第一步荷载增量
integrator LoadControl $ DGravity;  # 确定下一个分析时间步
analysis Static;                 # 定义分析类型
initialize;
```

```
analyze  $ NstepGravity;                          # 施加重力荷载
# — — — — — — — — — — — — 保持重力荷载不变和重设时间为 0 — — — — — — — — —
loadConst − time 0.0
print node 1 2                                    # 屏幕输出节点信息
print ele 1                                       # 屏幕输出单元信息
puts " ‖ Gracity load applied successfully ‖ "   # 屏幕显示重力荷载施加完成
```

以上为施加重力荷载子程序代码,与上一章梁的静力分析相同,采用增量形式将重力荷载等静荷载逐级施加,并分析计算结构的受力、变形反应情况,使用 loadConst 命令保持已计算的静荷载作用的量值不变。重力分析完毕,屏幕输出结果如图 6.25 所示。

图 6.25　重力荷载分析结束屏幕输出结果

（8）位移控制模式的 Pushover 非线性分析。

```
# — — — — — — — — — — — — — — 荷载参数设置 — — — — — — — — — — — — — — —
set Dmax [expr 30.0 ∗ $ mm];                      # 最大位移
set Dincr [expr 0.5 ∗ $ mm];                      # Pushover 分析时的位移增量
# — — — — — — — — — — — — — 设定 Pushover 分析时的荷载模式 — — — — — — — — —
set Hload [expr 20 ∗ $ kN];                       # 定义侧向力(位移控制时不起控制作用)
pattern Plain 200 Linear { ;                      # 定义荷载模式
load  $ IDctrlNode  $ Hload 0.0 0.0;
};
set constraintsType Plain;
constraints  $ constraintsType
numberer Plain
system BandGeneral
set Tol 1. e − 8;
set maxNumIter 6;                                 # 收敛性检验最大次数
set printFlag 1;                                  # 收敛性检验屏幕输出信息代码,1 表示输
                                                     出每一步的信息
set TestType EnergyIncr;                          # 收敛检验类型
```

```
test $ TestType $ Tol $ maxNumIter $ printFlag;
set algorithmType Newton
algorithm $ algorithmType;
integrator DisplacementControl $ IDctrlNode $ IDctrlDOF $ Dincr
analysis Static
# - - - - - - - - - - - - - - 执行静力 Pushover 分析 - - - - - - - - - - - - - - - -
set Nsteps [expr int( $ Dmax/ $ Dincr)];  # 分析步数
    set ok 0;
    set controlDisp 0.0;
    set D0 0.0;                          # 分析从 0.0 开始
    set Dstep [expr ( $ controlDisp - $ D0)/( $ Dmax - $ D0)]
    while { $ Dstep < 1.0 && $ ok == 0} {
    set controlDisp [nodeDisp $ IDctrlNode $ IDctrlDOF]
        set Dstep [expr ( $ controlDisp - $ D0)/( $ Dmax - $ D0)]
        set ok [analyze 1]
        if { $ ok ! = 0} {
            puts "Trying Newton with Initial Tangent .. "
            test NormDispIncr    $ Tol 2000   0
            algorithm Newton - initial
            set ok [analyze 1]
            test $ TestType $ Tol $ maxNumIter   0
            algorithm $ algorithmType
        }
        if { $ ok ! = 0} {
            puts "Trying Broyden .. "
            algorithm Broyden 8
            set ok [analyze 1]
            algorithm $ algorithmType
        }
        if { $ ok ! = 0} {
            puts "Trying NewtonWithLineSearch .. "
            algorithm NewtonLineSearch .8
            set ok [analyze 1]
            algorithm $ algorithmType
        }
                };
puts "Pushover Done. Control Disp = [nodeDisp $ IDctrlNode $ IDctrlDOF]"
```

以上为静力 Pushover 非线性分析代码,与第 5 章梁的静力分析程序基本相同。静力 Pushover 分析结束,屏幕输出显示结果,如图 6.26 所示。

图 6.26　Pushover 分析结束屏幕输出结果

（9）位移控制模式的滞回分析。

```
# - - - - - - - - - - - - - - - 荷载参数设置 - - - - - - - - - - - - - - - - -
set iDmax "4 8 12 16 20 24 28";        # 每级滞回环的峰值位移
set Dincr [expr 0.5 * $ mm];           # 分析时的位移增量
set Fact 1;                            # 位移放大系数
set CycleType Full;                    # 滞回分析类型,可选 Full/Push/Half
                                         cycles,Full (0 - > + peak - > 0 - > -
                                         peak - > 0),Half (0 - > + peak - > 0),
                                         Push (0 - > + peak)
set Ncycles 1;                         # 每级位移下的滞回分析次数
# - - - - - - - - - - - - - - 设定 Pushover 分析时的荷载模式 - - - - - - - - - - - - -
set Hload [expr 20 * $ kN];            # 定义侧向力(位移控制时不起控制作用)
set iPushNode " $ IDctrlNode";         # 定义施加侧向位移的节点
pattern Plain 200 Linear {;            # 定义荷载模式
foreach PushNode $ IDctrlNode {
    load $ PushNode $ Hload 0.0 0.0
    }
}
# - - - - - - - - - - - - - - - - - 定义分析参数 - - - - - - - - - - - - - - - - -
source LibAnalysisStaticParameters. tcl;    # 调用定义静力分析参数定义子程序
# - - - - - - - - - - - - - - - - 执行静力滞回分析 - - - - - - - - - - - - - - - -
source LibGeneratePeaks. tcl;          # 调用生成峰值位移向量子程序
set fmt1 "% s Cyclic analysis: CtrlNode % . 2i,dof % . 1i,Disp = % .4f % s";
                                       # 指定屏幕或文件输出的格式
foreach Dmax $ iDmax {
    set iDstep [GeneratePeaks $ Dmax $ Dincr $ CycleType $ Fact];
    for {set i 1} { $ i < = $ Ncycles} {incr i 1} {
```

```
set zeroD 0
set D0 0.0
foreach Dstep $ iDstep {
    set D1 $ Dstep
    set Dincr [expr $ D1 - $ D0]
    integrator DisplacementControl $ IDctrlNode $ IDctrlDOF $ Dincr
    analysis Static
# -------------------第一次分析命令-------------------
set ok [analyze 1]
# -------------------如果不收敛-------------------
    if {$ ok ! = 0} {
    puts "Trying Newton with Initial Tangent .."
    test NormDispIncr    $ Tol 2000   0
    algorithm Newton - initial
    set ok [analyze 1 ]
    test $ TestType $ Tol $ maxNumIter   0
    algorithm $ algorithmType
}
    if {$ ok ! = 0} {
        if {$ ok ! = 0} {
            puts "Trying Newton with Initial Tangent .."
            test NormDispIncr    $ Tol 2000 0
            algorithm Newton - initial
            set ok [analyze 1 ]
            test $ testTypeStatic $ TolStatic   $ maxNumIterStatic   0
                algorithm $ algorithmTypeStatic
            }
        if {$ ok ! = 0} {
                puts "Trying Broyden .."
                algorithm Broyden 8
                set ok [analyze 1 ]
                algorithm $ algorithmTypeStatic
            }
        if {$ ok ! = 0} {
                puts "Trying NewtonWithLineSearch .."
                algorithm NewtonLineSearch 0.8
                set ok [analyze 1 ]
                algorithm $ algorithmTypeStatic
            }
```

```
        if { $ ok ! = 0 } {
            set putout [format $ fmt1 "PROBLEM" $ IDctrlNode $ IDctrlDOF
[nodeDisp $ IDctrlNode $ IDctrlDOF] $ LunitTXT]
            puts $ putout
            return − 1
        } ;# end if
    } ;# end if
    set D0 $ D1;                    # 执行下一步分析
  } ;# end Dstep
 } ;# end i
} ;# end of iDmaxCycl
if { $ ok ! = 0 } {
    puts [format $ fmt1 "PROBLEM" $ IDctrlNode $ IDctrlDOF [nodeDisp
$ IDctrlNode $ IDctrlDOF] $ LunitTXT]
    } else {
    puts [format $ fmt1 "DONE" $ IDctrlNode $ IDctrlDOF [nodeDisp
$ IDctrlNode $ IDctrlDOF] $ LunitTXT]
    }
```

①*LibAnalysisStaticParameters. tcl* 子程序的命令流如下:

```
variableconstraintsTypeStatic Plain;    # 默认
if { [info exists RigidDiaphragm] == 1} {
    if { $ RigidDiaphragm =="ON"} {
    variable constraintsTypeStatic Lagrange;# for large model,try Transformation
    } ;# if rigid diaphragm is on
} ;# if rigid diaphragm exists
constraints $ constraintsTypeStatic
set numbererTypeStatic RCM
numberer $ numbererTypeStatic
set systemTypeStatic BandGeneral;# try UmfPack for large model
system $ systemTypeStatic
variable TolStatic 1. e − 8;
variable maxNumIterStatic 6;
variable printFlagStatic 1;
variable testTypeStatic EnergyIncr;
test $ testTypeStatic $ TolStatic $ maxNumIterStatic $ printFlagStatic;
# − − − − − − − − − − − − − − − 对改进的收敛程序 − − − − − − − − − − − − − − −
    variable maxNumIterConvergeStatic 2000;
    variable printFlagConvergeStatic 0;
variable algorithmTypeStatic Newton
```

```tcl
        algorithm  $ algorithmTypeStatic;
        integrator DisplacementControl   $ IDctrlNode     $ IDctrlDOF $ Dincr
        set analysisTypeStatic Static
        analysis $ analysisTypeStatic
```

②*LibGeneratePeaks. tcl* 子程序的命令流如下：

```tcl
proc GeneratePeaks {Dmax {DincrStatic 0.01} {CycleType "Full"} {Fact 1} } {;
        file mkdir data
        set outFileID [open data/tmpDsteps. tcl w]
        set Disp 0.
        puts $ outFileID "set iDstep { ";puts $ outFileID $ Disp;puts $ outFileID $ Disp;
        set Dmax [expr $ Dmax * $ Fact];
        if { $ Dmax < 0} {;
            set dx [expr - $ DincrStatic]
        } else {
            set dx $ DincrStatic;
        }
        set NstepsPeak [expr int(abs( $ Dmax)/ $ DincrStatic)]
        for {set i 1} { $ i < = $ NstepsPeak} {incr i 1} {;                     # zero to one
            set Disp [expr $ Disp + $ dx]
            puts $ outFileID $ Disp;            # write to file
        }
        if { $ CycleType ! ="Push"} {
            for {set i 1} { $ i < = $ NstepsPeak} {incr i 1} {;                 # one to zero
                    set Disp [expr $ Disp - $ dx]
                    puts $ outFileID $ Disp;        # write to file
                }
            if { $ CycleType ! ="HalfCycle"} {
                for {set i 1} { $ i < = $ NstepsPeak} {incr i 1} {; # zero to minus one
                        set Disp [expr $ Disp - $ dx]
                        puts $ outFileID $ Disp;# write to file
                    }
                for {set i 1} { $ i < = $ NstepsPeak} {incr i 1} {; # minus one to zero
                        set Disp [expr $ Disp + $ dx]
                        puts $ outFileID $ Disp;# write to file
                    }
                }
            }
        puts $ outFileID " }";                   # close vector definition
        close $ outFileID
```

```
    source data/tmpDsteps.tcl;              # source tcl file to define entire vector
    return  $ iDstep
}
```

以上为静力滞回分析程序代码,分析参数设定与静力 Pushover 分析类似。

2. FRP 加固钢筋混凝土圆柱

FRP 加固钢筋混凝土圆柱的主程序和各子程序与未加固钢筋混凝土圆柱基本相同,如定义单位、静力 Pushover 和滞回分析子程序等均相同;仅在模型参数、材料本构及截面和单元中需考虑 FRP 的影响,如需指定 FRP 加固区域的高度及 FRP 的材料性能等参数。其中,FRP 加固区所用的 FRP 约束混凝土材料模型为本课题组提出的考虑箍筋和 FRP 双重约束作用的本构模型,并添加到了 OpenSees 的单轴材料库中(FRPCConcrete),详细的计算模型,FRP 约束混凝土的材料本构定义命令流如下:

```
    set ffrp [ expr 4340. * $ MPa];          # FRP 材料的极限抗拉强度
    set Efrp [ expr 244000 * $ MPa];         # FRP 的弹性模量
    set t [ expr 0.167 * $ mm];              # FRP 的单层厚度
    set xfrp [ expr $ ffrp/ $ Efrp];         # FRP 的极限断裂应变
    set n 3;                                 # FRP 包裹层数
    set Lf [ expr 500 * $ mm];               # FRP 包裹高度
    set ke 0.8;                              # FRP 有效应变系数
    set ka 1.0;                              # 截面形状系数(圆形截面为 1.0)
    set pvf [ expr 4 * $ t * $ n/ $ Dc];     # 体积含纤率
    set flf [ expr $ ka * $ ke * $ pvf * $ ffrp/2.0];      # FRP 约束应力
    set fl [ expr $ fls + $ flf];            # 箍筋和 FRP 提供的总侧向约束应力
    set Cds [ expr $ fls/ $ fc];             # 箍筋约束应力与未约束混凝土峰值应
                                               力比
    set Cdf [ expr $ flf/ $ fc];             # FRP 的约束应力与未约束混凝土峰值应
                                               力比
    set Cd [ expr ( $ fls + $ flf)/ $ fc];   # 总的约束应力比
    set fcu [ expr $ fc0 * (1 + 1.33 * pow( $ Cds,0.57) + 3.54 * pow( $ Cdf,0.95))];
                                               # 约束后极限应力
    set xcu [ expr $ xc0 * (2 + 26.4 * ( $ Cds + pow( $ Cdf,0.7)))]; # 约束后极限应变
    set afa [ expr 3.64 * $ Cds + 1.26 * pow( $ Cdf, - 0.14)];      # 形状控制参数
    uniaxialMaterial FRPCConcrete  $ IDFRPCnC  $ fc0  $ xc0  $ fcu  $ xcu  $ afa;
```

对于 FRP 加固钢筋混凝土圆柱采用两个非线性梁柱单元进行模拟,即 FRP 加固区与未加固区分别采用一个非线性梁柱单元进行建模,并赋予各自的纤维截面,对于 FRP 加固区的纤维截面,所有的混凝土纤维均赋予 FRP 约束混凝土单轴材料,不再区分保护层和约束核心区混凝土,命令流如下:

```
    section Fiber $ FRPCSecTag {;
    patch circ $ IDFRPCnC $ nfFRPcoreC $ nfFRPcoreR 0.0.0. $ Rc 0.360.;
```

layer circ ＄IDsteel ＄NmBar ＄Albar 0.0. ＄Rrein 0. [expr 360 – 360/＄NmBar] ;
} ;

3. FRP 加固前后的钢筋混凝土方柱

钢筋混凝土方柱采用 FRP 加固前后的建模和分析命令流与钢筋混凝土圆柱的基本相同,仅在材料本构设定时根据选用适用于方柱的材料本构模型定义混凝土的特征点参数;如对钢筋混凝土采用过镇海模型或 Kent – Park 模型,对 FRP 约束混凝土材料采用本书开发的针对方形截面的 FRP 约束混凝土材料模型。

6.6.4   试验结果与计算结果的比较验证

采用上述的有限元建模和分析方法,对试验试件进行模拟分析,试验结果与计算结果的比较验证,如图 6.27 所示。

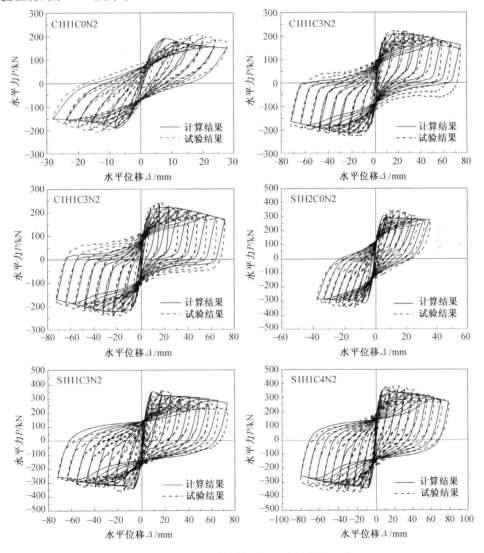

图 6.27   模型计算结果与试验结果的比较

第7章　钢筋混凝土梁柱节点的非线性分析

钢筋混凝土框架节点,主要是指框架梁与框架柱相交的节点核心区及邻近核心区的梁端与柱端。框架节点在英文中常用的表达有"Beam – Column Joint/ Connections / Assemblies / Subassemblages",其中"Beam – Column Assemblies / Subassemblages"也表达出了框架节点是梁端柱端组合体的含义。

从框架节点受力分析角度讲,当框架受荷载或地震作用时,各种内力是通过梁端和柱端传递到节点核心区的,梁柱的截面尺寸及梁端柱端的配筋构造直接影响节点核心区的受力性能;反之,节点核心区的构造与受力性能也直接影响梁柱的刚度、受力性能及钢筋锚固等。

框架节点在框架中起着连接、传递和分配内力及变形、保证结构整体性的作用,节点既是一个十分重要的结构部位,又是一个薄弱的结构单元,地震灾害也证明了这一点。同时为了强化节点部位,国内外抗震规范和混凝土结构规范对框架节点也有些结构概念设计和具体条文规定。如国内规范,框架结构延性设计要求"强柱弱梁、强剪弱弯、强节点、强锚固、弱构件";美国规范 ACI 318R – 2008 和 ACI 352R – 2002 要求"在梁端柱端发生弯曲破坏之前,节点不发生剪切破坏和黏结破坏";新西兰规范要求"应避免接头区破坏和梁柱接头区形成塑性铰";欧洲规范要求"节点区应比连接的构件具有更高的强度,并且在设计地震作用下,由于开裂或丧失黏结而产生的变形应充分限制"。

近些年地震灾害和研究结果表明,节点是十分重要的结构单元,并且其受力和构造都比梁柱构件复杂。因此,对框架节点的进一步认知和研究是十分必要的。

本章主要介绍框架节点的受力特点、破坏模式、国内外主要试验研究结果、抗震试验方法、设计准则、有限元分析方法及主要影响因素的参数分析等。

7.1　框架节点的受力特点

7.1.1　框架节点的分类

6 种典型的梁柱节点如图 7.1 所示。由于节点处梁柱的数目不同,节点受到的约束程度和受力状态也是不一样的。当框架结构受地震作用时,框架的角柱节点受力最为不利,其次是边柱节点。

框架节点按施工方法分为现浇节点和装配式节点。现浇节点是一直广泛采用的钢筋混凝土框架节点。与现浇节点相比,装配式节点的整体性相对较差。

框架节点按抗震要求分为非抗震节点和抗震节点。前者是指非地震区的框架节点,或在地震区但不是承重框架的节点,这种节点主要承受竖向荷载,而不承受大的反复水平荷载作用,节点只需满足强度上的要求而没有明显的非弹性变形,节点内的钢筋一般不发生屈服和较大的黏结滑移。抗震节点是指抗震框架中的节点,这些节点不仅满足使用阶段的荷载要求,而且在相应地震设防烈度作用下,节点及相连接的梁柱构件在反复变形后,进入非弹性阶段,即进入弹塑性阶段后仍能维持传递竖向荷载。

本章介绍的试验及有限元分析主要针对现浇的抗震节点。

图 7.1　6 种典型的梁柱节点

7.1.2　节点的受力过程

中节点核心区受力及传力简图如图 7.2 所示。当构件受力时,节点核心区周围的梁端

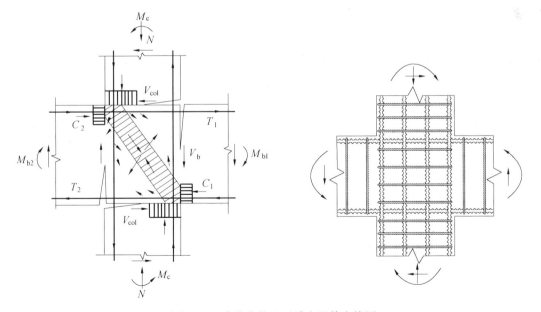

图 7.2　中节点核心区受力及传力简图

和柱端弯矩可以转化为以节点核心区梁柱纵筋拉力和受压区压力所组成的力偶,钢筋的拉力和压力通过黏结作用传递到混凝土上。因此,在水平力作用下,节点核心区的一个对角受到水平和垂直方向的压力,另一个对角受到一个斜向压力和正交的斜向拉力。当斜向拉应力达到混凝土极限抗拉强度时,就会产生斜向剪切型裂缝。在双向反复水平荷载作用下,节点核心区就会形成交叉斜裂缝。

7.1.3 节点计算模型和机理分析

由于钢筋混凝土框架节点受力性能比较复杂,其受混凝土强度、钢筋强度、梁柱纵筋与混凝土的黏结强度、节点区箍筋构造及节点相邻构件的构造和受力性能等影响,针对节点的试验研究和计算公式较多,但当前节点的计算模型主要是通过平面十字形节点试验观察总结,主要有以下 3 种计算受力分析模型。

(1)斜压杆模型。

斜压杆模型适用于节点核心区箍筋很少或没有,梁柱承载能力较低且节点核心区损伤程度较轻时,节点的承载能力主要由节点核心区混凝土控制。

按照斜压杆模型,节点核心区的抗剪强度可取为混凝土斜压杆极限抗压强度的水平分量,其计算公式为

$$V_j = 0.8 f_c a b_c \cos \theta \tag{7.1}$$

$$a = 0.3 \sqrt{(h_{b0} - a'_s)^2 + (h_{c0} - a'_s)^2} \tag{7.2}$$

式中,0.8 为混凝土强度降低系数(考虑交叉斜裂缝的影响);b_c 为柱截面的宽度;θ 为斜压杆轴线与水平面之间的夹角;a 为斜压杆的等效宽度,用梁柱的内力臂来表示长度;h_{b0}、h_{c0} 分别为梁、柱截面的有效高度。

(2)剪切摩擦模型。

剪切摩擦模型适用于核心区混凝土受剪破坏、箍筋屈服及梁纵筋未屈服和黏结滑移破坏的情况。平面十字形框架节点试验结果表明,在双向反复水平荷载作用下,平面节点核心区出现交叉斜裂缝,此时,节点的抗剪能力主要分为两部分:一是节点核心区箍筋受拉时承担的剪力;二是核心区的混凝土斜向错动的摩擦力。在此说明,影响节点抗剪的因素还有梁柱纵筋的销栓作用和次梁对节点的约束作用以及轴压比,并且在国内外规范中也有明确规定。

根据剪切摩擦模型,节点核心区的抗剪强度可以取为混凝土和箍筋两项抗剪强度之和,即

$$V_j = V_c + V_s = 0.7 \left(N + \frac{\sum M_b}{h_{c0} - a'_s} \right) \cos^2 \theta + f_y \frac{A_{sv}}{s} (h_{b0} - a'_s) \tag{7.3}$$

式中,0.7 为摩擦系数;h_{b0}、h_{c0} 分别为梁、柱截面有效高度;N 为柱轴向力;M_b 为邻近节点的梁端弯矩。

(3)桁架模型。

桁架模型适用于节点核心区配有水平箍筋且有较密的纵筋穿过的情况。在反复荷载作用下,当节点承受较大剪力、核心区产生多条剪切裂缝时,混凝土斜压杆作用减低,大部分剪力可以假定由桁架模型承担。按照桁架模型假定,节点核心区的抗剪强度将受混凝土强度、

柱轴压比、水平箍筋和梁柱纵筋控制。

7.1.4　节点的破坏模式

总结震害与试验结果,节点的破坏模式主要有以下 4 种:

(1)梁端受弯破坏,也称梁端塑性铰破坏。梁端受拉钢筋屈服,受压区混凝土压碎,梁上出现交叉斜裂缝,即梁端形成塑性铰。

(2)柱端压弯破坏,也称柱端塑性铰破坏。在弯矩和轴力共同作用下,柱端混凝土受压破坏,钢筋屈服,即柱端形成塑性铰。

(3)钢筋黏结滑移破坏,也称锚固破坏。在反复荷载作用下,梁纵筋与混凝土的黏结发生破坏,钢筋滑移,此时梁尚未达到屈服。

(4)节点核心区剪切破坏。在水平力作用下,节点核心区抗剪承载力不足,产生交叉斜裂缝。

其中梁端塑性铰破坏属于延性破坏,其余均为脆性破坏。节点破坏的主要原因是节点配筋不足、梁端钢筋锚固不足及混凝土缺少足够的约束,所以需要通过提高强度和延性构造要求来提高节点的抗震性能。

7.2　国内外框架节点的试验研究

由于框架节点的构造与受力的复杂性,节点是十分重要的结构单元,并且历次地震灾害表明结构的局部或整体失效往往是由节点失效而导致的。因此,框架节点的计算模型、构造措施及抗震性能影响因素等成为国内外学者的研究热点课题之一。下面针对国内外主要试验研究进行陈述。

自 20 世纪 60 年代开始,美国、日本、新西兰、中国等都陆续对框架节在地震作用下的受力性能进行了深入的研究,重点对如何改善节点的构造和延性进行了探讨,并对节点抗剪承载力的计算方法提出了许多设计建议。20 世纪 60 年代初,美国波兰特水泥协会进行了第一批框架节点试验,1967 年,Hanson 和 Conner 发表了这次试验的结果,该结果后来成为节点研究的标准文献。两位学者认为框架节点的抗剪强度能用钢筋混凝土梁的抗剪方程计算。在大量试验的基础上,美国在 ACI 318271 规范中首次提出了节点的设计规定。日本对 RC框架节点的研究始于 1936 年,二见秀雄博士的 L 形节点的试验研究,之后进行了大量的中柱节点试验研究。但是到目前为止,在日本的钢筋混凝土规范中,还没有关于混凝土节点的设计公式。

自 1971 年以来,新西兰对节点的研究进行了卓有成效的工作。1976 年,由 R. Park 和 T. Paulay 所著的《钢筋混凝土》结构一书中对框架节点进行了相当详细的论述。1982 年,新西兰标准协会颁布了 NZS 3101《混凝土结构设计规程》,将框架节点的设计专门列为一章,详细地规定了其设计计算方法和构造措施。

在我国,从 1974 年开始有组织地在全国范围内进行节点的试验研究工作。在中国建筑科学研究院的组织下,由北京市建筑设计院、东南大学、西安冶金建筑学院等 23 个单位成立了框架节点专题研究组,先后对 12 种类型节点受力性能进行了系统研究。一部分成果反映在《混凝土结构设计规范》(GB 50010—2002)和《建筑抗震设计规范》(GB 50011—2001)

中。从 1990 年至今,同济大学、清华大学、东南大学、西安建筑科技大学、合肥工业大学、北京市建筑设计院等单位先后进行了多种框架节点的抗震性能研究。这些研究成果部分反映在《建筑抗震设计规范》(GB 50011—2001) 中。

在 20 世纪 80 年代,形成了以新西兰和美国为代表的两种截然不同的节点传力模型。一类是新西兰的"桁架机构"加"斜压杆机构"模型,另一类是在 Wight 教授的主持下美国 ACI 352 委员会主张的"约束模型"(或称"柱模型")。根据这种观点,美国 ACI 318 规范和 ACI 352 委员会建议的设计方法只从构造角度确定箍筋用量,而不进行节点抗剪计算。

7.3 框架节点的抗震要求及设计方法

7.3.1 节点的强度

1. 节点区抗弯强度

节点区抗弯要求主要是指"强柱弱梁"原则和如何实现"强柱弱梁",强柱弱梁就是邻近节点区的柱端抗弯承载力大于梁端抗弯承载力,即让竖向构件的抗弯安全储备大些,竖向构件仍能保证传递竖向荷载。

针对"强柱弱梁"原则,一些主要国家和地区的规范要求也有差别,此处主要讨论我国规范、美国规范、新西兰规范和欧洲规范。

(1) 我国《建筑抗震设计规范》(GB 50011—2010) 和《混凝土结构设计规范》(GB 50010—2010)。

一、二、三、四级框架的梁柱节点处,出框架顶层和柱轴压比小于 0.15 者及框支梁与框支柱的节点外,柱端组合的弯矩设计值应符合下式要求:

$$\sum M_c = \eta_c \sum M_b \tag{7.4}$$

一级框架结构和 9 度的一级框架可不符合上式要求,但应符合下式要求:

$$\sum M_c = 1.2 \sum M_{bua} \tag{7.5}$$

式中,$\sum M_c$ 为节点上、下柱端截面顺时针或逆时针方向组合的弯矩设计值之和,上、下柱端的弯矩设计值,可按弹性分析分配;$\sum M_b$ 为节点左、右梁端截面逆时针或顺时针方向组合的弯矩设计值之和,一级框架节点左、右梁端均为负弯矩时,绝对值较小的弯矩应取零;$\sum M_{bua}$ 为节点左、右梁端截面逆时针或顺时针方向实配的正截面抗震受弯承载力所对应的弯矩值之和,根据实配钢筋面积(计入梁受压筋和相关楼板钢筋) 和材料强度标准值确定;η_c 为框架柱端弯矩增大系数;对框架结构,一、二、三、四级可以分别取 1.7、1.5、1.3、1.2。

(2) 美国规范 ACI 318R – 2008 和 ACI 352R – 2002。

美国 ACI 318R – 2008 和 ACI 352R – 2002 对与节点部分设计要求是一致的,其中 ACI 352R – 2002 是 ACI 352 委员会提出的在整体钢筋混凝土结构中梁柱节点的设计建议,被 ACI 318 采纳。

在大量试验的基础上,美国首次在 ACI 318 的附录中提出了柱端弯矩之和大于梁端弯矩之和的要求。1976 年,ACI 委员会单独提出了现浇梁柱节点的设计建议,先后对此设计意见进行了多次修改,ACI 352R – 2002 是当前最新版本的设计建议。

根据"强柱弱梁"原则,规范要求在侧向力作用下的柱端抗弯名义强度(相当于我国规范中的标准强度)满足下式要求:

$$\sum M_{nc} \geq 1.2 \sum M_{nb} \tag{7.6}$$

式中,$\sum M_{nc}$ 为节点上、下柱端与轴向力相应的顺时针或逆时针方向柱端抗弯名义强度之和;$\sum M_{nb}$ 为节点左、右梁端顺时针或逆时针防线抗弯名义强度之和,其中考虑梁侧的有效宽度楼板范围内受拉钢筋参与抗弯。

(3) 新西兰规范。

新西兰是较早发展结构抗震设计的国家,其规范按照"强柱弱梁"原则保证结构延性的措施相对更为细致。新西兰规范要求框架柱的承载力设计公式为

$$S^* \geq \omega_s \phi_0 S_E \tag{7.7}$$

式中,S^* 为框架柱抗弯承载力设计值(按材料设计强度计算);ω_s 为动力放大系数,在平面内受力的框架结构 $1.3 \leq \omega_s = 0.6T_1 + 0.85 \leq 1.8$,在两个主平面内受力的框架 $1.5 \leq \omega_s = 0.5T_1 + 1.1 \leq 1.9$,$T_1$ 为结构基本周期;ϕ_0 为梁端塑性铰弯曲超强系数,$\phi_0 = \sum M_{b0} / \sum M_{bE}$,$\sum M_{b0}$ 为节点左右梁端实际屈服承载力之和,$\sum M_{bE}$ 为地震作用下节点梁端弯矩设计值之和;S_E 为框架柱在地震力作用下的内力作用效应。

(4) 欧洲规范。

欧洲规范 EC8 用 3 种强度和延性的组合作为设计选项,分别用 DCH(高)、DCM(中)、DCL(低)表示,结构延性等级越高,要求的设计地震力和结构强度越低。对 DCH 和 DCM级,按能力设计法设计,除顶层节点外,所有梁柱节点两个正交方向的抗弯承载力设计值满足如下:

$$\sum M_{Rc} \geq 1.3 \sum M_{Rb} \tag{7.8}$$

式中,$\sum M_{Rc}$ 为节点上、下柱端与轴向力相应的顺时针或逆时针方向柱端抗弯设计值之和;$\sum M_{Rb}$ 为节点左、右梁端顺时针或逆时针方向抗弯设计值之和。

周靖把中国、美国、欧洲和新西兰规范中荷载效应与材料强度换算为设计值,并考虑了相关条款的规定后,比较了上述 4 国规范中柱梁抗弯承载力比的最高要求,认为新西兰规范的要求最高,中国、美国和欧洲规范的柱梁抗弯承载力比的最高要求相差不大。

2. 节点区抗压强度

节点作为柱的一部分,必须传递柱的轴向荷载。试验结果表明,柱和节点的延性与柱的轴压比和体积配箍率十分相关。节点核心区的箍筋既提供抗剪承载能力,又对节点核心区混凝土具有约束作用。

针对轴压比限值、体积配箍率和节点构造要求,一些主要国家和地区的规范要求也有差别,此处主要讨论国内规范、美国规范、欧洲规范和新西兰规范。

(1) 我国《建筑抗震设计规范》(GB 50011—2010) 和《混凝土结构设计规

范》(GB 50010—2010)。

规范中有关节点核心区的规定,轴压比限值、最小体积配箍率、箍筋的最小直径和最大箍筋间距基本上与柱的规定相同,特别规定除外。柱轴压比限值见表 7.1,柱箍筋加密区箍筋的最小配箍特征值见表 7.2。

表 7.1　柱轴压比限值

结构体系	抗 震 等 级			
	一级	二级	三级	四级
构架结构	0.65	0.75	0.85	0.90
框架－剪力墙结构、筒体结构	0.75	0.85	0.90	0.95
部分框支剪力墙结构	0.60	0.70	—	

表 7.2　柱箍筋加密区箍筋的最小配箍特征值

抗震等级	箍筋形式	轴压比								
		≤ 0.3	0.4	0.5	0.6	0.7	0.8	0.9	1.0	1.05
一级	普通箍、复合箍	0.10	0.11	0.13	0.15	0.17	0.20	0.23	—	—
	螺旋箍、复合或连续复合矩形螺旋箍	0.08	0.09	0.11	0.13	0.15	0.18	0.21	—	—
二级	普通箍、复合箍	0.08	0.09	0.11	0.13	0.15	0.17	0.19	0.22	0.24
	螺旋箍、复合或连续复合矩形螺旋箍	0.06	0.07	0.09	0.11	0.13	0.15	0.17	0.20	0.22
三级	普通箍、复合箍	0.06	0.07	0.09	0.11	0.13	0.15	0.17	0.20	0.22
	螺旋箍、复合或连续复合矩形螺旋箍	0.05	0.06	0.07	0.09	0.11	0.13	0.15	0.18	0.20

一、二、三、四级抗震等级的各类结构的框架柱,其轴压比不宜大于表 7.1 规定的限值,对于 Ⅳ 类场地上较高的高层结构,轴压比限值应适当减小。

规范中通过最小配箍特征值来限制最小体积配箍率,柱箍筋加密区箍筋的体积配箍率满足下式要求:

$$\rho_v \geqslant \lambda_v \frac{f_c}{f_{yv}} \tag{7.9}$$

式中,ρ_v 为柱箍筋加密区箍筋的体积配箍率;f_{yv} 为箍筋抗拉强度设计值;f_c 为混凝土轴心抗压强度设计值;λ_v 为最小体积配箍特征值,按表 7.2 采用。

框架柱两端箍筋应在加密区宽度范围内加密,加密区的箍筋最大间距和箍筋最小直径应符合表 7.3 中的规定。

表 7.3　柱端箍筋加密区的构造要求

抗震等级	箍筋最大间距 /mm	箍筋最小直径 /mm
一级	纵向钢筋直径的 6 倍和 100 中的较小值	10
二级	纵向钢筋直径的 8 倍和 100 中的较小值	8
三级	纵向钢筋直径的 8 倍和 150(柱根 100)中的较小值	8
四级	纵向钢筋直径的 8 倍和 150(柱根 100)中的较小值	6(柱根 8)

（2）美国规范 ACI 318R - 2008 和 ACI 352R - 2002。

ACI 委员会一直把框架节点视为一段受力情况特殊的柱,故将节点水平箍筋最小配箍量取成与框架柱端相同,即要求节点中一层水平箍筋盐受力方向箍筋肢的截面面积 A_{sh} 应取式(7.10) 和式(7.11) 中的较大值。

$$A_{sh} \geqslant 0.3 \frac{sh_c f'_c}{f_{yh}} \left(\frac{A_g}{A_{ch}} - 1 \right) \tag{7.10}$$

$$A_{sh} \geqslant 0.9 \frac{sh_c f'_c}{f_{yh}} \tag{7.11}$$

式中,s 为各层水平箍筋之间的中心距;h_c 为柱截面宽度;A_g 为柱全截面面积;A_{ch} 为柱截面核心面积。

美国 ACI 委员会规定,对于四周都有梁约束的节点,其梁的截面宽度不小于柱截面宽度的 3/4 时,由上述两个公式确定的水平箍筋数量可以减半。

（3）新西兰规范。

新西兰规范与美国 ACI 规范规定类似,与美国 ACI 318 规范相比,新西兰规范规定的主要特点如下:

① 虽然新西兰规定水平箍筋最低数量的公式与美国公式的形式类似,即都是借用了柱端箍筋最低用量计算公式的形式,但若以轴压比为零的条件进行对比,新西兰的水平箍筋最低用量规定只相当于美国规范规定的一半左右。这表明新西兰已经意识到,美国将节点配箍数量取为与柱端相等的做法过于严格。

② 与美国规范相同,也取当节点四边有梁时,节点配箍最低数量可以减半的做法。

③ 考虑了轴压比的不利影响。但因新西兰至今并未做过研究轴压比对节点性能影响的工作,故只能认为考虑轴压比影响的思路仍是从柱端借用的。

（4）欧洲规范。

欧洲规范未给出节点水平箍筋最小配箍量的限制表达式,只给出了箍筋直径和间距的最低构造要求:

① 箍筋 d_v 直径不应小于 6 mm;

② 箍筋间距:不应大于柱截面高度的 1/4,同时不应大于 100 mm。

3. 节点区抗剪承载力计算

节点核心区剪切破坏是框架节点的主要破坏模式之一,因此,国内外多家单位和学者围绕节点抗剪问题进行了广泛的研究,研究影响节点抗剪强度的因素,提出了抗剪计算方法和计算公式。节点的抗剪问题包括节点的计算剪力、抗剪机理、节点核心混凝土抗剪能力和抗剪钢筋的抗剪能力等问题,对于计算剪力,国内外的意见和计算方法基本一致,而对于节点抗剪机理和节点抗剪强度计算却存在不同的见解。

（1）我国《建筑抗震设计规范》（GB 50011—2010） 和《混凝土结构设计规范》（GB 50010—2010）。

框架梁柱节点的抗震受剪承载力应符合下列规定:

① 9 度设防烈度的一级抗震等级框架。

$$V_j \leqslant \frac{1}{\gamma_{RE}} \left(0.9\eta_j f_t b_j h_j + f_{yv} A_{svj} \frac{h_{b0} - a'_s}{s} \right) \tag{7.12}$$

② 其他情况。

$$V_j \leqslant \frac{1}{\gamma_{RE}} \left(1.1\eta_j f_t b_j h_j + 0.05\eta_j N \frac{b_j}{b_c} + f_{yv} A_{svj} \frac{h_{b0} - a'_s}{s} \right) \tag{7.13}$$

在式(7.12)和式(7.13)中,N 为对应于考虑地震组合剪力设计值的节点上柱底部的轴向力设计值,当 N 为压力时,取轴向压力设计值的较小值,且当 $N > 0.5f_c b_c h_c$ 时,取 $0.5f_c b_c h_c$;当 N 为拉力时,取 0;A_{svj} 为核心区有效验算宽度范围内同一截面验算方向箍筋各肢的全部截面面积;h_{b0} 为框架梁截面有效高度,节点两侧梁截面高度不等式取平均值。

注意:GB 50011—2010 和 GB 50010—2010 中考虑了正交梁对节点核心区抗剪承载力的影响,在公式中以 η_j 表示。

(2) 美国规范 ACI 318R - 2008 和 ACI 352R - 2002。

在美国规范 ACI 318R - 2008 和 ACI 352R - 2002 中,当节点核心区符合规范构造要求时,在节点抗剪承载力计算公式中只考虑混凝土的抗剪承载力而忽略抗剪钢筋的抗剪承载力。节点抗剪承载力计算公式为

$$V_n = \gamma \sqrt{f'_c} b_j h_c (\text{psi})$$
$$V_n = 0.083\gamma \sqrt{f'_c} b_j h_c (\text{MPa}) \tag{7.14}$$

$$b_j = \min\left(\frac{b_b + b_c}{2}, b_b + \sum \frac{mh_c}{2}, b_c \right) \tag{7.15}$$

式中,f'_c 为混凝土抗压强度;b_j 为节点截面有效宽度;b_b 为主梁截面宽度;γ 为梁对节点约束作用的影响系数,按照表 7.4 取值。

表 7.4　梁对节点约束作用的影响系数 γ

分　类	节点类型	
	1	2
A. 带连续柱的节点(标准层梁柱节点)		
A.1 节点周围四面梁约束	24	20
A.2 节点周围三面梁约束或对应两面梁约束	20	15
A.3 其他	15	12
B. 带非连续柱的节点(顶层梁柱节点)		
B.1 节点周围四面梁约束	20	15
B.2 节点周围三面梁约束或对应两面梁约束	15	12
B.3 其他	12	8

7.3.2　节点的变形

在水平荷载作用下,框架将产生侧移,梁、柱、节点均产生变形。对于抗震框架而言,在

强震作用下,结构进入弹塑性工作状态,与节点相连的梁端和柱端及节点核心区都产生非弹性变形,节点刚度会明显降低,承载能力也会有所下降。因此,在地震作用下,特别是在大震作用下,要保证结构具有较好的性能,节点必须有较好的性能,即必须控制节点的变形。

节点区的变形主要包括:节点核心的剪切变形和梁端对柱端的转动变形,当结构进入非弹性阶段后,承受高弯曲、高剪切和轴力的节点区梁端柱端将产生弯曲变形、节点核心区剪切变形和梁端相对柱端的转动变形 3 种非弹性变形。

7.4　梁柱节点有限元模型及试验模拟研究现状

钢筋混凝土框架梁柱节点受力十分复杂,建立能够应用于有限元分析的简化计算模型是关键问题,并且越来越受到研究者的重视,各国学者也对建立节点模型提出了不同的思路和方法,如经验公式法、有限单元法模拟等。

7.4.1　梁柱节点有限元模型

本节主要介绍固角软化拉压杆模型及适合于钢筋混凝土框架节点有限元分析的平面弹簧模型。

1.固角软化拉压杆模型

Hwang 和 Lee 从钢筋混凝土梁柱节点剪应力分析入手提出了软化拉压杆模型,该模型尝试将钢筋与节点区混凝土受力分解成三力转换力学模型。模型满足 3 个基本力学准则:应力平衡、材料连续性准则及应变协调。基本假设中忽略梁纵筋黏结强度退化,简化为对角线桁架结构抵抗节点区剪力。简化结构域中节点箍筋与柱纵筋形成整体结构,可以分解为对角线、水平及竖向 3 个方向受力平衡。模型中一个主要近似关系为简化对角线桁架固定角度与由节点高宽比决定的主压应力方向相一致。图 7.3 和图 7.4 说明了 SSTM 的基本概念及力传递关系。

对角线桁架面积为

$$A_{str} = a_s \cdot b_s \tag{7.16}$$

式中,a_s 为对角线桁架高度,近似简化为

$$a_s = a_c = (0.25 + 0.85 \frac{N}{f'_c A_g}) h_c \tag{7.17}$$

式中,a_s 为柱受压区高度,模型考虑到在屈服梁端尺寸较小忽略梁受压区高度,这个假设在一定程度上限制了模型的使用范围,即梁端屈服先于节点破坏;b_s 由 ACI 318 – 2008 规范提供的有效节点宽度确定。

水平剪力为

$$V_{jh} = D\cos \theta + F_h + F_v\cos \theta \tag{7.18}$$

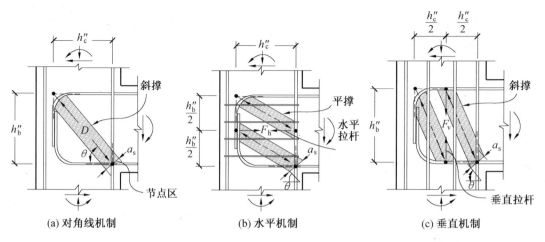

图 7.3　SSTM 力传递模型

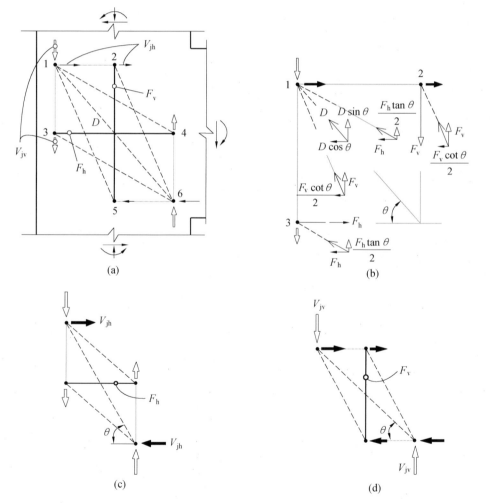

图 7.4　SSTM 在不同力模型下的受力分析

式中，F_h、$F_v \cot \theta$ 分别为水平和竖向剪力的贡献，主要的受力平衡方程为

$$D = \frac{1}{\cos \theta} \frac{R_d}{R_d + R_h + R_v} V_{jh}, \quad R_d = \frac{(1 - \gamma_h)(1 - \gamma_v)}{1 - \gamma_h \gamma_v} \tag{7.19}$$

$$F_h = \frac{R_h}{R_d + R_h + R_v} V_{jh}, \quad R_h = \frac{\gamma_h (1 - \gamma_v)}{1 - \gamma_h \gamma_v} \tag{7.20}$$

$$F_v = \frac{1}{\cot \theta} \frac{R_h}{R_d + R_h + R_v} V_{jh}, \quad R_v = \frac{\gamma_h (1 - \gamma_h)}{1 - \gamma_h \gamma_v} \tag{7.21}$$

式中，R_d、R_h 和 R_v 分别为对角线、水平和竖向剪力的贡献影响因素；γ_h、γ_v 分别为不考虑竖向或者水平向传递剪力时的另一向剪力大小，即

$$\gamma_h = \frac{2\tan \theta - 1}{3}, \quad 0 \leqslant \gamma_h \leqslant 1 \tag{7.22}$$

$$\gamma_v = \frac{2\cot \theta - 1}{3}, \quad 0 \leqslant \gamma_v \leqslant 1 \tag{7.23}$$

Hwang 和 Lee 提出的固角软化拉压杆模型考虑到节点区是否配箍筋，同时，他们提供了实现该模型的算法，梳理了在水平或者是竖向拉杆应变水平阶段的解决方案，但是该模型也有一定的局限性，即梁端先于节点破坏方式不在模型考虑范围内。

2. 适用于数值模拟的平面弹簧模型

随着计算机水平的提高及有限元方法的快速发展，人们应用数值模拟研究框架节点已成为可能，并会越来越精细准确。节点受力复杂，引进平面弹簧模型可以在一定程度上对其进行模拟，Pampanin 等提出了单剪切弹簧模型，该弹簧模型考虑到了节点区梁柱变形（图 7.5），弹簧总弯矩为给定剪切应力下的梁端弯矩或柱端弯矩之和（图 7.6）。图 7.7 给出了该模型与试验结果的比较，可见模型与试验结果吻合较好，该模型能够用来进行梁柱节点的有限元模拟。

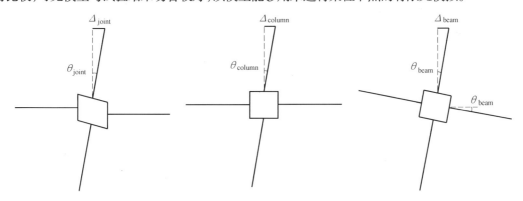

图 7.5　节点区梁柱变形

Celik 和 Ellingwood 提出了适合于框架结构中梁柱节点动力分析模型，如图 7.8 所示，并利用 OpenSees 地震工程分析平台完成了 3 个模型的有限元数值模拟，并与 Pantelides 等完成的外节点试验相比较。3 个模型分别包括刚节点模型、单剪切弹簧模型、单弹簧带刚连杆模型及 Altoontash 提出的 Joint2D 模型。图 7.8 所给模型中，Joint2D（图 7.8（e））最为方便并且较为准确，其他模型相比过于复杂，节点平面域连续性参数由试验得到的剪切应力应变确定，而钢筋滑移通过利用单独的转动弹簧进行模拟。

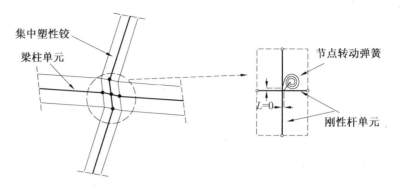

图 7.6　模型简化方式

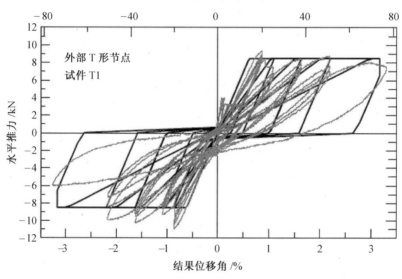

图 7.7　模型与试验结果比较

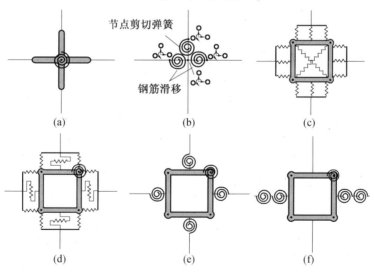

图 7.8　现有梁柱节点模型

7.4.2　梁柱节点试验模拟

本小节将对国内外学者针对具体的钢筋混凝土梁－柱节点组合体试验的数值模拟作简单的回顾。

1988 年 Filippou 等在 No.UCB/EERC－88/12 研究报告中利用作者本人提出的节点模型模拟了 Soleimani 和 Beckingsale 中节点滞回加载试验，且节点核心区配有箍筋，模拟预结果与试验结果吻合较好，并对模拟结果进行了参数分析，最后 Filippou 将其拓展到双节点的试件模拟中。

2001 年 Youssef 和 Ghobarah 利用 PC－ANSR 有限元分析程序纳入 Youssef and Ghobarah 节点模型，对 Ghobarah 于 1997 年进行了两个中节点试验 J1 和 J2 试件进行了数值模拟，吻合较好，且与刚性节点模型的模拟对比得出刚性节点模型将导致对失效模式以及失效时塑性铰的分布的错误预测的结论。

2003 年 Lowes、Mitra 和 Altoontash 等在 PEER 报告中详细称述了 Lowes and Altoontash 节点模型，基于 OpenSees 平台对 Park 和 Ruitong 进行的 Unit 系列节点试验进行了模拟，模拟结果与试验结果吻合较好。

2003 年 Li 和 Wu 等利用斜压杆机制并基于 WCOMD－2D 有限元软件对系列宽扁梁节点试验进行了数值模拟，模拟结果与试验结果吻合良好。Li 等还对影响节点性能的几个关键参数进行了有限元参数分析且对设计规范进行了评价。

2004 年 Mitra 利用改进的 Lowes and Altoontash 节点模型重新对 Park 和 Ruitong 的 Unit 节点试验进行了模拟，结果显示了更好的模拟结果。

2004 年 Shin 和 Lafave 基于 DRAIN－2DX 有限元软件对带楼板的钢筋混凝土 SL 系列节点试验利用 Shin and LaFave 节点模型进行了数值模拟工作，其中剪块分量的定参采用 MCFT 理论，模拟结果和试验结果吻合良好，并提出可以将其节点单元用于整体结构分析。

2004 年 Sadjadi 和 Kianoush 分别基于 IDARC2D 和 DRAIN－2DX 有限元软件利用斜压杆模型对节点区无配筋的边节点试验进行了数值模拟。

2004 年 Tarek 在其博士论文中在 Youssef and Ghobarah 节点模型基础之上对系列 FRP 加固混凝土节点进行了数值模拟工作。

2004 年 Altoontash 利用其提出的节点模型模拟了 Walker 系列节点试验，其中节点区无箍筋配置，模拟结果和试验结果非常吻合。

2005 年 LaFave 和 Shin 对 Lowes 节点剪切块分量的定参方法进行了讨论。研究显示，利用 MCFT 理论对节点区箍筋满足规范要求的节点试验能做出较好的预测，而对节点区无箍筋或配筋较少时，MCFT 理论预测的剪切块峰值剪应力常低于试验结果，特别是对于有楼板或有直交梁的节点试件，预测值与试验值相差更大。

2005 年 Adam 分别利用 Lowes and Altoontash 节点模型、剪刀模型和 Altoontash 节点模型进行了大量节点区无箍筋的试验模拟工作，且比较了经验定参方法和 MCFT 理论的模拟结果。

2007 年 Celik 基于 OpenSees 平台分别利用刚性节点模型、两类剪刀模型和 Altoontash 模型模拟了 Walker 系列中节点与 Pantelides 系列边节点试验，两者节点区均无箍筋，除了刚性节点模型模拟滞回曲线失真外，其他 3 种模型结果与试验结果吻合均比较良好。

2007 年 Mitra 和 Lowes 利用修正的 Lowes and Altoontash 节点模型对大量节点试验进行了数值模拟。

2007 年 Sagbas 利用基于 MCFT 理论的 VecTor2 有限元软件通过加入钢筋滑移单元对系列边节点和中节点试验进行了数值模拟工作,模拟结果和试验结果吻合良好,且通过VecTor2 软件平台可以观察裂缝的开展和破坏情况(失效模式),为节点试验模拟提供了新思路。

2008 年 Favvata 等利用刚性杆添加转角弹簧进行了边节点试验模拟,并提出了滞回和强度刚度退化准则。

2008 年 Andersona 和 Lehman 等对模拟系列节点试验的强度和刚度退化准则进行了研究,模拟结果和试验结果非常吻合。

2009 年 Park 和 Mosalam 在 PEER 报告中利用斜压杆原理研究了边节点抗剪计算模型。

2009 年 Yu 利用 SeismoStruc 有限元软件通过添加刚臂和转角弹簧模拟对系列中节点和边节点试验数值模拟进行了研究。

2009 年 Kim 和 LaFave 基于大量试验数据利用贝叶斯方法提出了经验预测梁 – 柱节点抗剪计算模型,与试验剪应力 – 剪应变曲线吻合良好。

2011 年 Sengupta 和 Li 等对节点区无箍筋的梁 – 柱节点试验滞回准则及求解和算法进行了研究,且 6 个中节点和 6 个边节点试验的模拟结果和试验结果吻合良好。

国内对钢筋混凝土梁 – 柱节点试验的数值模拟研究较少,具体的研究进展和成果如下:2007 年吴建秋基于 OpenSees 平台利用 Lowes and Altoontash 节点模型进行了多个系列中节点试验模拟工作,其中节点区均配有箍筋,并对 MCFT 理论针对节点核心区具体的定参方法进行了研究。2007 年朱庆华等基于 OpenSees 平台利用 Lowes and Altoontash 节点模型进行了节点抗震性能的参数化分析。2009 年宋孟超对梁 – 柱节点核心区抗剪理论的模型化方法进行了研究,综合比较了斜压杆模型、拉杆 – 压杆模型和修正斜压场理论 3 种定参方法。2009 年邢国华对异性平面节点的抗剪理论模型进行了研究,并模拟了个别节点试验。2011 年袁军对考虑节点模型的钢筋混凝土框架抗震性能进行了研究,采用 OpenSees 软件中的 Joint – 2D 单元对 10 个典型的平面节点试验进行了模拟。

7.4.3　节点内力平衡与传力路径

梁 – 柱节点域和与其相连的框架梁柱构件相比通常具有较高的刚度及强度。节点区域尺寸的大小同样影响整体框架的反应,因为节点域的大小直接影响相连梁柱单元的长度。受以上两个因素的共同影响,导致在对框架结构进行分析时,考虑节点单元的框架模型具有更精确的、较高的计算初始刚度,并同时影响了静力分析和动力分析的结果。同样,如果框架结构中的梁柱节点没有进行正确的设计,不能保证足够的强度和延性,则会由于在节点域内很大的内力而导致节点的刚度和强度的急剧退化;这在早期按旧规范设计的非延性框架中就存在这样的问题。

梁柱节点经受不同的加载模式。一个简单方面的研究节点物理性能的方法就是独立观察不同的加载模式并把它们组合起来。通过相连梁柱构件传递至节点的荷载,局部力包括加载至节点上的轴向力、剪力和弯矩作用。理论上梁柱节点具有轴向、弯曲、剪力和交界面节点转动,如图 7.9 所示。然而由于节点的大小和特性以至通常可忽略节点的轴向与弯曲变形这两种变形模式。

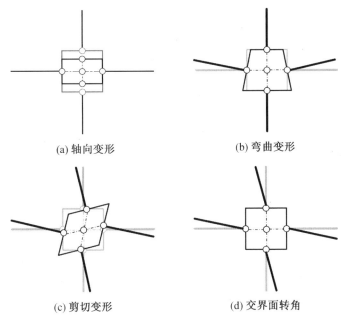

(a) 轴向变形　　　　　　　　　　(b) 弯曲变形

(c) 剪切变形　　　　　　　　　　(d) 交界面转角

图 7.9　　节点的变形模式

梁柱节点单元在每一个面上都有力和力矩作用。对于一个二维框架模型,标准的框架结点都有 3 个自由度(两个位移和一个转角自由度) 对应相应的力和力矩。因此,二维的梁柱节点单元在每一个面上都有两个力和一个力矩分力作用。二维梁柱节点单元上的作用力可以分解为轴向力、剪力、对称和反对称弯曲模式。由于独立荷载模式的数目一定要等效为未确定节点力的数目,因此这 4 种基本的荷载模式可以减少为 3 个独立的模式。反对称弯曲和剪切模式是导致剪切块剪切变形的唯一原因。正如图 7.10 所示,4 种基本变形模式可以归结为理想化的重力荷载模式和反对称水平荷载模式。

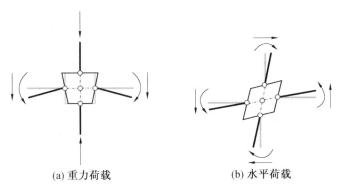

(a) 重力荷载　　　　　　　　　　(b) 水平荷载

图 7.10　　重力荷载与水平荷载模式

施加在二维梁柱节点单元上的外力如图 7.11 所示,这些外力可以分解为以下几种变形模式:

(1) 轴向模式。

在轴向模式中梁柱轴向力(或者竖向和水平方向) 直接通过节点剪切块传递,其中不平衡的轴向力通过相连框架的梁柱单元的对称剪力来传递。在轴向模式中没有任何的剪切和弯曲变形模式,如图 7.12 所示。

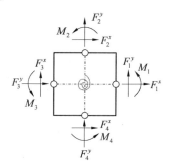

图 7.11   地震作用下节点核心区周边受力模式

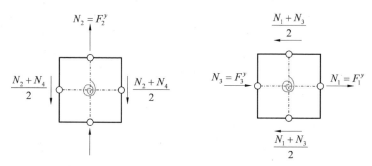

图 7.12   节点荷载分解:轴向模式

（2）弯曲模式。

在弯曲模式中,节点的任何一个面上只施加一个力矩。在每一个方向上的弯曲荷载可以被分解为两个相互独立的对称和反对称弯曲模式。其中在对称弯曲模式中,作用在两个对立面上的弯矩大小等值且相互平衡,因此没有任何剪切变形,如图 7.13 所示,其中 c_w 为节点宽度,b_h 为节点高度。另外,在反对称弯曲模式中,反对称弯矩和剪力通过剪切块传递很大的剪力,如图 7.14 所示。

（3）纯剪切模式。

在纯剪切模式中,节点单元的每一边上都有剪力作用,剪力相互平衡,并没有施加任何不平衡的弯矩作用。然而纯剪切模式可以导致很大的剪切变形。需要注意的是,纯剪切模式不大可能是独立发生的,而是常常和连同弯曲荷载一起以平衡剪力作用,如图 7.15 所示。图 7.16 总结了不同荷载／变形模式中力的叠加作用和节点力等效方程。

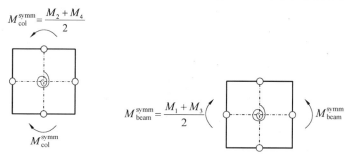

图 7.13   节点荷载分解:反对称弯曲模式

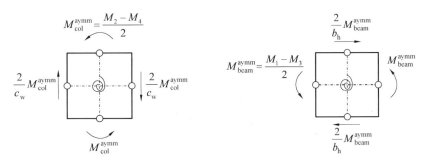

图 7.14　节点荷载分解：对称弯曲模式

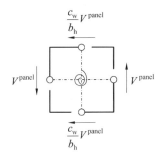

图 7.15　节点荷载分解：纯剪切模式和剪力等效弯矩

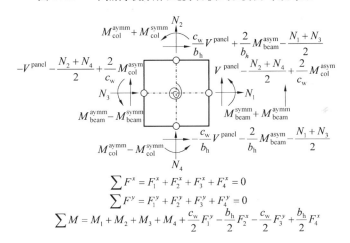

$$\sum F^x = F_1^x + F_2^x + F_3^x + F_4^x = 0$$
$$\sum F^y = F_1^y + F_2^y + F_3^y + F_4^y = 0$$
$$\sum M = M_1 + M_2 + M_3 + M_4 + \frac{c_w}{2} F_1^y - \frac{b_h}{2} F_2^x - \frac{c_w}{2} F_3^y + \frac{b_h}{2} F_4^x$$

图 7.16　不同荷载／变形模式中力的叠加作用和节点力等效方程

7.4.4　节点动力学假设与简化

为了达到有限元结构分析的目的,梁柱节点性能被理想化地表达为一个剪切块和 4 个端末交界面区,如图 7.17 所示。端末交界面区的轴向和剪切变形假定为不显著和可忽略的。

在二维平面框架中,剪切块由 4 个刚性边相连而成的平行四边形组成,相邻刚性边之间角度的改变即是允许剪切块在剪切模式中产生剪切变形。框架中与节点相连的梁柱单元与平行四边形每一刚性边的中节点连接。在二维空间中剪切块可以作为一个刚体运动,与此同时剪切块的剪切变形增加了一个额外的自由度。因此剪切块拥有 4 个运动自由度。其中

3 个自由度为剪切块作为刚度在二维空间中的水平、竖向和转角运动,第四个自由度为剪切块本身发生剪切变形产生的。在本节点模型中,一个转动弹簧被用来表达经合理计算的剪切块的力矩 – 位移关系。

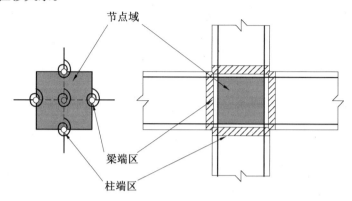

图 7.17　由转角弹簧表达节点核心区

7.4.5　影响节点抗震性能的主要参数

框架结构梁柱节点也称节点核心区,是主体结构的重要组成部分。国内外历次地震证明,框架结构的地震破坏大多发生在梁柱节点区。节点的"质量"是决定框架受力特点的主要因素。在抗震设防区,延性框架的设计,除了梁、柱构件具有足够的强度和延性之外,还必须保证框架节点的延性。框架节点的受力比较复杂,但主要是承受剪力和压力的组合作用,只有防止节点过早地出现剪切和压缩的脆性破坏,梁柱构件的延性设计才有实际意义。

节点是框架结构中的关键部位。它的力学性能直接影响结构的内力分配,进而影响结构的整体性能。影响节点抗震性能的主要参数包括:节点相连的梁和柱构件的配筋情况,节点区混凝土的强度等级及钢筋的强度等级,节点核心区的箍筋配筋情况,柱的轴压比及梁的剪压比等参数。一般而言,节点破坏形式与节点区和节点相连的梁柱强度的相对大小相关。若与节点区相连的梁柱强度较强,则会造成节点核心区强度的相对减弱,使得节点的破坏一般会出现在节点核心区。相反,若节点核心区强度较强,则节点区的破坏会表现为与节点相连的梁柱截面的破坏。根据这一理解,节点整体的抗震能力大小取决于节点核心区和节点连接的梁柱中抗震能力较小的一个,而所有影响梁柱和节点核心区强度的因素都应在节点抗震性能评定中得到充分考虑。

在试验观测中,节点变形的主要构成是由节点剪切块的剪切变形和节点交界面的转动变形两部分组成。需要注意的是,节点的轴向变形也是有可能的,只是通常可以忽略不计。根据图 7.11 所示,节点建模为剪切块在梁柱交接处连接转动弹簧的形式。因此,这些连接弹簧的本构定义的准确与否将直接影响 OpenSees 的准确性。

7.5　OpenSees 中的节点单元

在 OpenSees 中有 3 种节点单元:BeamColumnJoint Element,ElasticTubularJoint Element 和 Joint2D Element。其中,第二种单元主要应用于钢结构中的管状节点形式,因此,不在本

书的介绍范围之内。

7.5.1　BeamColumn 节点单元

BeamColumn 节点单元是将节点区简化为 4 个节点与 1 个剪切域相连的形式,如图7.18所示。由图可见,节点区外通过 4 个结点与梁柱相连。为了考虑节点区变形的主要影响因素,钢筋滑移及混凝土剪切变形,单元在每一个节点处分别设置了考虑钢筋滑移的零长度弹簧和考虑混凝土剪切的零长度弹簧。

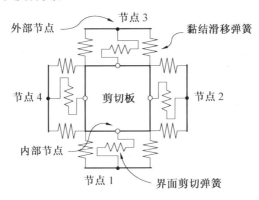

图 7.18　BeamColumn 节点单元

BeamColumnJoint 单元的具体命令格式如下:

element beamColumnJoint \$ eleTag \$ Nd1 \$ Nd2 \$ Nd3 \$ Nd4 \$ Mat1 \$ Mat2 \$ Mat3 \$ Mat4 \$ Mat5 \$ Mat6 \$ Mat7 \$ Mat8 \$ Mat9 \$ Mat10 \$ Mat11 \$ Mat12 \$ Mat13 < \$ eleHeightFac \$ eleWidthFac >

其中, \$ eleTag 为单元编号; \$ Nd1 \$ Nd2 \$ Nd3 \$ Nd4 为单元的 4 个节点; \$ Mat1 \$ Mat2 \$ Mat3 分别为节点 1 的左侧、右侧钢筋滑移弹簧的材料编号和界面剪切弹簧编号; \$ Mat4 \$ Mat5 \$ Mat6 分别为节点 2 的下部、上部钢筋滑移弹簧的材料编号和界面剪切弹簧编号; \$ Mat7 \$ Mat8 \$ Mat9 分别为节点 3 的左侧、右侧钢筋滑移弹簧的材料编号和界面剪切弹簧编号; \$ Mat10 \$ Mat11 \$ Mat12 分别为节点 4 的下部、上部钢筋滑移弹簧的材料编号和界面剪切弹簧编号; \$ Mat13 为节点核心区剪切块的材料编号; \$ eleHeightFac 和 \$ eleWidthFac 分别为与单元总高度和总宽度的比值,考虑拉伸 - 压缩间的间距(可选项,默认值为 1.0)。

7.5.2　Joint2D 节点单元

Joint2D 节点单元依旧采用剪切块和 4 个交界面表达一个二维梁 - 柱节点单元。可以表达端末转角的拥有 5 个转动弹簧的节点单元称为 Joint2D - 5SPR,如图7.19(a)所示。可以表达刚性端末连接和一个剪切块弹簧的节点单元称为 Joint2D - 1SPR,如图7.19(b)所示。二维梁柱节点单元 Joint2D 就像大多数正常的结构分析单元一样,导入节点变形并导出单元刚度矩阵和节点力。此外,二维梁柱节点单元 Joint2D 需要强制施加一个几何约束以满足计算兼容性要求。

Joint2D 节点单元的具体命令格式如下:

elementJoint2D $ eleTag $ Nd1 $ Nd2 $ Nd3 $ Nd4 $ NdC < $ Mat1 $ Mat2 $ Mat3 $ Mat4 > $ MatC $ LrgDspTag

其中, $ eleTag 为单元编号; $ Nd1 $ Nd2 $ Nd3 $ Nd4 为单元的外部 4 个节点编号,节点单元通过 4 个节点与梁柱单元相连; $ NdC 为节点核心区中心点编号; $ Mat1 $ Mat2 $ Mat3 $ Mat4 分别为节点 1、2、3、4 位置处的界面旋转弹簧的材料编号(可选项,编号为 0 时代表梁柱与节点核心区刚接); $ MatC 为描述节点核心区剪切板变形的中心节点处界面旋转弹簧材料编号; $ LrgDspTag 为表示考虑大变形时的整数代码,其中,0 表示小变形和常数几何,1 表示大变形和时变几何,2 表示大变形、时变几何和长度校正。

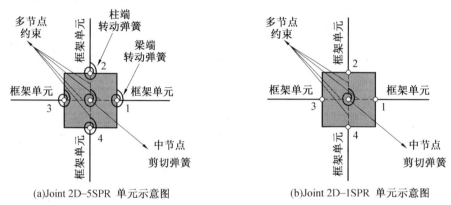

(a)Joint 2D–5SPR 单元示意图　　　　(b)Joint 2D–1SPR 单元示意图

图 7.19　Joint2D 二维梁 – 柱单元示意图

7.6　基于 OpenSees 的节点抗震性能模拟分析实例

7.6.1　试验工况

下面以 4 个 FRP 加固前后的足尺钢筋混凝土框架中节点抗震性能试验为例,试件尺寸和配筋如图 7.20 所示。混凝土的平均抗压强度 f_{c0} 和相应的峰值应变 ε_{c0} 分别是 21.5 MPa 和 0.002 2。钢筋和碳纤维布的材料特性见表 7.5。

表 7.5　钢筋和碳纤维布的材料特性

材料	直径 / 厚度 /mm	屈服 / 峰值应力 /MPa	极限应力 /MPa	弹性模量 /(× 10^5 MPa)	极限应变 /%
纵筋	25	386	521	2.19	—
	20	397	567	2.22	—
	16	393	593	2.08	—
箍筋	10	445	688	2.33	—
	8	537	717	2.21	—
碳纤维布	0.168	—	4 340	2.44	1.71

框架中节点试验装置示意图如图 7.21 所示。采用柱端加载,梁端设置水平滑动支座。

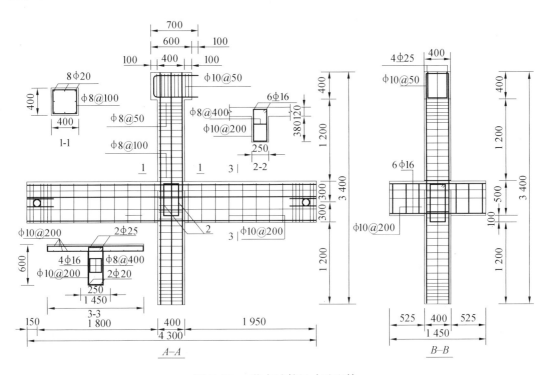

图 7.20　节点试件尺寸及配筋

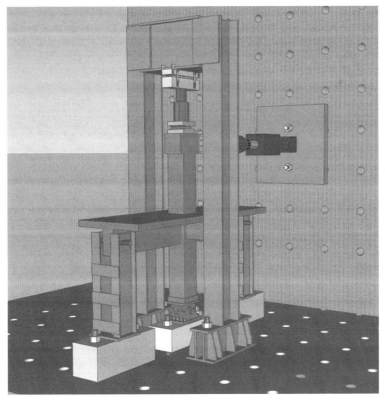

图 7.21　框架中节点试验装置示意图

7.6.2 模型建立

本书以 Joint2D 节点单元为例进行基于 OpenSees 的节点抗震性能模拟研究。采用考虑分布塑性的非线性梁柱单元来模拟钢筋混凝土梁和柱;对未加固节点,梁柱塑性铰箍筋加密区和非加密区,分别采用一个非线性梁柱单元模拟;对 FRP 加固节点,FRP 加固区和非加固区分别采用一个非线性梁柱单元模拟;节点核心区采用 Joint2D 节点单元,如图 7.22 所示。钢筋和混凝土的材料模型选用与前文梁柱模拟时相同的 Steel02 和 Concrete01 材料模型,节点核心区剪切块采用 Pinching4 材料模型(图 7.22(e))。Pingching4 材料能够反映材料的滞回、捏缩、能量耗散、循环刚度退化等性能,能很好地模拟由剪切变形控制的节点。

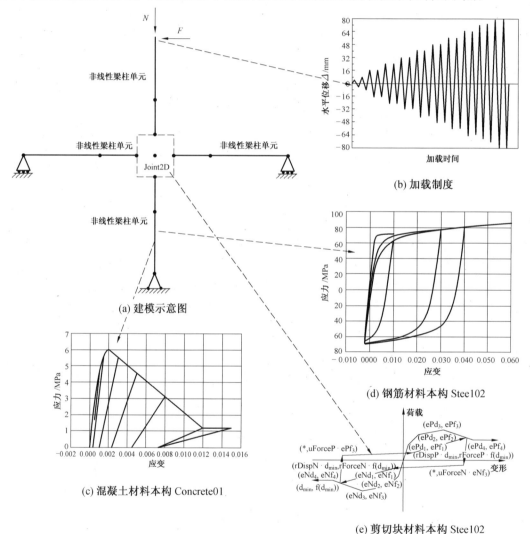

(a) 建模示意图

(b) 加载制度

(c) 混凝土材料本构 Concrete01

(d) 钢筋材料本构 Stee102

(e) 剪切块材料本构 Stee102

图 7.22　基于 OpenSees 平台模拟梁 – 柱节点试验示意图

Pingching4 材料模型的具体命令格式如下：

uniaxialMaterial Pinching4 \$ matTag \$ ePf1 \$ ePd1 \$ ePf2 \$ ePd2 \$ ePf3 \$ ePd3 \$ ePf4 \$ ePd4 < \$ eNf1 \$ eNd1 \$ eNf2 \$ eNd2 \$ eNf3 \$ eNd3 \$ eNf4 \$ eNd4 > \$ rDispP \$ rForceP \$ uForceP < \$ rDispN \$ rForceN \$ uForceN > \$ gK1 \$ gK2 \$ gK3 \$ gK4 \$ gKLim \$ gD1 \$ gD2 \$ gD3 \$ gD4 \$ gDLim \$ gF1 \$ gF2 \$ gF3 \$ gF4 \$ gFLim \$ gE \$ dmgType

其中，\$ matTag 为材料编号；\$ ePf1、\$ ePf2、\$ ePf3、\$ ePf4 分别为骨架曲线正向上各转折点的力；\$ ePd1、\$ ePd2、\$ ePd3、\$ ePd4 分别为骨架曲线正向上各转折点的变形值；\$ eNf1、\$ eNf2、\$ eNf3、\$ eNf4 和 \$ eNd1、\$ eNd2、\$ eNd3、\$ eNd4 分别为骨架曲线负向上各转折点的力和位移；\$ rDispP 和 \$ fForceP 分别为再加载点变形和力与历史最大需求变形及力的比例；\$ uForceP 为单调加载下从负向卸载到最大强度时的强度比；\$ rDispN 和 \$ fForceN 分别为再加载点变形和力与历史最小需求变形及力的比例；\$ uForceN 为单调加载下从正向卸载到最小强度时的强度比；\$ gK1 \$ gK2 \$ gK3 \$ gK4 \$ gKLim 为卸载刚度退化控制参数；\$ gD1 \$ gD2 \$ gD3 \$ gD4 \$ gDLim 为再加载刚度退化控制参数；\$ gF1 \$ gF2 \$ gF3 \$ gF4 \$ gFLim 为强度退化控制参数；\$ gE 为循环往复加载下的最大能量耗散参数，总的能量耗散能量为该因子乘以单调加载下的能量耗散；\$ dmgType 为损伤类型定义（可选："cycle"或"energy"）。

Pingching4 需定义 8 个正负向骨架曲线关键点，分别为图 7.22(e) 中的（ePf1,ePd1）、（ePf2,ePd2）、（ePf3,ePd3）、（ePf4,ePd4）、（eNf1,eNd1）、（eNf2,eNd2）、（eNf3,eNd3）、（eNf4,eNd4）。对于节点来说，采用修正斜压场理论（MCFT）确定骨架曲线上的各点较为准确；但是采用 MCFT 理论时主要考虑节点核心区受力以剪切为主，即剪力通过钢筋与混凝土的黏结作用传入节点，节点受力主要以宏观模型中的桁架结构为主，然而随着循环荷载不断的施加，节点核心区裂缝的扩展加大，节点核心区钢筋与混凝土黏结性能会发生退化，这样致使桁架结构剪力传递减小，而由斜压杆结构传递剪力增大；并且，节点核心区在受力时通过试验可以发现，由于有正交次梁的限制裂缝主要出现在节点区角部，节点发生剪切变形时柱截面上的箍筋及次梁纵筋对其也起到一定的约束作用，致使部分柱纵筋没有参与节点抗剪，而且梁腹部纵筋在节点核心区没有箍筋约束对节点核心区抗剪作用不大，次梁使得节点区裂缝扩展有一定的转移，对裂缝分布有一定影响，但是次梁所起到的作用如何考虑还需进一步分析，而且现有的修正斜压场理论尚不能考虑次梁配筋对节点受力的影响。因此，需要采用二次定参方法对修正斜压场理论进行改进后对节点核心区剪切应力 - 应变关系进行再次计算。即水平钢筋只考虑节点区水平箍筋及角部水平纵筋的作用，$\rho_x = 1.17\%$，竖向钢筋考虑正面、背面竖向钢筋及两侧柱纵钢筋的 1/2 之和 $\rho_y = 1.47\%$。其余参数不变，暂时先不考虑次梁纵筋对节点抗剪的影响。对于初始值（ePf$_1$,ePd$_1$），由于在裂缝开始扩展前，承载力没有降低而采用修正前的点。比较两次参数确定结果发现，修正后承载力降低的同时延性也有较大降低，但是在试验过程中由于有次梁及楼板的作用延性较好且并没有发生较大的降低，因而在确定关键点（ePf$_3$,ePd$_3$）时，承载力采用配筋率折减后修正后的计算结果，试验得到屈服位移在 30 mm 左右，对应的剪应变约为 0.028。由于剪切板试验后期下降退化较严重，故下降段比较短，而节点核心区由于有柱箍筋及次梁纵筋的作用，故而剪应力应变水平段会较长，与试验所得弯矩 - 转角关系进行比较修正后确定极限剪应变为 0.054，最终确定的骨架曲线上各点剪应力和剪应变的参数见表 7.6。

此外,Pingching4 还需定义不同的捏缩控制参数,即 rDispP、rForceP、uForceP、rDispN、rForceN、uForceN;卸载刚度退化控制参数,即 gK1、gK2、gK3、gK4、gKLim;再加载刚度控制参数,即 gD1、gD2、gD3、gD4、gDLim;强度退化控制参数,即 gF1、gF2、gF3、gF4、gFLim 以及能量耗散规则 gE。其中,正负向骨架曲线关键点需要根据不同理论模型进行确定,对于节点来说修正斜压场理论(MCFT) 定参较为准确;而其余 22 控制参数可以参照已给出的研究结果,见表 7.7,本书采用 OpenSees 的建议值。

表 7.6 基于 MCFT 理论的节点核心区剪切块模型定参

剪应力/MPa	ePf1	ePf2	ePf3	ePf4
	1.92	4.88	5.14	4.10
剪应变/rad	ePd1	ePd2	ePd3	ePd4
	0.000 138	0.004 264	0.028	0.054

表 7.7 Pinching4 材料模型参数

参数类型	参数名称	Stevens	Theiss	建议值(OpenSees)
捏缩参数	rDispP	0.25	0.11	0.15
	rForceP	0.15	0.25	0.35
	uForceP	0.00	− 0.10	− 0.10
	rDispN	− 0.25	− 0.11	0.15
	rForceN	− 0.15	− 0.25	0.15
	uForceN	0.00	− 0.10	− 0.40
卸载刚度退化参数	gK1	1.30	0.42	0.50
	gK2	0.00	0.35	0.20
	gK3	0.24	0.20	0.10
	gK4	0.00	0.028	− 0.40
	gKLim	0.89	0.99	0.99
再加载刚度退化参数	gD1	0.12	0.046	0.10
	gD2	0.00	0.005	0.40
	gD3	0.23	1.34	1.00
	gD4	0.00	0.00	0.50
	gDLim	0.95	0.99	0.99
强度退化参数	gF1	1.11	1.00	0.05
	gF2	0.00	0.00	0.02
	gF3	0.32	2.00	1.00
	gF4	0.00	0.00	0.05
	gFLim	0.13	0.99	0.99
能量耗散	gE	10.0	2.00	10.00
	dmgType	energy	energy	energy

7.6.3　命令流分析

```
wipe;                                    # 清零
model BasicBuilder - ndm 2 - ndf 3;      # 模型为二维,每个节点有3个自由度
set fName "J0";                          # 指定输出文件夹名称
file mkdir $fName;                       # 创建存储路径
source procMKPC.tcl                      # 约束混凝土本构关系骨架曲线特征点参
                                           数子程序(修正 Kent - Park 模型)

source procUniaxialPinching.tcl          # 采用 list 形式给定参数情况时激活
                                           pinching 材料模型子程序

source procRC.tcl                        # 建立滞回加载方案的子程序(输入参数为
                                           各级峰值点)
# - - - - - - - - - - - - - - - set up parameters - - - - - - - - - - - - - - - - -
# all dimensions are in here as MPa(conversion factors are required in certain places)
set Strfactor 145;set Lenfactor [expr 1/25.4];    # 约束本构计算参数
## Y taken as the inplane dim. against which the bending takes place
set colY 400;set colZ 400;               # 柱截面尺寸参数
set bmY 600;set bmZ 250;                 # 梁截面尺寸参数
set colCov 25;set bmCov1 15;set bmCov2 10;set bmCov $bmCov1;    # 保护层厚度
# y,z,x dimension of the joint respectively
set JointWidth [expr $colY];             # 节点区宽度
set JointHeight [expr $bmY];             # 节点区高度
set JointDepth [expr $colZ];             # 节点区厚度
set BeamLengthClear 1200;                # 梁箍筋非加密区长度
set ColumnLengthClear 700;               # 柱箍筋非加密区长度
set ColumnHinge 500;                     # 柱端箍筋加密区长度
set BeamHinge 600                        # 梁端箍筋加密区长度
set JointVolume [expr $JointWidth * $JointHeight * $JointDepth];    # 节点体积
# - - - - - - - - - - - material properties of column section - - - - - - - - - - - -
set CUnconfFc - 21.5;set CUnconfEc - 0.002;
set CTSspace 100;set CTSlength 1440;set CTSFy 530;set CTSarea 50.3;
set CFy20 500.0;set CEs20 215000.0;set CAs20 314.2;set CsHratio20 0.008;
procMKPC    $CUnconfFc    $CUnconfEc    $colY    $colZ    $colCov    $CTSspace
$CTSlength  $CTSFy  $CTSarea  $Strfactor  $Lenfactor        # 调用本构参数计算子程序
set CUnconfFcu [lindex $concreteProp 2];set CUnconfEcu [lindex $concreteProp 3];
set CConfFc [lindex $concreteProp 4];set CConfEc [lindex $concreteProp 5];
set CConfFcu [lindex $concreteProp 6];set CConfEcu [lindex $concreteProp 7];
# - - - - - - - - - - - material properties of beam section - - - - - - - - - - - -
set BUnconfFc - 21.5;set BUnconfEc - 0.002;
```

```
set BTSspace 200;set BTSlength 2080;set BTSFy 530;set BTSarea 78.5;
procMKPC    $ BUnconfFc    $ BUnconfEc    $ bmY    $ bmZ    $ bmCov    $ BTSspace
$ BTSlength $ BTSFy $ BTSarea $ Strfactor $ Lenfactor
    set BUnconfFcu [lindex $ concreteProp 2];set BUnconfEcu [lindex $ concreteProp 3];
    set BConfFc [lindex $ concreteProp 4];set BConfEc [lindex $ concreteProp 5];
    set BConfFcu [lindex $ concreteProp 6];set BConfEcu [lindex $ concreteProp 7];
    ## — — — — — — — — — add nodes — command: node nodeId xCrd yCrd — — — — — — — — — #
    set ColL [expr $ ColumnLengthClear + $ ColumnHinge];
    set BmL [expr $ BeamLengthClear + $ BeamHinge];
    node 1 0.0 0;
    node 2 0.0 $ ColL;
    node 3 [expr − $ BmL − $ JointWidth/2] [expr $ ColL + $ JointHeight/2];
    node 4 [expr − $ BeamHinge − $ JointWidth/2] [expr $ ColL + $ JointHeight/2];
    node 5 [expr − $ JointWidth/2] [expr $ ColL + $ JointHeight/2];
    node 6 [expr $ JointWidth/2] [expr $ ColL + $ JointHeight/2];
    node 7 [expr $ BeamHinge + $ JointWidth/2] [expr $ ColL + $ JointHeight/2];
    node 8 [expr $ BmL + $ JointWidth/2] [expr $ ColL + $ JointHeight/2];
    node 9 0.0 [expr $ ColL + $ JointHeight];
    node 10 0.0 [expr 2 * $ ColL + $ JointHeight];
    node 11 0.0 [expr $ ColumnLengthClear];
    node 12 0.0 [expr $ ColL + $ ColumnHinge + $ JointHeight];
    print node
    # — — — — add material Properties — command: uniaxialMaterial matType matTag — — — —
    uniaxialMaterial        Concrete01        10        $ BUnconfFc        $ BUnconfEc
$ BUnconfFcu  $ BUnconfEcu
    uniaxialMaterial Concrete01 20 $ BConfFc $ BConfEc $ BConfFcu $ BConfEcu
    uniaxialMaterial Steel02 30 400 200000 0.005 19 0.925 0.2 0.0 0.4 0.0 0.5
    uniaxialMaterial        Concrete01        40        $ CUnconfFc        $ CUnconfEc
$ CUnconfFcu  $ CUnconfEcu
    uniaxialMaterial Concrete01 50 $ CConfFc $ CConfEc $ CConfFcu $ CConfEcu
    uniaxialMaterial Steel02 60 500 200000 0.008 19 0.925 0.2 0.0 0.4 0.0 0.5
    uniaxialMaterial Steel02 16 500 215000 0.008 19.5 0.925 0.2                #16
    uniaxialMaterial Steel02 25 560 215000 0.008 19.5 0.925 0.2                #25
    uniaxialMaterial Steel02 21 500 215000 0.008 19.5 0.925 0.2                #20
    uniaxialMaterial Steel02 9 400 234150 0.008 19.5 0.925 0.2                #10
    uniaxialMaterial Steel02 8 430 216240 0.008 19.5 0.925 0.2                #8
    # — — — — — — — — — — — — — — — Fiber Sections — — — — — — — — — — — — — — — —
    # — — — — — — — — — — — — — — — for columns — — — — — — — — — — — — — — — —
    set z 200;set y 200;
```

```
set colCov 25;
set Cy [expr $y － $colCov];set Cz [expr $z － $colCov];
section Fiber 1 {
patch rect 50 8 1 － $Cy － $Cz $Cy $Cz
patch rect 40 2 1 － $y － $Cz $Cy $Cz
patch rect 40 2 1 $Cy － $Cz $y $Cz
patch rect 40 8 1 － $y － $z $y － $Cz
patch rect 40 8 1 － $y $Cz $y $z
layer straight 60 3 314.2 $Cy － $Cz $Cy $Cz
layer straight 60 2 314.2 0.0 － $Cz 0.0 $Cz
layer straight 60 3 314.2 － $Cy － $Cz － $Cy $Cz
}
# － － － － － － － － － － － － － for beams － － － － － － － － － － － － － － － －
set z 125;set y 300;
set bmCov1 15;
set By [expr $y － $bmCov1];set Bz [expr $z － $ bmCov1];
set bmCov2 125;                              # 梁纵筋间距
section Fiber 2 {
patch rect 50 8 1 － $By － $Bz $By $Bz
patch rect 40 2 1 － $y － $Bz － $By $Bz
patch rect 40 2 1 $By － $Bz $y $Bz
patch rect 40 8 1 － $y － $z $y － $Bz
patch rect 40 8 1 － $y $Bz $y $z
patch rect 40 4 1 [expr $y － 120] [expr － $z － 600] $y － $z
patch rect 40 4 1 [expr $y － 120] $z $y [expr $z + 600]
layer straight 25 2 490.9 $By － $Bz $By $Bz
layer straight 16 2 201.7 [expr $By － $bmCov2] － $Bz [expr $By － $bmCov2] $Bz
layer straight 16 2 201.7 [expr － $By + $bmCov2] － $Bz [expr － $By + $bmCov2] $Bz
layer straight 21 2 314.2 － $By － $Bz － $By $Bz
layer straight 9 3 78.5 $By [expr － $Bz － 600] $By [expr － $Bz － 120]
layer straight 9 3 78.5 $By [expr $Bz + 600] $By [expr $Bz + 120]
layer straight 9 3 78.5 [expr $By － 60] [expr － $Bz － 600] [expr $By － 60] [expr － $Bz － 120]
layer straight 9 3 78.5 [expr $By － 60] [expr $Bz + 600] [expr $By － 60] [expr $Bz + 120]
}
# － － － － － － － － － － － element define － － － － － － － － － － － －
```

geomTransf Linear 1 ;

geomTransf PDelta 2 ;

element nonlinearBeamColumn $ eleTag $ Inode $ Jnode $ Gausspoint $ SectionTag $ geomTransfTag

element nonlinearBeamColumn 1 1 11 5 1 2

element nonlinearBeamColumn 2 11 2 5 1 2

element nonlinearBeamColumn 3 3 4 6 2 1

element nonlinearBeamColumn 4 4 5 6 2 1

element nonlinearBeamColumn 5 6 7 6 2 1

element nonlinearBeamColumn 6 7 8 6 2 1

element nonlinearBeamColumn 7 9 12 5 1 2

element nonlinearBeamColumn 8 12 10 5 1 2

– – – – – – – – – – – – – – – – material for shear panel – – – – – – – – – – – – – – – – – –

– – – – – – – – – – – – – – Positive/Negative envelope Stress – – – – – – – – – – – – – –

set p1 1. 92 ; set p2 4. 88 ; set p3 5. 14 ; set p4 4. 1 ;

set pEnvStrsp [list [expr $ p1 * $ JointVolume] [expr $ p2 * $ JointVolume] [expr $ p3 * $ JointVolume] [expr $ p4 * $ JointVolume]] ;

set nEnvStrsp [list [expr – $ p1 * $ JointVolume] [expr – $ p2 * $ JointVolume] [expr – $ p3 * $ JointVolume] [expr – $ p4 * $ JointVolume]] ;

– – – – – – – – – – – – – – Positive/Negative envelope Strain – – – – – – – – – – – – – –

set pEnvStnsp [list 0. 000138 0. 004264 0. 028 0. 054] ;

set nEnvStnsp [list – 0. 000138 – 0. 004264 – 0. 028 – 0. 054] ;

– – – – – – – – Ratio of maximum deformation at which reloading begins – – – – – – – –

– – – – – – – – – – – – – – – – – Pos_env. Neg_env. – – – – – – – – – – – – – – – – – – –

set rDispsp [list 0. 12 0. 12]

Ratio of envelope force (corresponding to maximum deformation) at which reloading begins

– – – – – – – – – – – – – – – – – Pos_env. Neg_env. – – – – – – – – – – – – – – – – – – –

set rForcesp [list 0. 24 0. 24]

– – – – – – – – Ratio of monotonic strength developed upon unloading – – – – – – – – –

– – – – – – – – – – – – – – – – – Pos_env. Neg_env. – – – – – – – – – – – – – – – – – – –

set uForcesp [list 0. 0 0. 0]

– – – – – – – – – – Coefficients for Unloading Stiffness degradation – – – – – – – – – –

– – – – – – gammaK1 gammaK2 gammaK3 gammaK4 gammaKLimit – – – – – – – – – –

set gammaKsp [list 1. 13364492409642 0. 0 0. 10111033064469 0. 0 0. 91652498468618]

– – – – – – – – Coefficients for Reloading Stiffness degradation – – – – – – – – – – – –

– – – – – – gammaD1 gammaD2 gammaD3 gammaD4 gammaDLimit – – – – – – – – –

set gammaDsp [list 0. 12 0. 0 0. 23 0. 0 0. 95]

– – – – – – – – – – Coefficients for Strength degradation – – – – – – – – – – – – – – –

```
# --------- gammaF1 gammaF2 gammaF3 gammaF4 gammaFLimit ---------
set gammaFsp [list 1.11 0.0 0.319 0.0 0.125]
set gammaEsp 10.0
uniaxialMaterial Pinching4 5 [lindex $pEnvStrsp 0] [lindex $pEnvStnsp 0] \
[lindex $pEnvStrsp 1] [lindex $pEnvStnsp 1] [lindex $pEnvStrsp 2] \
[lindex $pEnvStnsp 2] [lindex $pEnvStrsp 3] [lindex $pEnvStnsp 3] \
[lindex $nEnvStrsp 0] [lindex $nEnvStnsp 0] \
[lindex $nEnvStrsp 1] [lindex $nEnvStnsp 1] [lindex $nEnvStrsp 2] \
[lindex $nEnvStnsp 2] [lindex $nEnvStrsp 3] [lindex $nEnvStnsp 3] \
[lindex $rDispsp 0] [lindex $rForcesp 0] [lindex $uForcesp 0] \
[lindex $rDispsp 1] [lindex $rForcesp 1] [lindex $uForcesp 1] \
[lindex $gammaKsp 0] [lindex $gammaKsp 1] [lindex $gammaKsp 2] [lindex
$gammaKsp 3] [lindex $gammaKsp 4] \
[lindex $gammaDsp 0] [lindex $gammaDsp 1] [lindex $gammaDsp 2] [lindex
$gammaDsp 3] [lindex $gammaDsp 4] \
[lindex $gammaFsp 0] [lindex $gammaFsp 1] [lindex $gammaFsp 2] [lindex
$gammaFsp 3] [lindex $gammaFsp 4] \
$gammaEsp cycle
puts "uniaxialMaterial Pinching4 5 [lindex $pEnvStrsp 0] [lindex $pEnvStnsp 0] \
[lindex $pEnvStrsp 1] [lindex $pEnvStnsp 1] [lindex $pEnvStrsp 2] \
[lindex $pEnvStnsp 2] [lindex $pEnvStrsp 3] [lindex $pEnvStnsp 3] \
[lindex $nEnvStrsp 0] [lindex $nEnvStnsp 0] \
[lindex $nEnvStrsp 1] [lindex $nEnvStnsp 1] [lindex $nEnvStrsp 2] \
[lindex $nEnvStnsp 2] [lindex $nEnvStrsp 3] [lindex $nEnvStnsp 3] \
[lindex $rDispsp 0] [lindex $rForcesp 0] [lindex $uForcesp 0] \
[lindex $rDispsp 1] [lindex $rForcesp 1] [lindex $uForcesp 1] \
[lindex $gammaKsp 0] [lindex $gammaKsp 1] [lindex $gammaKsp 2] [lindex
$gammaKsp 3] [lindex $gammaKsp 4] \
[lindex $gammaDsp 0] [lindex $gammaDsp 1] [lindex $gammaDsp 2] [lindex
$gammaDsp 3] [lindex $gammaDsp 4] \
[lindex $gammaFsp 0] [lindex $gammaFsp 1] [lindex $gammaFsp 2] [lindex
$gammaFsp 3] [lindex $gammaFsp 4] \
$gammaEsp cycle"
# - element Joint2D $eleTag $Nd1 $Nd2 $Nd3 $Nd4 $NdC < $Mat1 $Mat2
$Mat3 $Mat4 > $MatC $LrgDspTag
element Joint2D 9 2 6 9 5 121 5 0
# ---------------- boundry condition ----------------
# ---- set the boundary conditions - command: fix nodeID xResrnt? yRestrnt ----
fix 1 1 1 0
```

```
fix 3 0 1 0
fix 8 0 1 0
# – – – – – – – – – – – – – – – – – – – Recorder – – – – – – – – – – – – – – – – – –
recorder Node – file $ fName/10disp. out – load – node 10 – dof 1 disp;
recorder Node – file $ fName/3disp. out – load – node 3 – dof 1 disp;
recorder Drift – file $ fName/drift. out – time – iNode 9 – jNode 10 – dof 1 –
perpDirn 2;
recorder Element – file $ fName/Element7f. out – time – ele 7 section 1 force;
recorder Element – file $ fName/Element7d. out – time – ele 7 section 1 deformation;
recorder Element – file $ fName/Element5f. out – time – ele 5 section 1 force;
recorder Element – file $ fName/Element5d. out – time – ele 5 section 1 deformation;
recorder Element – file $ fName/joint. out – time – ele 121 shearpanel stressStrain;
recorder Element – file $ fName/jointdef. out – time – ele 121 deformation;
# – – – – – – – – – – – – – – – – – – ViewWindow – – – – – – – – – – – – – – – – – –
source DisplayModel2D. tcl              # 屏幕显示二维模型子程序(屏幕显示节
                                          点、变形或模态形状)
source DisplayPlane. tcl                # 为屏幕显示设定显示参数的子程序
# – – – – – – – – – – – – – – display deformed shape – – – – – – – – – – – – – – – –
set ViewScale 5;                        # 屏幕显示变形放大系数
DisplayModel2D DeformedShape $ ViewScale;
# – – – – – – – – – – – – – – – – – Gravity – – – – – – – – – – – – – – – – – – – – –
pattern Plain 2 Linear {
    load 10 0 – 1538000 0;
}
system BandGeneral
constraints Transformation
integrator LoadControl 0 1 0 0
test NormDispIncr 1e – 1 150
algorithm Newton
numberer RCM
analysis Static
analyze 1
puts "ok = [ analyze 1 ]"
loadConst – time 0. 0
pattern Plain 1 Linear {
#load nd? Fx? Fy? Mz?
load 10 1 0 0
}
# – – – – – – – – – – – – – – – – – – – control – – – – – – – – – – – – – – – – – – –
```

```
set peakpts [list 0. 8 8 44 72 104 125 200]
set increment 10
set nodeTag 10
set dofTag 1
procRC $increment $nodeTag   $dofTag $peakpts
# ------------ print the results at node and at all elements ----------
print node
printelement
```

（1）子程序 *procMKPC. tcl*。

```
###############################################################################
# procMKPC. tcl
## procedure for evaluating the confined concrete material envelope points based upon
the modified kent park procedure. The procedure takes in the unconfined concrete and
confining steel properties.
###############################################################################
proc procMKPC { CUnconfFc CUnconfEc Y Z Cov TSspace TSlength TSFy TSarea
Strfactor Lenfactor } {
    set CUnconfEcu - 0. 004;
    set SecWid [expr $Lenfactor * $Z];set SecDep [expr $Lenfactor * $Y];set cover
[expr $Lenfactor * $Cov];
    set UFc [expr - $Strfactor * $CUnconfFc];set Ue0 [expr - $CUnconfEc];set Uecu
[expr - $CUnconfEcu];
    set       hoopSpc       [expr       $Lenfactor * $TSspace];set       hoopLngth
[expr $Lenfactor * $TSlength];
    set       hoopFy       [expr       $Strfactor * $TSFy];set       hoopArea
[expr $TSarea * $Lenfactor * $Lenfactor];
    #ratio of volume of rectangular steel hoops to volumne of concrete core measured to
outside of peripheral hoops
    set rhoS [expr ($hoopLngth * $hoopArea)/(($SecWid - 2 * $cover) * ($SecDep -
2 * $cover) * $hoopSpc)];
    # ----- width of concrete core measured to outside of peripheral hoop --------
    set b [expr $SecWid - 2 * $cover];
    set temp [expr $b/ $hoopSpc]
    set e50u [expr (3 + 0. 002 * $UFc)/( $UFc - 1000)];set e50h [expr
3 * $rhoS * pow( $temp,0. 5)/4];
    set Zm [expr 0. 5 * ( $UFc - 1000)/(3 + 0. 002 * $UFc)];set Z [expr 0. 5/( $e50u +
$e50h - $Ue0)];
    set K [expr (1 + $rhoS * $hoopFy/ $UFc)];
    # ------------ unconfined ultimate compressive strength ------------
```

```
set UFcu [expr - $ UFc * (1 - $ Zm * ( $ Uecu - $ Ue0))/ $ Strfactor];
# - - - - - - - - - - - - - cracking strain in confined concrete - - - - - - - - - - - - -
set Ce0 [expr - $ K * $ Ue0];
# - - - - - - - - - - - - cracking stress in confined concrete - - - - - - - - - - - - -
set CFc [expr - $ K * $ UFc/ $ Strfactor];
# - - - - - - - - - - - - - ultimate stress in confined concrete - - - - - - - - - - - - -
set CFcu [expr 0.2 * $ CFc];
# - - - - - - - - - - - - ultimate strain in confined concrete - - - - - - - - - - - - -
set Cecu [expr - (0.8/ $ Z - $ Ce0)];
global concreteProp;
set concreteProp [list $ CUnconfFc $ CUnconfEc $ UFcu $ CUnconfEcu $ CFc $ Ce0
$ CFcu $ Cecu];
# - - - - - - - - - - - - - puts [lindex $ concreteProp 0] - - - - - - - - - - - - - -
return $ concreteProp;
}
```

（2）子程序 *procUniaxialPinching. tcl*。

```
#########################################################################
# procUniaxialPinching. tcl #
# procedure for activating the pinching material given its parameters in the form of list
#########################################################################
proc    procUniaxialPinching    {    materialTag  pEnvelopeStress  nEnvelopeStress
pEnvelopeStrain nEnvelopeStrain rDisp rForce uForce gammaK gammaD gammaF gammaE
damage} {
    # - - - - - - add material - command: uniaxialMaterial . paramaters as shown - - - - - -
    # - - - - - - - - - - - - - - uniaxialMaterial Pinching4 tag - - - - - - - - - - - - -
    # - - - - stress1P strain1P stress2P strain2P stress3P strain3P stress4P strain4P - - - - -
    # - - - - stress1N strain1N stress2N strain2N stress3N strain3N stress4N strain4N - - - -
    # - - - - - - - - - rDispP rForceP uForceP rDispN rForceN uForceN - - - - - - - - -
    # - - - - - - - gammaK1 gammaK2 gammaK3 gammaK4 gammaKLimit - - - - - - - -
    # - - - - - - - - gammaD1 gammaD2 gammaD3 gammaD4 gammaDLimit - - - - - - -
    # - - - gammaF1 gammaF2 gammaF3 gammaF4 gammaFLimit gammaE $ damage - - - -
    uniaxialMaterial  Pinching4  $ materialTag  [lindex  $ pEnvelopeStress  0]  [lindex
$ pEnvelopeStrain 0] [lindex  $ pEnvelopeStress 1] [lindex  $ pEnvelopeStrain 1] [lindex
$ pEnvelopeStress 2] [lindex  $ pEnvelopeStrain 2] [lindex  $ pEnvelopeStress 3] [lindex
$ pEnvelopeStrain 3] [lindex  $ nEnvelopeStress 0] [lindex  $ nEnvelopeStrain 0] [lindex
$ nEnvelopeStress 1] [lindex  $ nEnvelopeStrain 1] [lindex  $ nEnvelopeStress 2] [lindex
$ nEnvelopeStrain 2] [lindex  $ nEnvelopeStress 3] [lindex  $ nEnvelopeStrain 3] [lindex
$ rDisp 0] [lindex  $ rForce 0] [lindex  $ uForce 0] [lindex  $ rDisp 1] [lindex  $ rForce
1] [lindex  $ uForce 1] [lindex  $ gammaK 0] [lindex  $ gammaK 1] [lindex  $ gammaK 2]
```

［lindex $ gammaK 3］［lindex $ gammaK 4］［lindex $ gammaD 0］［lindex $ gammaD 1］
［lindex $ gammaD 2］［lindex $ gammaD 3］［lindex $ gammaD 4］［lindex $ gammaF 0］
［lindex $ gammaF 1］［lindex $ gammaF 2］［lindex $ gammaF 3］［lindex $ gammaF 4］
$ gammaE　$ damage

}

（3）子程序 *procRC. tcl*。

```
###########################################################################
# procRC. tcl
## procedure for setting up a reversed cycle loading scheme. The input are mainly
thepeak points for the loading.
#The procedure primarily uses Displacement control for loading,if it fails uses
ArcLength control
###########################################################################
proc procRC { incre nodeTag dofTag peakpts } {
set displayTag 0;
set numTimes 150;
set x [lindex $ peakpts 0];
set dU [expr $ x/ $ incre];
#set dU0 [expr $ dU/1000];
set dU0 [expr $ dU/10000];
integrator DisplacementControl $ nodeTag $ dofTag 0.0 1 $ dU $ dU
analysis Static
analyze $ incre
puts " + + + + + + + + 0k = [analyze $ incre]"
integrator DisplacementControl $ nodeTag $ dofTag 0.0 1 [expr - $ dU] [expr
- $ dU]
analyze [expr 2 * $ incre]
puts " + + + + + + + + 0k = [analyze [expr 2 * $ incre]]"
integrator DisplacementControl $ nodeTag $ dofTag 0.0 1 $ dU $ dU
analyze $ incre
## end the first peak pt start for others
for {set j 1} { $ j < [llength $ peakpts]} {incr j 1} {
set y [lindex $ peakpts $ j]
set dSt [expr $ y/ $ dU]
set dS [expr int( $ dSt)]
test NormDispIncr 1e - 8 $ numTimes $ displayTag
algorithm Newton
########################## start loading cycle ##########################
set t 0;
```

```
while {$t ! = $dS} {
integrator DisplacementControl $nodeTag $dofTag 0.0 1 $dU $dU
set ok [analyze 1]
incr t 1;
if {$ok ! = 0} {
# if {$t == $dS} {break};
puts "Displacement control failed ··· trying Arc − Length control"
set currentDisp [nodeDisp $nodeTag $dofTag]
puts "Current Displacement is $currentDisp"
# algorithm Linear
test NormDispIncr 1e − 6 $numTimes $displayTag
#algorithm ModifiedNewton
# integrator DisplacementControl $nodeTag $dofTag 0.0 1 $dU0 $dU0
# integrator DisplacementControl $nodeTag $dofTag 0.0 10 $dU0 $dU0
integrator ArcLength [expr $dU0] 1.0
# set ok [analyze 1]
analyze 1
}
# puts "that worked ···back to regular Newton "
test NormDispIncr 1e − 8 $numTimes $displayTag
# algorithm Newton
}
################## end of loading cycle, start unloading cycle ##################
set t 0;
while {$t ! = [expr 2 * $dS]} {
integrator DisplacementControl $nodeTag $dofTag 0.0 1 [expr − $dU] [expr
− $dU]
set ok [analyze 1]
incr t 1;
if {$ok ! = 0} {
# if {$t == [expr 2 * $dS]} {break};
puts "Displacement control failed ···trying Arc − Length control"
set currentDisp [nodeDisp $nodeTag $dofTag]
puts "Current Displacement is $currentDisp"
# algorithm Linear
test NormDispIncr 1e − 6 $numTimes $displayTag
#algorithm ModifiedNewton
# integrator DisplacementControl $nodeTag $dofTag 0.0 1 [expr − $dU0] [expr
− $dU0]
```

```
# integrator DisplacementControl $ nodeTag $ dofTag 0.0 10 [expr − $ dU0] [expr
− $ dU0]
integrator ArcLength [expr $ dU0] 1.0
# set ok [analyze 1]
analyze 1
}
# puts "that worked ···back to regular Newton "
test NormDispIncr 1e − 8 $ numTimes $ displayTag
# algorithm Newton
}
################## end of unloading cycle,start reloading cycle ################
set t 0;
while { $ t ! = $ dS} {
integrator DisplacementControl $ nodeTag $ dofTag 0.0 1 $ dU $ dU
set ok [analyze 1]
incr t 1;
if { $ ok ! = 0} {
# if { $ t == $ dS} {break};
puts "Displacement control failed ···trying Arc − Length control"
set currentDisp [nodeDisp $ nodeTag $ dofTag]
puts "Current Displacement is $ currentDisp"
# algorithm Linear
test NormDispIncr 1e − 6 $ numTimes $ displayTag
#algorithm ModifiedNewton
# integrator DisplacementControl $ nodeTag $ dofTag 0.0 1 $ dU0 $ dU0
# integrator DisplacementControl $ nodeTag $ dofTag 0.0 10 $ dU0 $ dU0
integrator ArcLength [expr $ dU0] 1.0
# set ok [analyze 1]
analyze 1
}
# puts "that worked ···back to regular Newton "
test NormDispIncr 1e − 8 $ numTimes $ displayTag
# algorithm Newton
}
######################### reloading cycle completed #######################
if { $ ok == 0} {
puts "analysis succesful at $ y mm displacement";
} else {
puts "analysis could not proceed fine beyond $ y mm displacement";
```

```
}
}
}
```

（4）子程序 *DisplayModel2D.tcl*。

proc DisplayModel2D { {ShapeType nill} {dAmp 5}　{xLoc 10} {yLoc 10} {xPixels 500} {yPixels 350} {nEigen 1} } {

```
############################################################################
## DisplayModel2D $ShapeType $dAmp $xLoc $yLoc $xPixels $yPixels $nEigen
############################################################################
## display Node Numbers,Deformed or Mode Shape in 2D problem
##ShapeType : type of shape to display. # options：ModeShape,
NodeNumbers,DeformedShape
##dAmp : relative amplification factor for deformations
##xLoc,yLoc  : horizontal & vertical location in pixels of graphical window (0,0 =
upper left - most corner)
##xPixels,yPixels :width & height of graphical window in pixels
##nEigen : if nEigen not = 0,show mode shape for nEigen eigenvalue
############################################################################
global TunitTXT;                              # load time - unit text
global ScreenResolutionX ScreenResolutionY;# read global values for screen resolution
if {  [info exists TunitTXT] ！ = 1} {set TunitTXT ""} ;# set blank if it has not been
defined previously.
if {  [info exists ScreenResolutionX] ！ = 1} {set ScreenResolutionX 1024} ;# set
default if it has not been defined previously.
if {  [info exists ScreenResolutionY] ！ = 1} {set ScreenResolutionY 768} ;# set
default if it has not been defined previously.
if { $ xPixels == 0} {
    set xPixels [expr int( $ ScreenResolutionX/2) ];
    set yPixels [expr int( $ ScreenResolutionY/2) ]
    set xLoc 10
    set yLoc 10
}
if { $ ShapeType == "nill"} {
    puts "" ;puts "" ;puts " - - - - - - - - - - - - - - - - - -"
    puts "View the Model?  (N)odes, (D)eformedShape,anyMode(1), (2), (#).
Press enter for NO. "
    gets stdin answer
    if {[llength $ answer] > 0 } {
        if { $ answer ！ = "N" & $ answer ！ = "n"} {
```

```
puts "Modify View Scaling Factor = $dAmp?  Type factor,or press enter for NO. "
            gets stdin answerdAmp
            if {[llength $answerdAmp] > 0} {
                set dAmp $answerdAmp
            }
        }
        if {[string index $answer 0] == "N" || [string index $answer 0] ==
"n"} {
                set ShapeType NodeNumbers
            } elseif {[string index $answer 0] == "D" || [string index $answer 0] ==
"d"} {
                set ShapeType DeformedShape
            } else {
                set ShapeType ModeShape
                set nEigen $answer
            }
        } else {
            return
        }
    }
    if { $ShapeType ==    "ModeShape" } {
        set lambdaN [eigen $nEigen];             # perform eigenvalue analysis
for ModeShape
        set lambda [lindex $lambdaN [expr $nEigen - 1]];
        set omega [expr pow( $lambda,0.5)]
        set PI [expr 2 * asin(1.0)];           # define constant
        set Tperiod [expr 2 * $PI/$omega]; # period (sec.)
        set fmt1 "Mode Shape,Mode = %.1i Period = %.3f %s  "
        set windowTitle [format $fmt1 $nEigen $Tperiod   $TunitTXT]
    } elseif  { $ShapeType ==    "NodeNumbers" } {
            set windowTitle "Node Numbers"
    } elseif  { $ShapeType ==    "DeformedShape" } {
            set windowTitle "Deformed Shape"
    }
    set viewPlane XY
    recorder display $windowTitle $xLoc $yLoc $xPixels $yPixels   - wipe;#
display recorder
    DisplayPlane $ShapeType $dAmp $viewPlane $nEigen 0
}
```

(5) 子程序 *DisplayPlane. tcl*

```
proc DisplayPlane {ShapeType dAmp viewPlane {nEigen 0}  {quadrant 0}} {
############################################################################
## DisplayPlane  $ ShapeType  $ dAmp  $ viewPlane  $ nEigen  $ quadrant
############################################################################
## setup display parameters for specified viewPlane and display
##ShapeType  :  type  of  shape  to  display. #  options: ModeShape,
NodeNumbers,DeformedShape
##dAmp : relative amplification factor for deformations
##viewPlane :set local xy axes in global coordinates (XY,YX,XZ,ZX,YZ,ZY)
##nEigen : if nEigen not = 0,show mode shape for nEigen eigenvalue
##quadrant:quadrant where to show this figure (0 = full figure)
############################################################################
set Xmin [lindex [nodeBounds] 0];# view bounds in global coords will add padding on
the sides
set Ymin [lindex [nodeBounds] 1];
set Zmin [lindex [nodeBounds] 2];
set Xmax [lindex [nodeBounds] 3];
set Ymax [lindex [nodeBounds] 4];
set Zmax [lindex [nodeBounds] 5];
set Xo 0;# center of local viewing system
set Yo 0;
set Zo 0;
set uLocal [string index $ viewPlane 0];# viewPlane local - x axis in global coordinates
set vLocal [string index $ viewPlane 1];# viewPlane local - y axis in global coordinates
if  { $ viewPlane =="3D" } {
    set uMin  $ Zmin +  $ Xmin
    set uMax  $ Zmax +  $ Xmax
    set vMin  $ Ymin
    set vMax  $ Ymax
    set wMin  - 10000
    set wMax 10000
    vup 0 1 0;# dirn defining up direction of view plane
} else {
    set keyAxisMin "X  $ Xmin Y  $ Ymin Z  $ Zmin"
    set keyAxisMax "X  $ Xmax Y  $ Ymax Z  $ Zmax"
    set axisU [string index $ viewPlane 0];
    set axisV [string index $ viewPlane 1];
    set uMin [string map $ keyAxisMin  $ axisU]
```

```
    set uMax [string map $ keyAxisMax $ axisU]
    set vMin [string map $ keyAxisMin $ axisV]
    set vMax [string map $ keyAxisMax $ axisV]
    if { $ viewPlane =="YZ" || $ viewPlane =="ZY" } {
        set wMin $ Xmin
        set wMax $ Xmax
    } elseif { $ viewPlane =="XY" || $ viewPlane =="YX" } {
        set wMin $ Zmin
        set wMax $ Zmax
    } elseif { $ viewPlane =="XZ" || $ viewPlane =="ZX" } {
        set wMin $ Ymin
        set wMax $ Ymax
    } else {
    return - 1
    }
}
set epsilon 1e - 3;# make windows width or height not zero when the Max and Min values
of a coordinate are the same
    set uWide [expr $ uMax - $ uMin + $ epsilon];
    set vWide [expr $ vMax - $ vMin + $ epsilon];
    set uSide [expr 0.25 * $ uWide];
    set vSide [expr 0.25 * $ vWide];
    set uMin [expr $ uMin - $ uSide];
    set uMax [expr $ uMax + $ uSide];
    set vMin [expr $ vMin - $ vSide];
    set vMax [expr $ vMax + 2 * $ vSide];# pad a little more on top,because of
window title
    set uWide [expr $ uMax - $ uMin + $ epsilon];
    set vWide [expr $ vMax - $ vMin + $ epsilon];
    set uMid [expr ( $ uMin + $ uMax)/2];
    set vMid [expr ( $ vMin + $ vMax)/2];
    # keep the following general,as change the X and Y and Z for each view plane
    # next three commmands define viewing system,all values in global coords
    vrp $ Xo $ Yo $ Zo;# point on the view plane in global coord,center of local
viewing system
    if { $ vLocal == "X" } {
        vup 1 0 0;# dirn defining up direction of view plane
    } elseif { $ vLocal == "Y" } {
        vup 0 1 0;# dirn defining up direction of view plane
```

```
    } elseif { $ vLocal == "Z" } {
        vup 0 0 1;# dirn defining up direction of view plane
    }
    if { $ viewPlane =="YZ" } {
        vpn 1 0 0;# direction of outward normal to view plane
        prp 10000. $ uMid $ vMid;# eye location in local coord sys defined by
viewing system
        plane 10000 - 10000;# distance to front and back clipping planes from eye
    } elseif { $ viewPlane =="ZY" } {
        vpn - 1 0 0;# direction of outward normal to view plane
        prp - 10000. $ vMid $ uMid;# eye location in local coord sys defined by
viewing system
        plane 10000 - 10000;# distance to front and back clipping planes from eye
    } elseif { $ viewPlane =="XY" } {
        vpn 0 0 1;# direction of outward normal to view plane
        prp $ uMid $ vMid 10000;# eye location in local coord sys defined by
viewing system
        plane 10000 - 10000;# distance to front and back clipping planes from eye
    } elseif { $ viewPlane =="YX" } {
        vpn 0 0 - 1;# direction of outward normal to view plane
        prp $ uMid $ vMid - 10000;# eye location in local coord sys defined by
viewing system
        plane 10000 - 10000;# distance to front and back clipping planes from eye
    } elseif { $ viewPlane =="XZ" } {
        vpn 0 - 1 0;# direction of outward normal to view plane
        prp $ uMid - 10000 $ vMid;# eye location in local coord sys defined by
viewing system
        plane 10000 - 10000;# distance to front and back clipping planes from eye
    } elseif { $ viewPlane =="ZX" } {
        vpn 0 1 0;# direction of outward normal to view plane
        prp $ uMid 10000 $ vMid;# eye location in local coord sys defined by
viewing system
        plane 10000 - 10000;# distance to front and back clipping planes from eye
    } elseif { $ viewPlane =="3D" } {
        vpn 1 0.25 1.25;# direction of outward normal to view plane
        prp - 100 $ vMid 10000;# eye location in local coord sys defined by viewing system
        plane 10000 - 10000;# distance to front and back clipping planes from eye
    } else {
        return - 1
```

```
      }
      # next three commands define view,all values in local coord system
      if  { $ viewPlane =="3D" }  {
            viewWindow [expr  $ uMin  −  $ uWide/4] [expr  $ uMax/2] [expr  $ vMin
 − 0.25 * $ vWide] [expr  $ vMax]
         } else {
            viewWindow  $ uMin  $ uMax  $ vMin  $ vMax
         }
      projection 1;# projection mode,0:prespective,1: parallel
            fill 1;# fill mode;needed only for solid elements


      if { $ quadrant == 0}  {
            port − 1 1 − 1 1 # area of window that will be drawn into (uMin,uMax,
vMin,vMax);
         } elseif { $ quadrant == 1}  {
            port 0 1 0 1 # area of window that will be drawn into (uMin,uMax,vMin,vMax);
         } elseif { $ quadrant == 2}  {
            port − 1 0 0 1 # area of window that will be drawn into (uMin,uMax,vMin,vMax);
         } elseif { $ quadrant == 3}  {
            port − 1 0 − 1 0 # area of window that will be drawn into (uMin,uMax,
vMin,vMax);
         } elseif { $ quadrant == 4}  {
            port 0 1 − 1 0 # area of window that will be drawn into (uMin,uMax,vMin,vMax);
         }
      if { $ ShapeType ==    "ModeShape" }  {
            display − $ nEigen 0 [expr 5.* $ dAmp];# display mode shape for
mode $ nEigen
         } elseif  { $ ShapeType ==    "NodeNumbers" }  {
            display 1 − 1 0  ;# display node numbers
         } elseif  { $ ShapeType ==    "DeformedShape" }   {
            display 1 2 $ dAmp;# display deformed shape   the 2 makes the nodes small
         }
};
```

7.6.4　模拟结果与试验结果的比较验证

基于 OpenSees 地震分析平台的模拟结果与试验结果对比验证如图 7.23 所示。由图可知,模拟与试验相吻合较好,水平承载力误差在 10% 左右。由图还可发现,模拟与试验再加载刚度相差较多,这是由于 Pingching4 材料再加载曲线为双线性所产生的结果。可以考虑将再加载曲线设置为三折线方程,这会更接近真实结果。

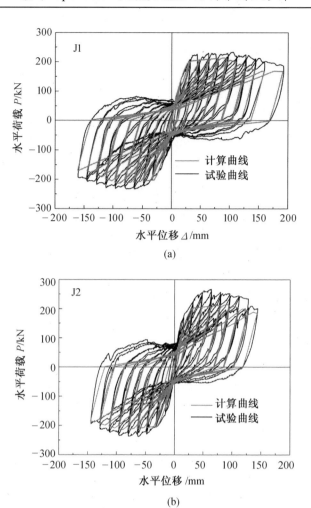

图 7.23　模拟结果与试验结果对比验证

第8章　钢筋混凝土剪力墙的非线性分析

8.1　高层建筑概述

8.1.1　高层建筑的定义

高层建筑,顾名思义是指层数较多、高度较高的建筑,大多根据不同的需要和目的而定义,国内外的定义也不尽相同。国际上诸多国家和地区对高层建筑的界定多在10层以上;我国不同标准中也有不同的定义。《高层建筑混凝土结构技术规程》(JGJ3—2010)中规定:10层及10层以上或高度大于28 m的住宅建筑和房屋高度大于24 m的其他高层民用建筑为高层建筑。

8.1.2　高层建筑结构的选型

高层建筑钢筋混凝土结构可采用框架、剪力墙、框架－剪力墙、筒体、板柱－剪力墙等结构体系。

框架结构布置灵活,可形成大的使用空间,施工简便且较为经济,但其抗侧刚度较小、侧移较大,适合在20层以下的高层建筑中采用。

剪力墙结构刚度大、侧移小、室内墙面平整,但平面布置不够灵活、结构自重较大、造价较高,适合在高层旅馆和高层住宅中采用。

框架－剪力墙结构具有框架结构和剪力墙结构各自的优点,因而在高层建筑中应用较为广泛。

筒体结构刚度大,抗震性好,适合在超高层建筑中使用。

在板柱－剪力墙结构中,虽然板柱的抗侧刚度小,但有剪力墙与之配合,可以在高层建筑中使用。

本章着重介绍各种结构体系中钢筋混凝土剪力墙的受力特点及其有限元模拟分析方法。

8.2　剪力墙结构

8.2.1　剪力墙的定义及分类

剪力墙是一种能较好地抵抗水平荷载的墙,通常为混凝土墙。剪力墙在现行国家标准《建筑抗震设计规范》(GB 50011—2010)中称为抗震墙,在现行国家标准《建筑结构设计术语和符号标准》(GB/T 50083—2014)中称为结构墙。

剪力墙按截面长度(h_w)与宽度(b_w)之比分为：

$h_w / b_w < 3$：异形柱；

$3 \leqslant h_w / b_w < 5$：小墙肢短肢剪力墙；

$5 \leqslant h_w / b_w \leqslant 8$：短肢剪力墙；

$h_w / b_w > 8$：普通剪力墙。

小墙肢短肢剪力墙的抗弯、抗剪和抗扭能力都很弱，不宜用于高层建筑结构中。短肢剪力墙的抗震性能较差，在地震区应用的经验不多，为安全起见，高层建筑不应采用全部为短肢剪力墙的剪力墙结构。在短肢剪力墙结构中布置筒体或一定数量的普通剪力墙以后，其抗震性能有较大改善，可以用于高层建筑中，但应满足现行抗震设计规范的规定。

剪力墙除可以按墙肢截面长度与宽度之比进行分类外，还可以按截面是否开洞和开洞大小分成如下 4 类：

（1）实体墙或整截面剪力墙。

不开洞或开洞面积不大于 15% 的墙（图 8.1）。

受力特点：如同一个整体的悬臂墙。在墙肢的整个高度上，弯矩图既不突变，也无反弯点；变形以弯曲型为主。

（2）整体小开口剪力墙。

开洞面积大于 15% 但仍较小的墙（图 8.2）。

受力特点：弯矩图在连系梁处发生突变，但在整个墙肢高度上没有或仅仅在个别楼层中才出现反弯点；整个墙体的变形仍以变形为主。

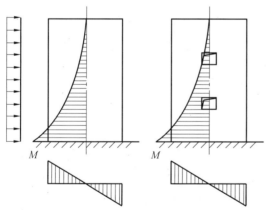 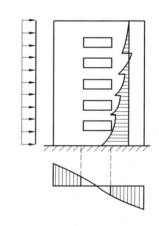

图 8.1　实体墙或整截面剪力墙　　　　图 8.2　整体小开口剪力墙

（3）双肢及多肢剪力墙。

开洞较大且洞口成列布置的墙（图 8.3）。

受力特点：其受力特点与整体小开口剪力墙类似。

（4）壁式框架。

洞口尺寸大、连梁线刚度接近或大于墙肢线刚度的墙（图 8.4）。

受力特点：弯矩图在楼层处有突变，而且在大多数楼层中都出现反弯点；整个剪力墙的变形以剪切型为主，与框架的受力类似。

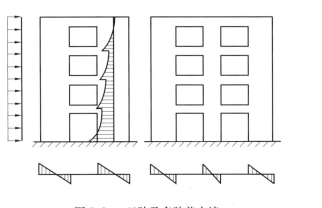

图 8.3 双肢及多肢剪力墙

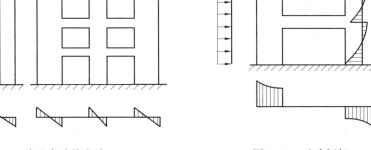

图 8.4 壁式框架

8.2.2 剪力墙类型的判别方法

整体小开口剪力墙、双肢及多肢剪力墙和壁式框架的分类界限可根据整体性系数 α、墙肢惯性矩的比值 I_n/I 以及楼层层数确定。

整体性系数 α 可按下式计算。

双肢墙(图 8.5):

$$\alpha = H\sqrt{\frac{12I_b a^2}{h(I_1 + I_2)l_b^3} \cdot \frac{I}{I_n}} \tag{8.1}$$

多肢墙:

$$\alpha = H\sqrt{\frac{12}{\tau h \sum\limits_{j=1}^{m+1} I_j} \sum\limits_{j=1}^{m} \frac{I_{bj} a_j^2}{l_{bj}^3}} \tag{8.2}$$

式中,τ 为考虑墙肢轴向变形的影响系数,3 ~ 4 肢时 τ 取 0.8,5 ~ 7 肢时 τ 取 0.85,8 肢以上时 τ 取 0.9;I 为剪力墙对组合截面形心的惯性矩;I_n 为扣除墙肢惯性矩后剪力墙的惯性矩,$I_n = I - \sum\limits_{j=1}^{m+1} I_j$;$I_{bj}$ 为第 j 列连梁的折算惯性矩,$I_{bj} = \dfrac{I_{bjo}}{1 + 30\mu I_{bjo}/(A_{bj}l_{bj}^2)}$,其中 I_{bjo} 为第 j 连梁截面惯性矩(刚度不折减),μ 为截面剪力不均匀系数,矩形截面时 $\mu = 1.2$,工字形截面取 μ 等于墙全截面面积除以腹板毛截面面积,T 形截面时按表 8.1 取值,A_{bj} 为第 j 列连梁的截面面积;I_1、I_2 分别为墙肢 1、2 的截面惯性矩;m 为洞口列数;h 为层高;H 为剪力墙总高度;a_j 为第 j 列洞口两侧墙肢轴线距离;l_{bj} 为第 j 列连梁计算跨度,取为洞口宽度加梁高的一半;I_j 为第 j 墙肢的截面惯性矩。

表 8.1 T 形截面剪力不均匀系数

h_w/t	b_f/t					
	2	4	6	8	10	12
2	1.383	1.496	1.521	1.511	1.483	1.445
4	1.441	1.876	2.287	2.682	3.061	3.424

续表 8.1

h_w/t	b_f/t					
	2	4	6	8	10	12
6	1.362	1.097	2.033	2.367	2.698	3.026
8	1.313	1.572	1.838	2.106	2.374	2.641
10	1.283	1.489	1.707	1.927	2.148	2.370
12	1.264	1.432	1.614	1.800	1.988	2.178
15	1.245	1.374	1.519	1.669	1.820	1.973
20	1.228	1.317	1.422	1.534	1.648	1.763
30	1.214	1.264	1.328	1.399	1.473	1.549
40	1.208	1.240	1.284	1.334	1.387	1.442

注：b_f 为翼缘有效宽度；h_w 为截面宽度；t 为腹板厚度

当 $\alpha \geq 10$ 且 $\dfrac{I_n}{I} \leq \zeta$ 时，为整体小开口剪力墙；

当 $\alpha \geq 10$ 且 $\dfrac{I_n}{I} > \zeta$ 时，为壁式框架；

当 $\alpha < 10$，为联肢墙。

系数 ζ 由 α 及层数按表 8.2 取用。

表 8.2　系数 ζ 的数值

α	层数 n					
	8	10	12	16	30	≥ 30
10	0.886	0.948	0.975	1.000	1.000	1.000
12	0.886	0.924	0.950	0.994	1.000	1.000
14	0.853	0.908	0.934	0.978	1.000	1.000
16	0.844	0.896	0.923	0.964	0.988	1.000
18	0.836	0.888	0.914	0.952	0.978	1.000
20	0.831	0.880	0.906	0.945	0.970	1.000
22	0.827	0.875	0.901	0.940	0.965	1.000
24	0.824	0.871	0.897	0.936	0.960	0.989
26	0.822	0.867	0.894	0.932	0.955	0.986
28	0.820	0.864	0.890	0.929	0.952	0.982
≥ 30	0.818	0.861	0.887	0.926	0.950	0.979

8.3　剪力墙结构的有限元模型

　　钢筋混凝土剪力墙作为工业与民用建筑中最重要的结构形式之一,其非线性分析是一个研究的难点和热点问题。用有限元法分析钢筋混凝土剪力墙非线性问题时,单元模型可分为微观模型和宏观模型两大类。采用微观模型时,剪力墙通常被当作平面应力问题来考虑。以混凝土二维平面单元为基础,引入钢筋的作用,并考虑混凝土裂缝、钢筋和混凝土的黏结滑移等一系列复杂因素的影响。由于这些因素在数值模拟分析的应用研究上处在发展阶段,目前该类模型更多地是应用在研究小的结构构件或局部结构上。宏观模型通常将一段墙肢作为一个单元,那些细微复杂的因素不再用数值方法单独考虑,而是通过试验分析得到各种参数来体现这些微观因素的作用,大大减少了计算工作量,适用于整体结构的弹塑性分析。目前关于剪力墙的非线性分析宏观模型主要有以下几种:等效梁模型、墙柱单元、等效桁架模型、三垂直杆单元模型、多垂直杆单元模型等。其中,多垂直杆单元模型是目前最为常用且较为理想的一种用于剪力墙结构非线性分析的宏观模型。本节也对采用OpenSees 并基于多垂直杆单元模型的钢筋混凝土剪力墙非线性分析进行重点介绍。

8.3.1　等效梁模型

　　等效梁模型是最早建立和应用最广的模型,其通常是用梁单元沿墙轴线来离散剪力墙,由一个两端带有等效非线性旋转弹簧的线弹性单元组成,如图 8.5 所示。该元件的全部非弹性变形集中到两端非线性弹簧的旋转即塑性铰上,中间部分为弹性的。每个弹簧的非线性弯矩 – 转动关系由实现假定的反弯点的位置来确定,端点的非线性转动取决于该处的弯矩。对于非线性转动弹簧可采用任意给定的弯矩 – 转动滞变模型,除弯曲变形外,由拉伸钢筋滑移引起的转动也可包括在滞变模型中。这一模型忽略了反应中的轴力变化。采用此模型模拟剪力墙时,假设转动围绕着墙横截面的中性轴,即不考虑截面中和轴的移动;但实际上随着墙体产生非线性反应,其中和轴向受压区移动,形心轴和中和轴不再重合。

8.3.2　墙柱单元

　　墙柱单元将墙用墙柱代替,上下端设刚域,并与框架梁柱节点铰接,如图 8.6 所示。此模型能将剪力墙组合到框架中的任何位置上,考虑了墙板单元 4 个角部节点与框架对应点的变形协调,计算量小,但用于非线性分析有一定的困难。

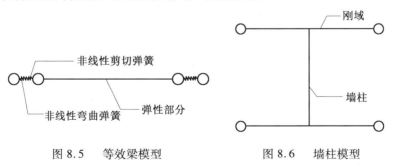

图 8.5　等效梁模型　　　　　图 8.6　墙柱模型

8.3.3 等效桁架模型

等效桁架模型是用以等效桁架系统来模拟剪力墙(图 8.7),其特点是可以计算由对角开裂引起的应力零分布。然而此模型的缺点是定义等效桁架系统的几何和力学特性较困难,因此这一模型应用较少。

8.3.4 三垂直杆单元模型

Kebeysasawa 等通过对足尺 7 层框剪结构进行拟动力试验研究,将剪力墙理想化为三垂直杆单元模型,如图 8.8 所示。三垂直杆单元由代表上、下楼板的刚性梁连接,外侧两个杆元代表墙的两边柱的轴向刚度,中间单元由位于底部的垂直、水平和转动弹簧组成,代表中间墙板的轴向、剪切和弯曲刚度。在中间弹簧组件与下部钢梁之间加入一高度为 c_h 的刚性元素,c_h 即为顶部与底部钢梁相对旋转中心的刚度。通过无量纲参数 $c(0 \leqslant c < 1)$ 的不同取值,可以模拟不同的曲率分布。这一模型的主要优点是可以模拟墙横截面中性轴向压缩端的移动;但代表中间墙板弯曲特性的转动弹簧很难与边柱的变形协调。

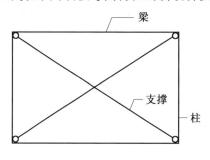

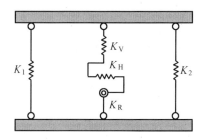

图 8.7　等效桁架模型　　　　图 8.8　三垂直杆单元模型

8.3.5 多垂直杆单元模型

为解决三垂直杆单元模型的弯曲弹簧和两边柱杆元相协调的问题,Colotti 和 Vulcano 提出了采用几个垂直杆元代替旋转弹簧,即弯曲刚度由这些杆元代表,且其同时也代表了单元的轴向刚度,而剪切刚度仍由一水平弹簧表示,这一修正模型被称之为多垂直杆单元模型(图 8.9)。

多垂直杆单元模型解决了三垂直杆单元模型中弯曲和边柱杆元协调关系不明确的缺点,它只需给出较易确定的抗压和剪切滞回关系,避免了使用弯曲弹簧时确定弯曲滞变特性的困难,同时也可以考虑在地震反应中剪力墙横截面中性轴的移动。另外,该模型能考虑墙体的轴力对其刚度和抗弯性

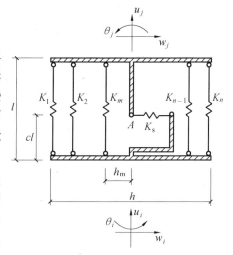

图 8.9　多垂直杆单元模型

能的影响,力学概念清晰,计算量不大,是目前剪力墙结构弹塑性分析中应用最多的一种宏观模型。

在多垂直杆单元模型中,模型的非线性特征是通过弹簧的滞回曲线体现的,而滞回曲线各参数的确定需要通过试验确定。与三垂直杆单元模型一样,需要确定剪切弹簧距离底部刚性梁的距离 c_h。理论上,c 值代表了相对弯曲中心的位置,应根据层间的曲率分布加以确定;但是实际应用中存在很多困难。根据不同学者的研究结果,c 的理想取值介于 $0.2 \sim 0.5$ 之间。具体取值和荷载中弯矩和剪力的比例成分有关,当荷载中弯矩成分较多时,可以取得大一些;当剪力成分较多时,则可取得小一些。

8.4　剪力墙多垂直杆单元模型中竖向和剪切弹簧的恢复力模型

采用多垂直杆单元建模时,将剪力墙横截面划分为若干份,每个区域以拉压弹簧来模拟,拉压弹簧的恢复力属性由混凝土与钢筋的材料本构来确定。下面对不同学者提出的对剪力墙多垂直杆单元模型的恢复力模型进行简单介绍。

8.4.1　竖向弹簧轴向拉 - 压恢复力模型

(1) 汪梦甫等采用图 8.10 所示的利用非对称二折线骨架曲线描述多垂直杆单元模型中垂直杆的轴向刚度骨架曲线。其中各参数的确定如下。

受拉时:

$$K_{se} = \frac{EA_s}{\psi_0 h} \tag{8.3}$$

$$d_{sy} = \frac{\psi_0 h f_y}{E} \tag{8.4}$$

$$\psi_0 = 1.1 - \frac{0.65 f_{tk}}{\rho_s f_y} \quad (0.4 \leqslant \psi_0 \leqslant 1.0) \tag{8.5}$$

受压时,假设混凝土与钢筋同时屈服,则

$$d_{cy} = - \varepsilon_{sy} h = \frac{f'_y}{E} h \tag{8.6}$$

$$K_c = (A_c \frac{f_c}{f'_y} + A_s) E / h \tag{8.7}$$

式中,K_{se}、K_c 分别为垂直杆受拉、受压弹性刚度;d_{sy}、d_{cy} 分别为垂直杆受拉、受压屈服位移;f_y、f'_y 为钢筋抗拉、抗压强度标准值;ρ_s 为截面配筋率,$\rho_s = A_s / bt$,当 $\rho_s \leqslant 0.001$ 时,取 $\rho_s = 0.001$;E 为钢筋弹性模量;f_{tk} 为混凝土抗拉强度标准值。

屈服后垂直杆的抗拉和抗压刚度分别为

$$K_{sy} = 0.02 K_{se} \tag{8.8}$$

$$K_{cy} = 0.02 K_c \tag{8.9}$$

恢复力模型采用 Clough 的退化双线型滞回模型,如图 8.10 所示,其屈服后的卸载刚度由下式确定:

$$K_{sed} = K_{se} \left(\frac{d_{sy}}{d_{max}} \right)^{0.2} \tag{8.10}$$

$$K_{cd} = K_c \left(\frac{d_{cy}}{d_{min}} \right)^{0.2} \tag{8.11}$$

反向加载时退化刚度的计算方法按最近一次反向变形的最远点来计算。例如图 8.1 中所示 M 点之后的刚度由 M 点和 B 点的坐标计算如下：

$$K_{MB} = \frac{F_B - F_M}{d_{max} - d_M} \qquad (8.12)$$

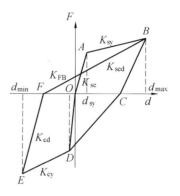

（2）沈蒲生等采用与汪梦甫类似的方法建立竖向弹簧的轴向拉 - 压恢复力模型，其轴向拉 - 压骨架曲线同样为非对称二折线型，如图 8.11 所示。

受拉时，对于一根承受拉力 P 的混凝土杆，钢筋的平均应力为

$$\sigma_{sm} = \psi \sigma_{sk} \qquad (8.13)$$

图 8.10　竖向弹簧杆轴向拉 - 压恢复力模型

式中，ψ 为应力不均匀系数，规范中按下式计算：

$$\psi = 1.1 - 0.65 \frac{f_{tk}}{\rho_{te} \sigma_{sk}} \qquad (8.14)$$

式中，f_{tk} 为混凝土抗拉强度标准值；ρ_{te} 为截面配筋率，当 $\rho_{te} \leqslant 0.001$ 时，取 $\rho_{te} = 0.001$；σ_{sk} 为钢筋混凝土构件纵向受拉钢筋的应力。

在非线性分析中，主要关心的是钢筋屈服时杆件的受力及位移，故将式（8.14）中取 $\sigma_{sk} = f_y$ 时的 ψ 值取为

$$\psi_0 = 1.1 - \frac{0.65 f_{tk}}{\rho_{te} f_y} \quad (0.2 \leqslant \psi_0 \leqslant 1.0) \qquad (8.15)$$

则杆的总变形为

$$\Delta h = \frac{h}{E_s} \sigma_{sm} = \frac{\psi_0 h}{E_s} \cdot \frac{P}{A_s} \qquad (8.16)$$

$$K_{se} = \frac{P}{\Delta h} = \frac{E_s f_y}{\psi_0 h} \qquad (8.17)$$

$$d_{sy} = \frac{\psi_0 h f_y}{E_s} \qquad (8.18)$$

式中，h 为垂直杆长；f_y 为钢筋抗拉强度；E_s 为钢筋弹性模量；K_{se}、d_{sy} 为受拉垂直杆的弹性刚度及屈服时变形。

上述采用了混凝土规范中关于裂缝控制的方法。当不考虑混凝土对受拉钢筋的作用时，只需取 $\psi_0 = 1.0$ 即可。

受压时，由于在受压阶段，混凝土起主要作用，因而以混凝土受压屈服点来进行计算。这与以往假设混凝土与钢筋同时屈服有所不同。

$$d_{cy} = - \varepsilon_c h \qquad (8.19)$$

$$K_{ce} = \begin{cases} \dfrac{f_c A_c + f_s A_s}{\varepsilon_c h} & (f_y / E_s \leqslant \varepsilon_c) \\[3mm] \dfrac{f_c A_c + \varepsilon_c E_s A_s}{\varepsilon_c h} & (f_y / E_s > \varepsilon_c) \end{cases} \qquad (8.20)$$

式中，f_c 为混凝土单轴抗压峰值应力；ε_c 为混凝土单轴峰值压应变，一般取 0.002，也可按规

范取 $\varepsilon_c = (700 + 172\sqrt{f_c}) \times 10^{-6}$；$f_y$、$E_s$ 为钢筋屈服强度、弹性模量；A_c、A_s 分别为垂直杆的混凝土截面面积、钢筋截面面积；K_{ce}、d_{cy} 分别为受压垂直杆的弹性刚度及屈服时变形。

屈服后垂直杆的抗拉和抗压刚度分别为

$$K_{sy} = (0.001\,2 \sim 0.01)K_{se} \tag{8.21}$$

$$K_{cy} = (0 \sim 0.01)K_{ce} \tag{8.22}$$

式中，$0.001\,2 \sim 0.01$、$0 \sim 0.01$ 为经验系数；当取 $K_{cy} = 0$ 时，不考虑混凝土受压后的强化；当取 $K_{cy} = 0.01K_{ce}$ 时，考虑一定程度的强化。

对于垂直杆的拉、压极限变形，目前很少有学者提及。沈蒲生等认为墙肢不可能无限制地转动，通常以混凝土压碎为破坏标志，钢筋一般达不到其极限变形能力。因而给定垂直杆的受压极限变形量是有必要的，考虑到剪力墙梁端通常设有暗柱，箍筋对混凝土的侧向变形有一定的约束。沈蒲生给出了垂直杆的受压进行变形参考值：

$$d_{cu} = -0.008h \tag{8.23}$$

钢筋混凝土轴压拉压杆的滞回模型主要有两种（图 8.11）：一种是 Clough 双线型滞回模型，其特点是考虑卸载刚度退化、混凝土屈服后的强化、屈服后反向加载指向历史最大位移点，不考虑捏缩效应；另一种是江近仁等基于 5 个钢筋混凝土柱拉压试验结果和 Kabeyasawa 模型提出的钢筋混凝土柱轴向刚度滞变模型，其特点是不考虑刚度退化、混凝土屈服后的强化、屈服后反向加载不指向历史最大位移点，而考虑捏缩效应。

沈蒲生等对两种模型的参数取值进行了比较，并给出了建议值：

① C 点纵坐标取值。有 3 个值：0、$0.2F_{cy}$、$0.3F_{sy}$，沈蒲生等建议取 0 较为合理。

② H 点纵坐标取值。有 2 个值：$0.4F_{cy}$、$0.8F_{sy}$，当配筋率较小时，这两个值的差异较大，

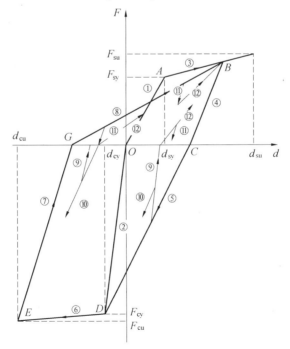

(a) Clough 双线型滞回模型

图 8.11　垂直杆轴向刚度滞回模型

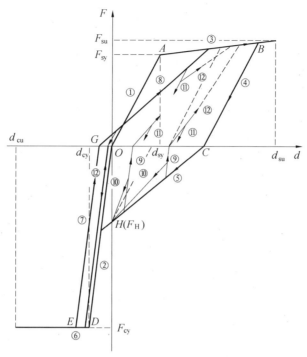

(b) 江近仁等提出的滞回模型

续图 8.11

其取值直接表征了墙肢整体滞回模型捏缩效应的程度。

③受拉屈服的刚度。有 3 个值：$K_{sy} = 0.001\ 2K_{se}$、$K_{sy} = 0.01K_{se}$、$K_{sy} = 0.02K_{se}$，该取值对墙肢整体滞回模型曲线骨架曲线有一定影响，沈蒲生等认为取 $0.02K_{se}$ 时过高估计了钢筋的强化效应。

④受压屈服后的刚度。有两个值：$K_{cy} = 0$、$K_{cy} = 0.01K_{ce}$，该取值对墙肢整体滞回曲线骨架曲线也有一定的建议。

⑤卸载刚度退化指数。卸载刚度退化指数有两种：一种不考虑刚度退化，卸载刚度退化指数取 0；另一种考虑一定程度的退化，刚度退化指数取 0.2。

（3）竖向弹簧恢复力模型由 DRAN – 2D 恢复力模型的改进而来，如图 8.12 所示。

对于普通剪力墙结构，恢复力模型参数取值为 $\alpha = 1.0$、$\beta = 1.5$、$\gamma = 1.05$、$\delta = 0.5$。弹簧本构曲线关键点的力与变形值的求解公式见表 8.3。

表 8.3　弹簧本构曲线关键点的力与变形值的求解公式

参数	描述	公式
K_1	初始弹性刚度	$K_1 = A_c E_c / L$
F_{cr}	混凝土开裂拉力	$F_{cr} = f_{cr} A_c$
F_y	钢筋屈服力	$F_y = f_y A_s$
Δ_y	钢筋屈服时变形	$\Delta_y = A_s E_s / L$
K_3	钢筋强化刚度	$K_3 = f_{hard} K_s$

续表8.3

参数	描述	公式
F_c	混凝土极限压力	$F_c = f_{ck}A_c$
Δ_c	混凝土极限压力时变形	$\Delta_c = \varepsilon_c L$
F_{cu}	混凝土压碎后残余力	$F_{cu} = f_{cu}A_c$
Δ_{cu}	混凝土压碎后残余变形	$\Delta_{cu} = \varepsilon_{cu} L$

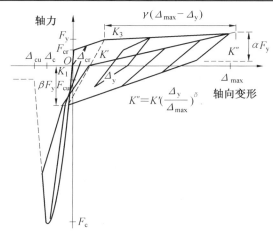

图 8.12　　竖向弹簧恢复力模型

（4）吕西林等对已有的轴力杆模型的适用性进行了分析,在已有试验和理论分析的基础上建议使用汪梦甫、沈蒲生等提出的模型,并对其进行了改进,提出了一个更为符合实际的轴力杆恢复力模型。

吕西林等改进的轴力杆恢复力模型骨架曲线如图8.13所示。

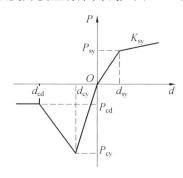

图 8.13　　吕西林等改进的轴力杆恢复力模型骨架曲线

改进的轴力杆恢复力模型骨架曲线的受拉区骨架曲线与原模型相同,受压区达到最高点之前部分比较一致,在此之后有较大不同。吕西林等认为轴力杆在受压时,混凝土的作用相当显著,且剪力墙中的纵筋配筋率除了端部加强区中的与一般轴力杆相近外,中间部分的竖向分布钢筋配筋率都比较小,因此受压区的表现应以混凝土的表现为主,故屈服之后的部分应反映混凝土的下降段。

修正后的垂直杆受压屈服时的力和位移分别为

$$P_{cy} = -f_c A_c - f_y A_s \qquad (8.24)$$

$$d_{cy} = -\varepsilon_c h \qquad (8.25)$$

垂直杆所能承受的稳定残余轴力和位移分别为

$$P_{cd} = -0.2 f_c A_c - f_y A_s \qquad (8.26)$$

$$d_{cd} = -4\varepsilon_c h \qquad (8.27)$$

滞回规则同样基于试验结果进行了修正,如图 8.14 所示。

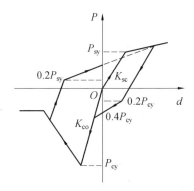

图 8.14   吕西林等改进的轴力杆恢复力模型

主要改进为在对受拉区卸载为 0 后的反向再加载规律进行描述时,设定了 $0.2P_{cy}$ 和 $0.4P_{cy}$ 两个中间点,因为此时混凝土和钢筋的应力也分别受拉降为 0,并转向受压,所以这里的规律同时体现了包辛格效应的裂面效应。而受压区卸载为 0 后的反向再加载规律仅由包辛格效应决定,由于缺乏相应的试验资料,暂且也认为加载至 $0.2P_{sy}$,而后指向历史上的最大变形点。受压区的再加载曲线在最小变形点越过极限点之后,由 $0.4P_{cy}$ 指向历史上的最小变形点。其余滞回规律与原模型相同。

8.4.2   水平剪切弹簧恢复力模型

剪力墙水平剪切弹簧的剪切刚度恢复力模型的确定与混凝土剪力墙的剪切试验及其理论研究进展密切相关。目前主要有两种方法,一种是经验法,以 Hiraishi、Hirosawa 等为代表的日本学者,通过对大量的剪力墙剪切试验数据进行统计分析后,得到了各自的剪力墙剪切参数计算的经验公式,著名程序 IDARC 采用的就是 Hirosawa 在 1975 年统计得到的经验公式;另一种方法以 Collins 等加拿大学者为代表,主要采用修正斜压场理论确定水平剪切刚度恢复力模型。

1. 经验公式法

汪梦甫等为得到剪力墙单元的水平剪切刚度分布,将剪力墙沿层间高度方向划分为 m 等份,每等份高度 $\Delta h = h/m$,各等份段中点的水平剪切刚度按图 8.15 所示指向原点型恢复力模型确定。

各参数的具体计算如下。

初始弹性剪切刚度 K_s^0:

$$K_s^0 = \frac{GA_w}{k\Delta h} \qquad (8.28)$$

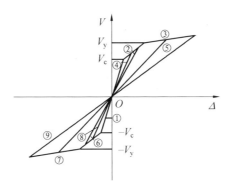

图 8.15 剪力墙水平剪切弹簧的剪切刚度恢复力模型

式中,G 为混凝土弹性剪切模量;A_w 为剪力墙截面面积;k 为剪切变形形状系数;Δh 为剪力墙层间每等份的高度。

剪切开裂时的剪力 V_c 为

$$V_c = 0.438\sqrt{f_c} A_w \tag{8.29}$$

式中,f_c 为混凝土轴心抗压强度设计值。

屈服剪力 V_y 为

$$V_y \approx V_u = \left[0.067\,9\rho_x^{0.23} \frac{f_c + 17.6}{[M/(VL) + 0.12]^{0.5}} + 0.845(f_{yk}\rho_{wh})^{0.5} + 0.1\sigma_0 \right] b_e j \tag{8.30}$$

$$j = \frac{7(L - 0.5a)}{8} \tag{8.31}$$

式中,ρ_x 为有效受力纵筋配筋率;$M/(VL)$ 为剪力墙某等份段中点截面剪跨与墙宽比;b_e 为墙截面的平均厚度;ρ_{wh} 为墙的有效水平配筋率;f_{yk} 为水平钢筋的屈服强度标准值;σ_0 为剪力墙某等份段中点截面上墙的水平压力。

剪切开裂后的刚度与初始弹性剪切刚度之比为

$$\alpha_s = 0.14 + 0.46\frac{\rho_{wh}f_{yk}}{f_c} \tag{8.32}$$

混凝土开裂位移 Δ_c 及钢筋屈服位移 Δ_y 分别为

$$\Delta_c = \frac{V_c}{K_s^0} \tag{8.33}$$

$$\Delta_y = \Delta_c + \frac{V_y - V_s}{\alpha_s K_s^0} \tag{8.34}$$

屈服后的刚度 K_{sy}^0 为

$$K_{sy}^0 = 0.002K_s^0 \tag{8.35}$$

韩小雷等则采用线弹性本构或 DRAIN - 2D 的剪切本构作为水平剪切弹簧恢复力模型,如图 8.16 所示。

2. 修正斜压场理论

修正斜压场理论是 Vecchio 与 Collions 等在拉压杆模型基础上,对钢筋混凝土纯剪板进

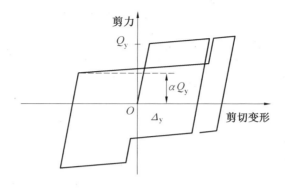

图 8.16　水平剪切弹簧恢复力模型

行试验分析时所提出的。他们认为混凝土开裂后的抗拉强度不大,可以不考虑,将开裂混凝土看作是一种新的材料,引入平均应力和平均应变的概念,给出满足平衡条件和变形协调条件的钢筋混凝土材料的平均应力 – 平均应变本构关系模型。

　　建立材料的本构模型时,选用膜单元代表剪力墙构件的一部分,如图 8.17 所示,其上分布有正交钢筋,假设膜单元变形时各边仍为直线且对边保持平行,同时假设膜单元中应力与应变是一一对应关系,膜单元产生变形使钢筋与混凝土的应变保持一致。

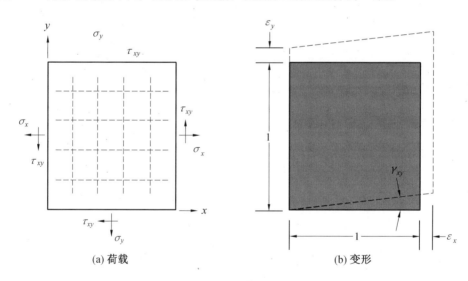

(a) 荷载　　　　　　　　　　　　(b) 变形

图 8.17　膜单元示意图

8.5　基于 OpenSees 和多垂直杆单元的剪力墙非线性分析

　　本节以预制装配式剪力墙结构伪静力试验为模拟对象,对采用 OpenSees 建立基于多垂直杆单元模型的方法进行介绍。

8.5.1　试验模型介绍

　　试验研究为插入式预留孔灌浆钢筋连接预制装配式剪力墙,试件尺寸为高 2 200 mm、宽 1 400 mm、墙厚 200 mm，截面高厚比为 7，为短肢剪力墙，高宽比为 1.571，为中高剪力墙。试件考虑了纵筋直径为 12 mm、14 mm、16 mm 共 3 种情况，纵筋采用 HRB335 级钢筋，钢筋的屈服强度实测平均值分别为 369.6 MPa、343.7 MPa、346.6 MPa；极限强度实测平均值分别为 580.9 MPa、507.5 MPa、555.4 MPa；弹性模量分别为 209 GPa、203 GPa、210 GPa。混凝土采用 C30，标准立方体强度实测平均值为 32.7 MPa。试件配筋和尺寸详图如图 8.18 所示。

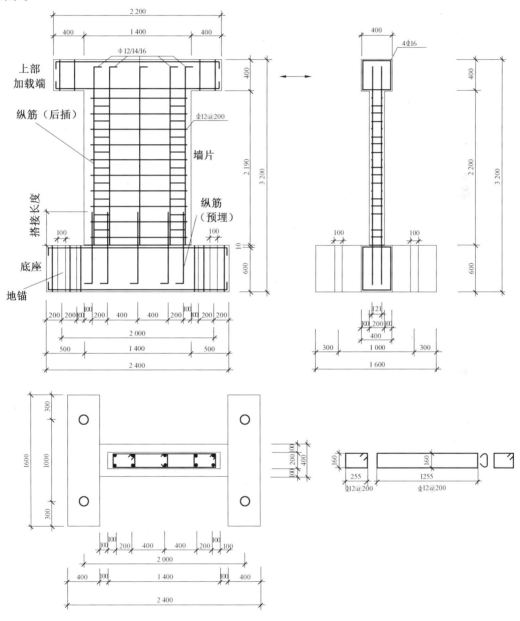

图 8.18　　试件配筋和尺寸详图

试件加载装置如图 8.19 所示。

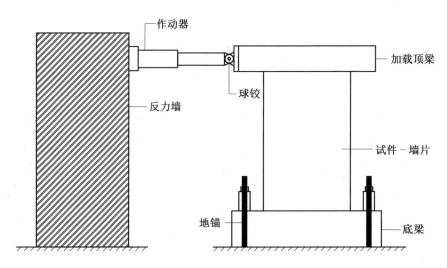

图 8.19   试件加载装置

8.5.2   OpenSees 中基于多垂直杆单元模型的剪力墙建模和分析

试验研究为单片悬臂剪力墙,建模时沿高度方向不进行划分,即仅采用一个多垂直杆单元进行模拟,沿水平方向将剪力墙截面划分为 4 份,即采用 4 个垂直杆单元进行模拟。建模过程如下:

(1) 定义几何参数。

wipe;

wipeAnalysis;

reset;   # 清除之前定义的所有模型和分析

– – – – – – – – – – – – – – 定义模型几何参数 – – – – – – – – – – – – – – – – –

modelBasicBuilder – ndm 2 – ndf 3

setchangduxishu 25.416   # 定义长度系数

set yinglixishu 6.8975   # 定义应力系数

– – – – – – – – – – – – – – – 节点参数 – – – – – – – – – – – – – – – – – –

set b1 [expr 280.0/ $ changduxishu];

set b2 [expr 420.0/ $ changduxishu];

set b3 [expr 420.0/ $ changduxishu];

set b4 [expr 280.0/ $ changduxishu];

sethwall [expr 2200.0/ $ changduxishu];

node 10003 0.0 $ hwall

node 10004 [expr $ b1 + $ b2 + $ b3 + $ b4] $ hwall

node 1 [expr $ b1/2] 0.0

node 2 [expr $ b1 + $ b2/2] 0.0

node 3 [expr $ b1 + $ b2 + $ b3/2] 0.0

node 4 [expr $b1 + $b2 + $b3 + $b4/2] 0.0

node 7 [expr $b1/2] $hwall

node 8 [expr $b1 + $b2/2] $hwall

node 9 [expr $b1 + $b2 + $b3/2] $hwall

node 10 [expr $b1 + $b2 + $b3 + $b4/2] $hwall

------------------ 定义竖向刚性梁节点参数 ------------------

set rigidbeam1 [expr $b1 + $b2];

set rigidbeam2 [expr $b1 + $b2];

setshearspringH [expr 0.2 * $hwall];

node 1001 $rigidbeam1 $hwall

node 1002 $rigidbeam1 $shearspringH

node 1003 $rigidbeam2 $shearspringH

node 1004 $rigidbeam2 0

set xxx [expr $hwall/2]

setyyy [expr $hwall/2]

node 201 [expr $b1/2] $xxx

node 202 [expr $b1 + $b2/2] $xxx

node 203 [expr $b1 + $b2 + $b3/2] $xxx

node 204 [expr $b1 + $b2 + $b3 + $b4/2] $xxx

node 207 [expr $b1/2] [expr $hwall - $yyy]

node 208 [expr $b1 + $b2/2] [expr $hwall - $yyy]

node 209 [expr $b1 + $b2 + $b3/2] [expr $hwall - $yyy]

node 2010 [expr $b1 + $b2 + $b3 + $b4/2] [expr $hwall - $yyy]

------------------ 定义钢筋滑移节点 ------------------

node 501 [expr $b1/2] 0.0

node 502 [expr $b1 + $b2/2] 0.0

node 503 [expr $b1 + $b2 + $b3/2] 0.0

node 504 [expr $b1 + $b2 + $b3 + $b4/2] 0.0

------------------ 定义约束情况 ------------------

fix 1 1 1 1

fix 2 1 1 1

fix 3 1 1 1

fix 4 1 1 1

fix 1004 1 1 1

（2）定义材料和单元。

------------- 定义弹性材料及钢筋滑移材料 -------------

```
uniaxialMaterialElastic 5001 [expr 1.0e + 19/ $ yinglixishu];
uniaxialMaterial Bond_SP01 5002   53.584632 0.1 84.1174 0.4 0.4 0.6
section Aggregator 500 5002 P 5001 Vy 5001 Mz
foreachi {501 502 503 504} j {1 2 3 4} k {501 502 503 504} {
elementzeroLengthSection $i $j $k 500 – orient 0 1 0 1 0 0
puts "element zeroLengthSection $i $j $k 500 – orient 0 1 0 1 0 0"
}
# – – – – – – – – – – – – – – 定义横向和竖向弹性梁 – – – – – – – – – – – – – – – –
set Abeam [expr 1/ $ changduxishu]
setIzbeam [expr $ Abeam * $ Abeam * $ Abeam * $ Abeam *12]
setEbeam [expr 2.0E + 19/ $ yinglixishu]


geomTransfLinear 1
geomTransfLinear 2
setbeamcolumn 1
setbeambeam 2
foreachi {201 202 203 204 205 206 207 208} j {10003 7 8 1001 9 10   1004 1002} k {7 8
1001 9   10 10004 1003 1001} m {2 2 2 2 2   2 1 1} {
elementelasticBeamColumn $i $j $k $ Abeam $ Ebeam $ Izbeam $ m
puts "element elasticBeamColumn $i $j $k $ Abeam $ Ebeam $ Izbeam $ m"
}


foreachi {2001 2002 2003 2004 2005 2006 2007 2008} j {501 502 503 504   207 208 209
2010} k {201 202 203 204   7 8 9 10} m {1 1 1 1 1 1 1 1} {
elementelasticBeamColumn $i $j $k $ Abeam $ Ebeam $ Izbeam $ m
puts "element elasticBeamColumn $i $j $k $ Abeam $ Ebeam $ Izbeam $ m"
}
# – – – – – – – – – – – – – – – – 定义滞回材料 – – – – – – – – – – – – – – – – – –
uniaxialMaterialHysteretic 20002 42.6178003631461 0.00632145105445389
37.5546822471910 0.159962228517469 58.9608511280899 91.3384324834750
– 411.336994732584 – 0.173119294932326 – 82.2673989465169 – 0.285646836638338
– 82.2673989465169 – 0.865596474661631 0.8 0.2 0.0 0.0 0.4
uniaxialMaterialHysteretic 20001 28.8323621608989 0.00632145105445389
37.5546822471910 0.159962228517469 58.9608511280899 91.3384324834750
– 273.482612710112 – 0.173119294932326 – 54.6965225420225
– 0.285646836638338 – 54.6965225420225 – 0.865596474661631 0.8 0.2 0.0 0.0 0.4
# – – – – – – – – – – – – – – – 定义轴向弹簧 – – – – – – – – – – – – – – – – –
foreach i {1 2 3 4} j {201 202 203 204} k {207 208 209 2010} m {20001 20002 20002
20001} {
```

```
element zeroLength $i $j $k - mat $m - dir 2
}
# - - - - - - - - - - - - - - - - - 定义剪切弹簧 - - - - - - - - - - - - - - - - - - - -
uniaxialMaterialHysteretic 4 103.198502545508 0.0177460159362586
104.923618158438 0.0195946490014906 110.445913850987 0.494401671135837
- 103.198502545508 - 0.0177460159362586 - 104.923618158438 - 0.0195946490014906
- 110.445913850987 - 0.494401671135837 0.7 0.2 0.0 0.0 0.4
elementzeroLength 300001 1003 1002 - mat 4 - dir 1
```

（3）施加重力荷载。

```
# - - - - - - - - - - - - - - - - - 重力荷载模式 - - - - - - - - - - - - - - - - - - -
patternPlain 1 "Linear" {
foreach l {201 202 203 204 205 206} {
eleLoad - ele $l - type - beamUniform [ expr - (11.0/4.45e + 3)/(1/25.416) ]
puts "eleLoad - ele $l - type - beamUniform [ expr - (11.0/4.45e + 3)/(1/25.416) ]"
}
}
```

```
# - - - - - - - - - - - - - - - - - 分析选项 - - - - - - - - - - - - - - - - - - - - -
systemBandGeneral                    # 建立系统方程
constraintsTransformation            # 建立约束处理器及转换方法
numbererRCM                          # 建立自由度编号器
testNormDispIncr 1.0e - 12 100 3
                    # 创建收敛测试,残差范数为 1.0e - 12,最大迭代数为 10
algorithmNewton                      # 创建算法,采用 Newton - Raphson 算法
integratorLoadControl 0.01           # 创建积分方案
analysisStatic                       # 指定分析类型
initialize                           # 初始化,需要进行初始刚度迭代
```

```
# - - - - - - - - - - - - - - 创建记录器监视节点位移 - - - - - - - - - - - - - - - -
recorder Node - file mvlem4truss1/x_nodedisp_gravityload.out - time - node 7 8 1001 9
10 - dof 1 disp
recorder Node - file mvlem4truss1/y_nodedisp_gravityload.out - time - node 7 8 1001 9
10 - dof 2 disp
```

```
# - - - - - - - - - - - - - - 执行重力荷载分析,分 10 步进行 - - - - - - - - - - - - -
analyze 100
puts "Gravity load analysis completed"
loadConst - time 0.0                 # 保持重力荷载不变,并重置域中的时间
```

（4）定义输出文件。

```
recorder Node - file mvlem4truss1/x_nodedisp_lateralload.out - time - node 7 8 1001 9
10 - dof 1 disp
```

recorder Node − file mvlem4truss1/y_nodedisp_lateralload. out − time − node 7 8 1001 9 10 − dof 2 disp

recorder Node − file mvlem4truss1/xspring_nodedisp_lateralload. out − time − node 1002 1003 − dof 1 disp

recorder Node − file mvlem4truss1/yspring_nodedisp_lateralload. out − time − node 1002 1003 − dof 2 disp

recorder Element − file mvlem4truss1/axialfocespring_lateralload. out − time − ele 300001 force

recorder Element − file mvlem4truss1/barslip501. out − time − ele 501 force

recorder Element − file mvlem4truss1/barslip502. out − time − ele 502 force

recorder Element − file mvlem4truss1/barslip503. out − time − ele 503 force

recorder Element − file mvlem4truss1/barslip504. out − time − ele 504 force

recorder Node − file mvlem4truss1/barslip_disp_x. out − time − node 501 502 503 504 − dof 1 disp

recorder Node − file mvlem4truss1/barslip_disp_y. out − time − node 501 502 503 504 − dof 2 disp

recorder Element − file mvlem4truss1/axialspring1. out − time − ele 1 force

recorder Element − file mvlem4truss1/axialspring2. out − time − ele 2 force

recorder Element − file mvlem4truss1/axialspring3. out − time − ele 3 force

recorder Element − file mvlem4truss1/axialspring4. out − time − ele 4 force

recorder Node − file mvlem4truss1/axialspring_disp_x_bottom. out − time − node 201 202 203 204 − dof 1 disp

recorder Node − file mvlem4truss1/axialspring_disp_x_top. out − time − node 207 208 209 2010 − dof 1 disp

recorder Node − file mvlem4truss1/axialspring_disp_y_bottom. out − time − node 201 202 203 204 − dof 2 disp

recorder Node − file mvlem4truss1/axialspring_disp_y_top. out − time − node 207 208 209 2010 − dof 2 disp

（5）滞回分析。

sourceanalysishysteretic. tcl;   # 调用滞回分析子程序

setDispMax [list 2. 5 5. 0 7. 5 10. 0 12. 5 15. 0 17. 5 20. 0 22. 5 25. 0 27. 5 30. 0 32. 5 35. 0 37. 5 40. 0]

analysishysteretic 10. 0 10003 1 $ DispMax [expr 0. 02/25. 416]

− − − − − − − − − − − − − − − − − 滞回分析子程序 − − − − − − − − − − − − − − −

本程序只适合于一个自由度的循环往复分析,在 X 方向施加水平力,二维结构

需要的参数水平力、控制节点编号、控制自由度、最大目标位移、分析增量

本程序使用的是更改求解非线性方程的方法

procanalysishysteretic {LateralForceControlNodeControlDOFDispMaxDispDelta} {

定义水平荷载

```
patternPlain 100 Linear {
load $ ControlNode [ expr $ LateralForce] 0. 0 0. 0
}


for {set j 0} { $ j < [llength $ DispMax]} {incr j 1} {
setDispMaxJJJ [lindex $ DispMax $ j]
```

定义位移增量

```
setAnalysisStep [ exprint( $ DispMaxJJJ/25. 416/ $ DispDelta) ]
```

定义分析选项

```
systemBandGeneral
constraintsPlain
numbererPlain
```

收敛准则设置

```
setTolStatic 1. e − 9;
settestTypeStaticEnergyIncr
setmaxNumIterStatic 10
test   $ testTypeStatic $ TolStatic   $ maxNumIterStatic 3
```

分析方法的设定

```
setalgorithmTypeStatic Newton
algorithm $ algorithmTypeStatic
analysisStatic
##############################################################################
setttt 0;
while { $ ttt < = $ AnalysisStep} {
integratorDisplacementControl    $ ControlNode    $ ControlDOF    $ DispDelta    1
$ DispDelta $ DispDelta
  set ok [analyze 1]
  if { $ ok ! = 0} {
  puts " ++++++++ 用牛顿初始刚度法 ++++++++"
  puts "Trying Newton with Initial Tangent . . "
  testNormDispIncr    $ TolStatic    2000 0
  algorithmNewton − initial
  set ok [analyze 1]
  puts " ++++++++ 牛顿初始刚度法 = $ ok"
  test $ testTypeStatic $ TolStatic   $ maxNumIterStatic   0
  algorithm $ algorithmTypeStatic
    }
  if { $ ok ! = 0} {
```

```
puts " ＋＋＋＋＋＋＋＋用 Broyden 法 ＋＋＋＋＋＋＋＋＋"
puts "Trying Broyden .."
algorithmBroyden 8
set ok [analyze 1]
puts " ＋＋＋＋＋＋＋＋Broyden 法 ＝ $ok"
algorithm $algorithmTypeStatic
    }
if { $ok ！ ＝ 0} {
puts " ＋＋＋＋＋＋＋＋＋＋用牛顿线刚度法 ＋＋＋＋＋＋＋＋"
puts "Trying NewtonWithLineSearch .."
algorithmNewtonLineSearch 0.8
set ok [analyze 1]
puts " ＋＋＋＋＋＋＋＋＋＋牛顿线刚度法 ＝ $ok"
algorithm $algorithmTypeStatic
    }
if { $ok ！ ＝ 0} {# stop if still fails to converge
puts " ＋＋＋＋＋＋＋＋＋＋＋＋＋＋＋＋＋＋＋＋＋＋＋＋＋＋＋＋＋＋＋＋＋＋＋＋＋"
puts " 分析失败,停止尝试"
return － 1
    } ;
incrttt 1 ;
} ;# end while loop
puts"& 滞 回 圈 数 ＝ [expr $j]    分 析 结 束 位 移 ＝ [nodeDisp
$ControlNode $ControlDOF"
puts"& 滞回圈数 ＝ [expr $j]    滞回环的目标位移 ＝ $DispMaxJJJ"
########################################################################
setttt 0 ;
while { $ttt ＜ ＝ [expr 2 ＊ $AnalysisStep]} {
integratorDisplacementControl $ControlNode $ControlDOF [expr － $DispDelta]
1 [expr － $DispDelta] [expr － $DispDelta]
set ok [analyze 1]
if { $ok ！ ＝ 0} {
puts " ＋＋＋＋＋＋＋用牛顿初始刚度法 ＋＋＋＋＋＋＋＋"
puts "Trying Newton with Initial Tangent .."
testNormDispIncr $TolStatic    2000 0
algorithmNewton － initial
set ok [analyze 1]
puts " ＋＋＋＋＋＋＋牛顿初始刚度法 ＝ $ok"
test $testTypeStatic $TolStatic    $maxNumIterStatic 0
```

```
algorithm  $ algorithmTypeStatic
    }
if { $ ok ! = 0} {
puts " + + + + + + + + + 用 Broyden 法 + + + + + + + + + +"
puts "Trying Broyden .. "
algorithmBroyden 8
set ok [analyze 1 ]
puts " + + + + + + + + + Broyden 法 = $ ok"
algorithm  $ algorithmTypeStatic
    }
if { $ ok ! = 0} {
puts " + + + + + + + + + + + 用牛顿线刚度法 + + + + + + + + +"
puts "Trying NewtonWithLineSearch .. "
algorithmNewtonLineSearch 0. 8
set ok [analyze 1 ]
puts " + + + + + + + + + + + 牛顿线刚度法 = $ ok"
algorithm  $ algorithmTypeStatic
    }
if { $ ok ! = 0} {# stop if still fails to converge
puts " + + + + + + + + + + + + + + + + + + + + + + + + + + + + + + + + +"
puts " 分析失败,停止尝试"
return  − 1
    } ;
incrttt 1 ;
} ;# end while loop
puts "@  滞 回 圈 数 = [expr  $ j]  分 析 结 束 的 位 移 =
[nodeDisp $ ControlNode $ ControlDOF]"
puts "@ 滞回圈数 = [expr $ j]  滞回环的目标位移 = $ DispMaxJJJ"
#######################################################################

setttt 0 ;
while { $ ttt < = $ AnalysisStep} {
integratorDisplacementControl $ ControlNode $ ControlDOF $ DispDelta
set ok [analyze 1 ]
if { $ ok ! = 0} {
puts " + + + + + + + 用牛顿初始刚度法 + + + + + + + + +"
puts "Trying Newton with Initial Tangent .. "
testNormDispIncr    $ TolStatic    2000 0
algorithmNewton − initial
```

```
set ok [analyze 1]
puts "+++++++ 牛顿初始刚度法 = $ok"
test $testTypeStatic $TolStatic $maxNumIterStatic 0
algorithm $algorithmTypeStatic
    }
if {$ok! = 0} {
puts "++++++++ 用 Broyden 法 +++++++++"
puts "Trying Broyden.."
algorithmBroyden 8
set ok [analyze 1]
puts "++++++++ Broyden 法 = $ok"
algorithm $algorithmTypeStatic
    }
if {$ok! = 0} {
puts "+++++++++++ 用牛顿线刚度法 ++++++++"
puts "Trying NewtonWithLineSearch.."
algorithmNewtonLineSearch 0.8
set ok [analyze 1]
puts "+++++++++++ 牛顿线刚度法 = $ok"
algorithm $algorithmTypeStatic
    }
if {$ok! = 0} {# stop if still fails to converge
puts "+++++++++++++++++++++++++++++++++++++"
puts " 分析失败,停止尝试"
return -1
    };
incrttt 1;
};# end while loop
puts "% 滞回圈数 = [expr $j]  分析结束的位移 = [nodeDisp $ControlNode $ControlDOF]"
puts "% 滞回圈数 = [expr $j]  滞回环的目标位移 = $DispMaxJJJ"
}; #for 循环的结束,滞回环


}; # 子程序 proc 的结束
```

8.5.3　模型分析结果与试验结果的比较验证

将程序分析结果与试验结果进行对比分析(图 8.20),以验证有限元建模方法的正确性和分析结果的精确性,其中 D12、D14、D16 工况,分别指剪力墙纵筋直径为 12 mm、14 mm 和 16 mm。对于是否考虑钢筋滑移,仅对 D12 的工况进行了对比。由比较结果可知,模型分析结果与使用结果整体吻合较好,对 D12 工况,考虑钢筋滑移时分析结果的精确性更好,说明该程序建模方法具有一定的精确性。

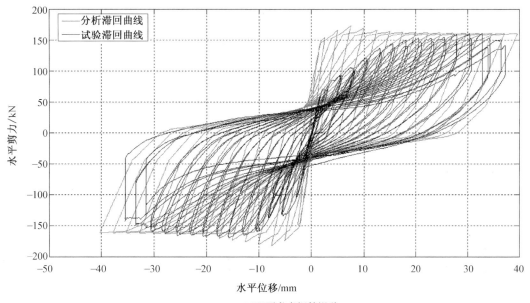

(a)D12工况不考虑钢筋滑移

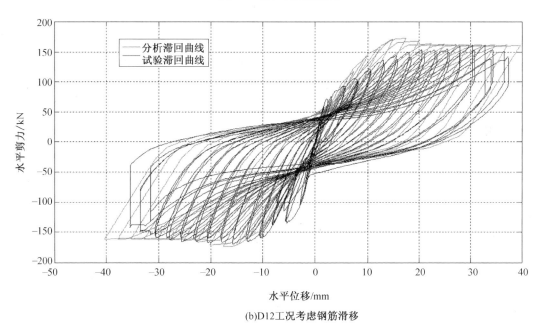

(b)D12工况考虑钢筋滑移

图 8.20   程序分析结果与试验结果对比分析

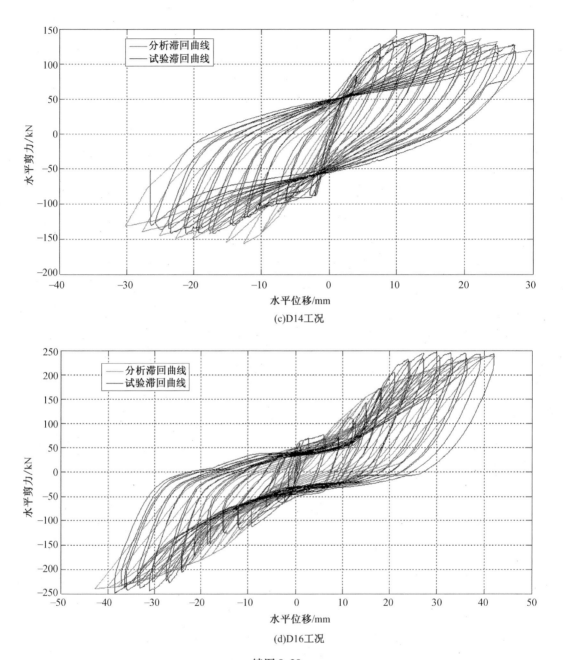

(c)D14工况

(d)D16工况

续图 8.20

第9章 钢筋混凝土框架结构非线性静力弹塑性分析

钢筋混凝土框架结构平面布置灵活多样，传力机制简明清晰，是我国多高层建筑中最常用的结构形式。此外，因其具有较高的承载力、良好的延性和整体性，被广泛应用于地震设防区，因而研究钢筋混凝土框架结构的抗震性能具有重要的意义。基于有限元分析软件的结构非线性分析方法作为一种高效、实用的研究手段被广泛应用于地震工程领域。

现代抗震设计理论从 20 世纪初开始，经历了一个世纪的发展，随着人们对地震动特性和结构动力特性理解的不断深入，结构的抗震设计理论从最初的静力阶段和反应谱阶段，发展到动力阶段及目前的基于性态的抗震设计理论阶段。20 世纪 90 年代初发展起来的基于性态的抗震设计理论，成为工程抗震史上一个重要的里程碑。美国应用技术委员会（Applied Technology Council，ATC）于 1990 年开始对加利福尼亚州大量 20 世纪 70 年代前建造的、未考虑抗震设计的非延性混凝土结构开展调查，在 1996 年的 ATC 40 报告中提出对既有混凝土结构抗震能力进行评估的能力谱法，以指导将来的抗震加固设计。美国联邦紧急事务管理署（Federal Emergency Management Agency，FEMA）随后于 1997 年提出了结构的抗震加固指南 FEMA 273，构建了降低结构地震风险、基于性态的抗震加固理论框架体系，使结构在未来的地震灾害作用下，能够满足各种预定的性态目标或功能要求。目前，由既有结构抗震能力评估发展而来的基于性态的抗震设计思想，已广泛应用于新建结构的抗震设计中。我国在国际上提出基于性态的抗震设计概念不久，就开始了对性态设计理论及其在规范中的实现展开研究。

结构的抗震性能分析分为两种：一种是弹性反应分析，如我国规范中详细规定的底部剪力法、振型分解反应谱法和弹性时程分析法，这些是目前广泛采用的简便而易于实施的分析方法，然而它们无法反映结构在强震作用下的弹塑性受力性能；另一种是弹塑性反应分析，包括静力弹塑性反应分析和动力弹塑性反应分析，它们可以考虑结构的弹塑性性能，因此受到了广大科研工作者的重视。本章将主要介绍基于 OpenSees 的钢筋混凝土框架结构静力弹塑性分析方法，动力弹塑性反应分析将在第 10 章进行介绍。

静力弹塑性分析方法在国外的研究较早，是 20 世纪 80 年代初 Saiidi 和 Sozen 提出的，该方法不仅考虑了构件的弹塑性性能，而且计算简便，成为实现基于性态的抗震设计思想的重要方法，是目前国内外研究的热点，美国、日本、欧洲及我国都在抗震规范中引入了该方法。我国对于静力弹塑性分析方法的研究则起步稍晚，始于 20 世纪 90 年代，但发展却十分迅速。目前，静力弹塑性分析方法在我国的研究已经达到了较高水平，我国的《建筑抗震设计规范》（GB 50011—2010）已明确规定应采用静力弹塑性分析方法对结构进行抗震验算。

静力弹塑性分析方法的优点在于：既能对结构在多遇地震下的弹性设计进行校核，又能够确定结构在罕遇地震下的潜在破坏机制，找到结构的薄弱部位，为结构的抗震设计提供依据；此外，它具有良好的工程实用性，能用较少的时间和费用就能达到工程设计所需要的变形验算精度,还能够同时对结构的宏观(结构承载力和变形)和微观(构件内力和变形)弹塑性性能进行评价。因此,静力弹塑性分析方法在基于性态的抗震设计中得到了广泛的研究与应用。

9.1 影响框架结构抗震性能的主要因素

钢筋混凝土框架结构是目前广泛应用的一种结构形式。该结构的框架梁、柱形成空间骨架,竖向承重构件主要为柱,使结构平面有更大的空间划分自由。影响这类结构抗震性能的因素有很多,总体上主要有两类:外因和内因。外因指场地条件和地震动特性,内因指结构本身的抗震能力。下面将对这两方面分别进行阐述。

9.1.1 外 因

1.场地条件

建筑场地的地质条件与地形地貌对建筑物震害有显著影响,这已被大量的震害实例所证实。地震引起的地表错动与地裂,地基土的不均匀沉陷、滑坡和粉、砂土液化等均给建筑抗震造成不利影响。因此应注意建筑场地的选择,我国的《建筑抗震设计规范》(GB 50011—2010)规定:"选择建筑场地时,应根据工程需要和地震活动情况、工程地质和地震地质的有关资料,对抗震有利、一般、不利和危险地段做出综合评价。对不利地段,应提出避开要求,当无法避开时应采取有效的措施。对危险地段,严禁建造甲、乙类的建筑,不应建造丙类的建筑。"另外,历史震害资料表明,建筑物震害与其下卧土层的构成、覆盖土层厚度密切相关。一般来说,房屋的倒塌率随土层厚度的增加而加大,建造于软弱场地上的建筑的震害一般要重于坚硬场地。

2.地震动特性

地震动也称为地面运动,是由震源释放出来的地震波引起的地表附近的土层的振动。建筑物的地震破坏与地震动三要素密切相关,即地震动的峰值(最大振幅)、频谱和持续时间。最大振幅反映了地震动的强度大小,通过频谱分析可以揭示地震动的周期分布特征,通过持续时间可以考察地震动循环作用程度的强弱。由于结构有其自振频率,当地震动与结构物的自振特性表现为共振形式时,建筑物的震害将大大增加;若地震动的频谱集中于低频,将引起长周期结构物的巨大反应;再如地震动的持时较长时,结构的累计损伤较大,地震烈度一般较高。

9.1.2 内 因

1.结构平立面布置

合理的建筑形体及布置有利于提高结构的抗震性能,建筑的平立面布置应遵循对称、规则、质量与刚度变化均匀的基本原则。震害表明,简单、对称的建筑在地震时不易破坏。结构对称,可以减轻地震时结构的扭转效应;形状规则,则地震时结构的应力集中现象较少;质量与刚度变化均匀,则平面方向上可以使结构的刚度中心与质量中心接近,减轻扭转效应,立面方向可以避免薄弱层的变形集中。我国的《建筑抗震设计规范》(GB 50011—2010)对平立面不规则的主要类型给出了定义和具体参考指标,图9.1和图9.2分别为建筑结构平面、立面不规则的示意图。建筑形体及其构件布置不规则时,应按要求进行地震作用计算和内力调整,并对薄弱部位采取有效的抗震构造措施。

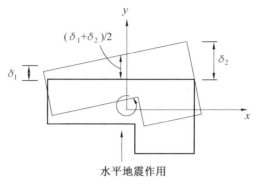

$\delta_2 > 1.2(\delta_1 + \delta_2)/2$,为扭转不规则,但应保证 $\delta \leqslant 1.5(\delta_1 + \delta_2)/2$

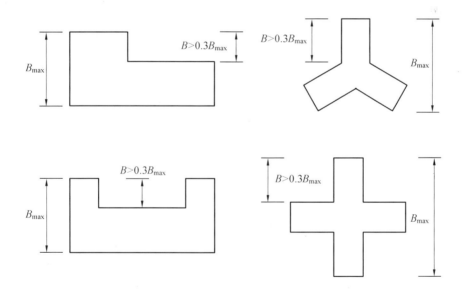

图 9.1　建筑结构平面不规则示意图

2. 承载力和延性

对结构来说,除应具备必要的结构体系,还应具备必要的承载能力、良好的变形能力和消耗地震能量的能力。足够的承载能力和变形能力是两个必要的条件。仅有较高的承载能力而缺少较大的变形能力,很易引起脆性破坏而倒塌;仅有较大的变形能力而缺少较高的抗侧向力的能力,也会在不大的地震作用下产生较大的变形,从而导致非结构构件的破坏或结构本身的失稳,不能满足结构抗震能力的需要。

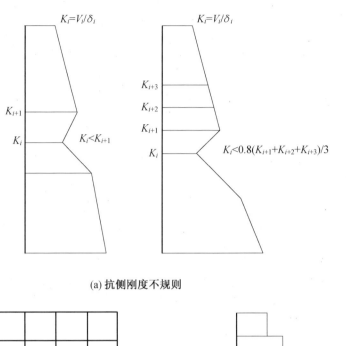

(a) 抗侧刚度不规则

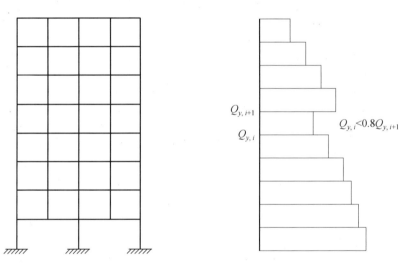

(b) 抗侧力构件不连续　　　　　　　　(c) 抗侧承载力突变

图 9.2　建筑结构立面不规则示意图

　　结构的变形能力取决于组成结构的构件及其连接的延性水平,规范对各类结构采取的抗震措施,基本上是提高各类结构构件的延性水平。例如,混凝土结构构件应控制截面尺寸、受力钢筋、箍筋的设置,防止剪切破坏先于弯曲破坏、混凝土的压溃先于钢筋的屈服、钢筋的锚固黏结破坏先于钢筋破坏;构件连接节点的破坏不应先于其连接的构件,避免结构由于连接破坏而丧失整体性;框架柱的破坏不应先于框架梁的破坏;等等。

　　在框架结构中,框架柱对框架抗震能力的发挥起着至关重要的作用,它支撑着整个框架,将结构上的荷载传递到地基上。因此,对框架柱的承载力和延性水平应有可靠的保证,如限制框架柱的轴压比,以保证框架柱的塑性变形能力和保证框架的抗倒塌能力;箍筋配置、体积配箍率应满足要求,利用箍筋对混凝土进行约束,可以提高混凝土的轴心抗压强度和混凝土的受压极限变形能力;应控制框架柱的剪跨比不能过小,因为剪跨比过小,刚度较大,柱中的地震力也较大,容易导致柱的脆性剪切破坏,如短柱破坏等。王立争对 3 根不同剪跨比的框架柱进行了拟静力试验研究,发现框架柱的延性随剪跨比的提高而提高,剪跨比越大,滞回曲线越饱满,耗能能力越好,因而框架柱的抗震性能越好。

总之,框架结构在地震时应能体现"强剪弱弯""强节点弱构件""强柱弱梁"的设计原则,使构件不会发生剪切破坏先于弯曲破坏的脆性破坏现象,地震时,框架结构应形成"梁—柱—节点"依次屈服的破坏机制,使结构内部具有多道抗震防线,通过保证构件连接节点的强度和延性,使整个结构始终保持其整体性,进而保证各构件的强度和变形能力得到充分有效的发挥,这样整个结构的抗震能力才会得到保证。

3. 楼板

楼板对于框架结构抗震性能的影响主要体现在两个方面:

(1) 楼板的刚性可保证建筑物的空间整体性能和地震力的有效传递。在目前框架结构设计中,一般都假定楼板在自身平面内的刚度无限大,在水平荷载作用下楼板只有刚性位移而不变形,因此在构造设计上,应使楼板具有较大的平面内刚度。为此,应采用现浇楼板结构,楼板的厚度应满足最小值规定,当楼板有较大凹入或开有大面积洞口时,被凹口或洞口划分开的各部分之间的连接较为薄弱,在地震中容易相对振动而使削弱部位产生震害,因此对凹入或洞口的大小应加以限制,如图 9.3 所示。但当楼板平面比较狭长、凹入及开洞使楼板削弱较大时,楼板可能产生显著的面内变形,此时计算模型中应考虑楼板的变形,并采取加强措施。

(2) 现浇楼板可作为框架梁的有效翼缘,提高了框架梁的抗弯刚度,同时框架梁的扭转也受到楼板的约束,增大了框架梁的抗扭能力。在抗震设计时,应考虑楼板对框架梁的增强作用,若不考虑,则会低估框架梁的实际抗弯能力,造成框架梁的"超强"现象,塑性铰多出现于柱端而梁端较少,形成柱铰破坏机制,不利于框架结构抗震。

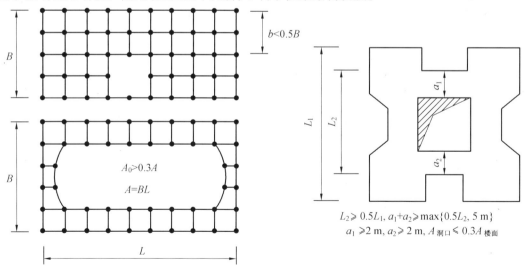

图 9.3　楼板凹入及开洞的构造要求

4. 非结构构件

在框架结构中,经常采用砌体填充墙作为结构的围护和分隔墙体,在抗震设计时,目前多数国家仍然采用"纯框架"的设计模型,将填充墙作为非结构构件处理而忽略其对框架结构整体抗震性能的影响,我国规范建议采用 0.6 ~ 0.7 的结构基本周期折减系数,通过增大水平地震力的方法来考虑填充墙对框架结构刚度的贡献。在 2008 年汶川地震中,框架填充墙结构发生了较为严重的震害,各国规范积极贯彻的"强柱弱梁"抗震设计理念几乎没有任何体现,由于楼板与填充墙对框架梁抗弯刚度的约束增强作用,导致许多框架填充墙结构在柱端出现塑性铰进而引发结构的整体倒塌,结构呈现出"强梁弱柱"的破坏机制。同时,填充墙沿结构竖向布置不连续造成的结构薄弱层失效(图 9.4)、填充墙平面布置不对称造成的结构扭转破坏(图 9.5)、窗下墙体造成框架柱发生的短柱剪切破坏(图 9.6)、填充墙倒塌造成的人员伤亡及阻塞逃生通道(图 9.7)等震害现象也随处可见。

(a) 底层填充墙布置较少,形成薄弱层　　　　　(b) 中间层填充墙布置较少,形成薄弱层

(c) 底部大空间框架在底层柱端形成塑性铰

图 9.4　填充墙竖向布置不连续造成薄弱层失效

汶川地震中破坏严重的框架填充墙结构引发了我国土木工程界的广泛关注与思考,开始重新审视填充墙与框架之间的协同工作机制以及填充墙对框架结构整体抗震性能的影响规律。已有的研究表明:填充墙的存在使结构整体刚度提高 4 ~ 7 倍,自振周期折减系数为 0.3 ~ 0.5,结构阻尼比从 4% ~ 6% 提高到 12% 左右;填充墙的率先破坏可起到主体框架结

(a) 东侧边框架设有填充墙　　　　　　　　(b) 西侧边框架 1~2 层未设填充墙

图 9.5　填充墙平面布置不对称造成结构扭转破坏

图 9.6　填充墙造成框架柱发生短柱剪切破坏

图 9.7　填充墙发生面外倒塌

构第一道抗震防线的作用;虽然填充墙的存在使框架结构的承载力和刚度较纯框架有所提高,但结构整体的延性和变形能力大幅降低;同时对设计时并未考虑其影响的框架结构梁、柱、节点产生附加作用,使结构的整体失效模式可能发生转变。

5.构造措施

根据抗震概念设计原则,一般不需要计算而必须对结构和非结构各部分采取各种细部要求。由于地震的不确定性和结构的复杂性,仅靠抗震计算是不能满足抗震设防目标的,抗震构造措施是结构抗震设计不可或缺的重要内容。框架结构的抗震构造措施包括:遵守强柱弱梁、强剪弱弯、强节点弱构件的原则,避免短柱,加强角柱,避免出现薄弱层,楼层最小地震剪力的要求,框架梁柱构件最截面尺寸、纵筋和箍筋配置要求,框架柱轴压比限制,框架节点核芯区箍筋的配置要求等。只有同时满足抗震计算和抗震构造措施,结构才能充分发挥其良好的抗震能力。

影响钢筋混凝土框架结构抗震性能的因素有很多,除了以上列举的因素外,还包括材料、施工以及人为因素,如不按标准施工、抗震设计不合理、未按抗震要求设防等。

9.2 静力弹塑性分析的基本原理

静力弹塑性分析是对结构分析模型施加竖向荷载并保持不变,同时施加沿结构高度为某种规定分布形式且逐渐增加的侧向力或侧向位移(侧向力的分布反映了地震惯性力沿结构高度的分布情况),采用荷载控制或位移控制的方式,在加载过程中根据构件屈服程度不断调整结构刚度矩阵,直至结构模型控制点达到目标位移或结构倾覆为止,得到结构的基底剪力 – 顶点位移能力曲线,因此也被称为静力 Pushover 分析或静力推覆分析。

静力弹塑性分析的目的是对建筑结构的抗震性能进行检查或评估,目标是预测结构和构件在给定地震作用下的峰值响应。结构的 Pushover 分析结果反映了结构本身固有的抗震能力,将结构固有的抗震能力与一定的地震需求进行结合,可以判断结构在该特定地震作用下的抗震能力是否达到要求,从而实现对结构抗震性能的评估。

利用静力弹塑性 Pushover 分析对结构进行抗震性能评估的基本思路如下:

(1)建立 Pushover 曲线,即结构荷载 – 位移曲线,一般表示为结构基底剪力 – 顶点侧移关系。

(2)选择用于评估的地震水准。

(3)选择用于评估的性能水准。

(4)为各个性能水准确定容许准则。

(5)选择合适的方法进行结构抗震性能评估,主要有 ATC 40 采用的"能力谱法"和 FEMA 356 推荐的"目标位移法"。

9.2.1 基本假定

结构的静力弹塑性分析方法是基于以下两个基本假定:

(1)结构(一般为多自由度体系)的地震反应与该结构等效单自由度体系的反应相关,也就是说,结构的地震反应主要由第一振型控制,其他振型的影响可以忽略。

（2）在地震过程中,结构的侧移可以用位移形状向量表示,且在整个地震反应过程中,无论结构变形大小,该位移形状向量保持不变。

严格地说,以上两个假设没有严密的理论基础,但是 Saiidi、Fajfar、钱稼茹、Gupta 等的研究表明,对于由第一振型控制的结构,静力弹塑性分析方法能够较好地预测结构在地震作用下的弹塑性响应。对于高阶振型参与成分较多的复杂结构,该方法需要进一步改进。

9.2.2　Pushover 分析

对结构进行静力弹塑性 Pushover 分析,建立 Pushover 曲线的具体步骤为:

（1）建立结构分析模型,确定各构件的力 - 变形关系。

（2）计算结构在重力荷载代表值下的内力,以便与后面水平荷载作用下的内力叠加。

（3）选择合适的侧向力加载模式,逐步施加水平力,当该水平力产生的内力与重力荷载代表值产生的内力叠加后恰好能使一个或一批构件屈服时,修改已屈服构件的刚度特性:将已达到抗弯强度的梁、柱、剪力墙等受弯构件的末端设置为铰结点,将楼层上已达到抗剪强度的剪力墙去掉,将已经屈曲且屈曲后强度下降很快的支撑构件去掉,对于那些刚度已降低,但可承受更多荷载的构件,则修改其刚度特性。

（4）重复第（3）步,直至结构的侧移达到某一水准地震作用下的目标位移或由于塑性铰数量过多而形成机构,对每一加载步计算结构的内力和变形以及累计施加的荷载。

（5）绘制结构的基底剪力 - 顶点位移在不同加载阶段的关系曲线。

1. 分析模型的建立

建立正确合理的分析模型是进行结构静力弹塑性分析十分关键的一步。用于 Pushover 分析的结构模型,能够充分体现结构行为的三维特征,即质量分布、强度、刚度和不同方向的变形能力。故应了解结构中影响这些特征的关键部位或构件,结构模型中应该反映这些关键构件的力学行为,而那些对结构性能影响很小的次要构件在结构模型中可以不考虑。但有些次要构件或非结构构件的存在会显著影响结构的强度和刚度甚至结构的失效模式,比如钢筋混凝土框架结构中的砌体填充墙,在建立结构模型时应考虑其影响。

如何模拟构件的屈服和屈服后行为是建立结构分析模型的关键内容。对于杆件单元,常采用离散的塑性铰来模拟杆件的非线性行为,可以在杆件的任意位置指定塑性铰,若仅在杆件两端定义塑性铰,则称之为集中塑性铰单元,若在沿构件长度方向上间隔一定距离定义若干塑性铰,则称之为分布塑性铰单元。塑性铰之间的单元定义为弹性。此外,还可以使用纤维模型来模拟杆件的塑性行为,纤维模型基于平截面假定,将杆件的内力 - 变形关系转换为材料的应力 - 应变关系。

2. 侧向力的加载模式

静力弹塑性分析时所采用的侧向力的加载模式代表地震作用下结构楼层惯性力的分布,结构在地震作用过程中所承受的地震力是不规则、随机变化的,当结构处于线弹性反应阶段时,结构楼层惯性力的分布主要受地震频谱特性和结构动力特性的影响;当结构处于弹塑性反应阶段时,结构楼层惯性力的分布还将随着结构弹塑性变形程度、地震作用时间和过程而发生变化。此外,不同侧向力模式下结构的破坏机制也不相同,故结构的静力弹塑性分析应选择合适的侧向力加载模式,本书主要介绍以下几种侧向荷载的加载模式。

(1) 质量比例型加载模式。

$$\Delta F_i = \frac{w_i}{\sum\limits_{j=1}^{n} w_j} \Delta V_b \tag{9.1}$$

式中,ΔF_i 为结构第 i 层的侧向力增量;ΔV_b 为结构基底剪力的增量;w_i 和 w_j 分别为第 i、j 层的质量;n 为结构的总层数。该加载模式在结构各层侧向力的大小与楼层质量成正比。若各楼层质量相等,则称之为均匀分布加载模式,如图 9.8(a)所示,此加载模式适用于刚度与质量沿高度分布较均匀且薄弱层为底层的结构。

(2) 倒三角加载模式(底部剪力法模式)。

$$\Delta F_i = \frac{w_i h_i}{\sum\limits_{j=1}^{n} w_j h_j} \Delta V_b \tag{9.2}$$

式中,h_i、h_j 分别为结构第 i、j 层楼面距地面的高度。该加载模式适用于结构高度不大于 40 m,以剪切变形为主,且质量和刚度沿高度分布较为均匀的结构,如图 9.8(b)所示。

(3) 抛物线加载模式。

$$\Delta F_i = \frac{w_i h_i^k}{\sum\limits_{j=1}^{n} w_j h_j^k} \Delta V_b \tag{9.3}$$

式中,k 为控制侧向力分布形式的参数,取值如下:

$$k = \begin{cases} 1.0 & (T \leqslant 0.5 \text{ s}) \\ 1.0 + \dfrac{T - 0.5}{2.5 - 0.5} & (0.5s < T < 2.5 \text{ s}) \\ 2.0 & (T \geqslant 2.5 \text{ s}) \end{cases} \tag{9.4}$$

式中,T 为第一振型周期,当 $k = 1.0$ 时,即为倒三角加载模式。抛物线加载模式可以较好地反映结构在地震作用下高阶振型的影响,如图 9.8(c)所示。

(4) 变振型加载模式(振型自适应加载模式,SRSS 法)。

利用前一步加载获得的结构周期与振型,采用振型分解反应谱法确定各阶振型对应的反应谱值,再以 SRSS 组合方法计算结构各层的层间剪力,然后由各层层间剪力反算出各层的水平荷载,作为下一步施加的水平荷载模式。图 9.8(d)所示为变振型加载模式示意图,其计算公式为

$$F_{ji} = \alpha_j \gamma_j \phi_{ji} w_i \tag{9.5}$$

$$V_{ji} = \sum_{i}^{n} F_{ji} \tag{9.6}$$

$$V_i = \sqrt{\sum_{j=1}^{m} V_{ji}^2} \tag{9.7}$$

$$F_i = V_i - V_{i+1} \tag{9.8}$$

式中,F_{ji}、V_{ji}、ϕ_{ji} 分别为前一步加载的第 j 振型第 i 层的水平地震作用、楼层剪力和水平相对位移;α_j、γ_j 分别为前一步加载第 j 振型对应的地震影响系数和振型参与系数;m 为考虑的振型数;n 为结构的总层数;V_i、V_{i+1} 分别为 m 个振型经过 SRSS 组合后第 i、$i+1$ 层的楼层剪力;

F_i 为第 i 层的水平地震作用。

以上前 3 种加载模式属于固定的加载模式,即在整个加载过程中侧向力的分布形式保持不变,不考虑加载过程中结构楼层地震惯性力的重分布。相比于前 3 种加载模式,第 4 种加载模式考虑了高阶振型及结构刚度变化对楼层惯性力分布的影响,比较合理,但工作量大大增加。实际上,由于任何一种侧向力加载模式都不可能反映结构全部的变形和受力要求,不论用何种分布方式都将使得和该加载方式相似的振型作用得到加强,而其他振型的作用则被削弱;而且在强地震作用下,结构进入弹塑性状态,结构的自振周期和惯性力大小及分布方式也随之变化,楼层惯性力的分布不可能用一种分布方式来反映。因此,通常建议至少采用两种以上的侧向力加载模式进行静力弹塑性分析,特别是高阶振型影响不可忽略的结构。比如:美国 FEMA 273 推荐 3 种侧向力分布模式,包括均匀分布、倒三角分布和自适应 SESS 分布;新的欧洲规范(Europe Code 8)也要求至少有两种侧向力分布模式。

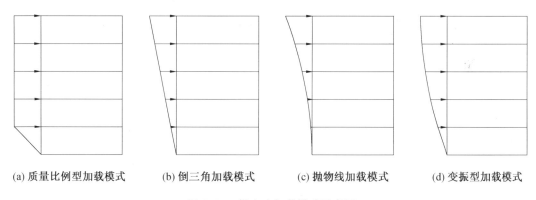

| (a) 质量比例型加载模式 | (b) 倒三角加载模式 | (c) 抛物线加载模式 | (d) 变振型加载模式 |

图 9.8　侧向力加载模式示意图

9.2.3　结构的抗震性能评估

对结构进行抗震性能评估的关键是寻求结构在特定地震作用下的目标位移。结构的目标位移反映了结构在特定地震作用水平下可能达到的最大位移(一般指结构的顶点位移)。求解目标位移的基本原理是:先将原多自由度体系转换为等效的单自由度体系,然后采用弹塑性时程分析法或弹塑性位移谱法计算等效单自由度体系的最大位移,进而可计算结构的目标位移。

如何利用 Pushover 能力曲线来确定不同地震作用下结构的目标位移,进而对结构的抗震性能做出评价,目前主要有以下两种方法:① 美国 ATC 40 采用的"能力谱法"(改进能力谱法);② 美国 FEMA 356 推荐的"位移修正系数法"。

1. 能力谱法

能力谱法作为一种近似方法,最早是由 Freeman 等在 1975 年为美国海军抗震工程项目做简化评估时提出的,后经发展被美国 ATC 40 推荐使用。该方法可以确定一座建筑能否经受起一次地震的考验,若能幸免,则其遭受的损失是多少。其基本原理是:将反映结构自身能力的能力谱曲线与反映某一地震水准要求的地震需求谱曲线绘制在同一张图上,求出两者的交点,即表示结构在该地震水准作用下所需要达到的抗震能力,将该交点称之为目标位移点或性能点。其中,能力谱曲线(加速度 – 位移形式)可由结构的 Pushover 分析得到的能力曲线(基底剪力 – 顶点位移关系)转换而来,需求谱曲线(加速度 – 位移形式)可由标准反应谱(加速度 – 周期形式)转换而来。

(1)能力谱的建立。

通过将结构的 Pushover 曲线(即基底剪力 – 顶点位移曲线)进行转换可以得到以加速度 – 位移形式表示的能力谱,即 ADRS 模式,如图 9.9 所示,具体的转换公式如下:

$$S_{ai} = \frac{V_i}{\alpha_1 M} \tag{9.9}$$

$$S_{di} = \frac{\Delta_{i,\text{roof}}}{\gamma_1 \phi_{1,\text{roof}}} \tag{9.10}$$

$$\alpha_1 = \frac{\left[\sum_{i=1}^{n}(w_i\phi_{1i})/g\right]^2}{\left[\sum_{i=1}^{n}w_i/g\right]\left[\sum_{i=1}^{n}(w_i\phi_{1i}^2)/g\right]} \tag{9.11}$$

$$\gamma_1 = \frac{\sum_{i=1}^{n}(w_i\phi_{1i})/g}{\sum_{i=1}^{n}(w_i\phi_{1i}^2)/g} \tag{9.12}$$

式中,V_i、$\Delta_{i,\text{roof}}$ 分别为结构能力曲线上的任意一点所对应的基底剪力和顶点位移;S_{ai},S_{di} 分别为能力谱上对应于推覆点(V_i,$\Delta_{i,\text{roof}}$)的谱加速度和谱位移;M 为结构的总质量;α_1 为第一振型的有效质量系数;γ_1 为第一振型的振型参与系数;$\phi_{1,\text{roof}}$ 为第一振型对应的结构顶点振幅;w_i、ϕ_{1i} 分别为结构第 i 层的质量和第一振型对应的第 i 层的振幅。

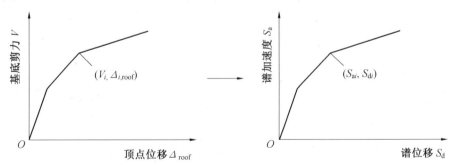

图 9.9　从基底剪力 – 顶点位移曲线到能力谱的转换

(2)需求谱的建立。

静力弹塑性分析采用是弹塑性需求谱,因此需要弹性需求谱转换成弹塑性需求谱,目前获得结构弹塑性需求谱的途径主要有两种:

①采用地面运动加速度时程作为结构的地震输入,直接建立等效单自由度体系的弹塑性需求谱,但是该方法需要该场地的大量地震动记录,且要求采用能够反映结构弹塑性特征的滞回模型,故使用受到限制。

②将规范用的地震影响系数谱转换成弹塑性需求谱。目前,在抗震设计中常采用此法。

该方法的具体实施步骤是先利用式(9.13)将规范中的地震影响系数谱($\alpha - T$格式)转换成地震加速度反应谱($S_a - T$格式),然后利用式(9.14)将地震加速度反应谱转换成加速度 – 位移形式(ADRS格式),即得到弹性地震需求谱,如图9.10所示,最后通过将结构的弹塑性耗能等效为阻尼耗能,采用有效黏滞阻尼对弹性需求谱进行折减得到弹塑性需求谱。

$$S_{ai} = \alpha_i g \tag{9.13}$$

$$S_{di} = \left(\frac{T_i}{2\pi}\right)^2 S_{ai} \tag{9.14}$$

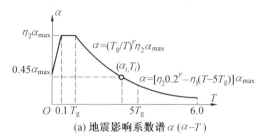

(a) 地震影响系数谱 α ($\alpha - T$)

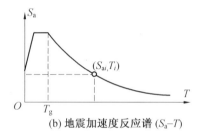

(b) 地震加速度反应谱 ($S_a - T$)

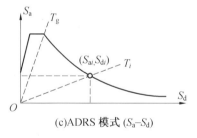

(c)ADRS 模式 ($S_a - S_d$)

图9.10 地震影响系数谱转换为弹性地震需求谱

当结构进入塑性阶段以后,结构的固有黏滞阻尼及滞回阻尼会导致结构在运动过程中产生耗能作用,因此需要对弹性需求谱进行折减。ATC 40 采用有效黏滞阻尼 β_{eff} 来考虑这一折减:先将能力谱曲线按照能量相等的原理转换为双线型,如图9.11 所示,等效的条件为 $A_1 = A_2$;然后根据式(9.15)和式(9.16)计算有效黏滞阻尼,如图9.12 所示;最后由式(9.17)计算需求谱的折减系数,对弹性需求谱(阻尼比为5%)进行折减,如图9.13 所示。

$$\beta_0 = \frac{1}{4\pi}\frac{E_D}{E_{S0}} = \frac{0.637(S_{ayi}S_{dpi} - S_{dyi}S_{api})}{S_{api}S_{dpi}} \tag{9.15}$$

$$\beta_{\text{eff}} = \kappa\beta_0 + \beta = \frac{\kappa \cdot 0.637(S_{ayi}S_{dpi} - S_{dyi}S_{api})}{S_{api}S_{dpi}} + \beta \tag{9.16}$$

$$SR_A = \frac{3.21 - 0.68\ln(100\beta_{eff})}{2.12}, \quad SR_V = \frac{2.31 - 0.41\ln(100\beta_{eff})}{1.65} \quad (9.17)$$

式中,β 为结构本身固有的黏滞阻尼,取 0.05;E_D 为阻尼耗能,等于图 9.12 中滞回环所包括的面积,即平行四边形的面积;E_{S0} 为最大应变能,等于图 9.12 中阴影部分的三角形面积;κ 为阻尼修正系数,由于图 9.12 中的滞回环为理想化的情况,真实状况会有所不同,为了考虑这种差异而引入了该修正系数;(S_{ayi}, S_{dyi}) 与 (S_{api}, S_{dpi}) 分别为双线型能力谱曲线上的屈服点与任意点;SR_A、SR_V 分别为等加速度段和等速度段的折减系数,其取值不应小于表 9.1 中的值,其中结构的行为类别主要与抗震体系主要构件的性能以及地震动持时有关。

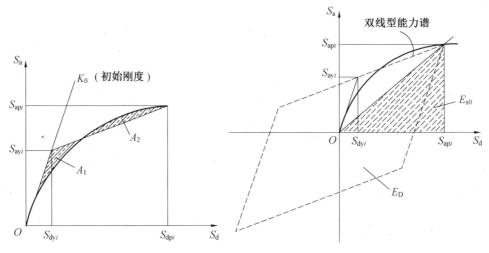

图 9.11　能力谱曲线的双线性化　　　　图 9.12　用于需求谱折减的阻尼推导

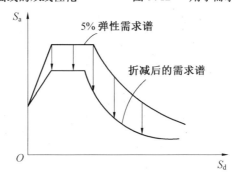

图 9.13　需求谱的折减

表 9.1　SR_A、SR_V 的最小取值

结构行为类别	SR_A	SR_V
A	0.33	0.50
B	0.44	0.56
C	0.56	0.67

（3）求解目标位移。

ATC 40 给出了 3 种能力谱法求解目标位移的迭代计算方法,这里介绍其中较常用的一种,迭代步骤如下(图 9.14):

① 建立阻尼比为 5% 的弹性需求谱。

② 利用式(9.9) ~ (9.12) 将 Pushover 分析得到的能力曲线转换为能力谱,并将其与 5% 阻尼比的弹性需求谱画在一张图上。

③ 在能力谱上选取一个试验点 $S_{pi} = (S_{api}, S_{dpi})$。

④ 将能力谱双线性化,求出屈服点 $S_{yi} = (S_{ayi}, S_{dyi})$。

⑤ 根据式(9.15) ~ (9.17) 计算折减系数 SR_A、SR_V,并对阻尼比为 5% 的弹性需求谱进行折减。

⑥ 求出折减后需求谱与能力谱的交点 $S_{p(i+1)} = (S_{ap(i+1)}, S_{dp(i+1)})$,若 $S_{dp(i+1)}$ 满足下式,则 S_{pi} 就是所要求的性能点,否则以 $S_{p(i+1)}$ 作为新的试验点并返回 ④ 步重新求解。

$$0.95 S_{dpi} \leqslant S_{dp(i+1)} \leqslant 1.05 S_{dpi} \tag{9.18}$$

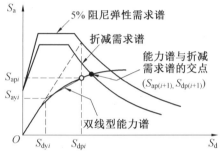

图 9.14　能力谱法求解目标位移的迭代示意图

2. 改进能力谱法

采用 ATC40 的能力谱方法求解目标位移存在不足之处,如对于某些结构迭代过程会不收敛。因此 Chopra 于 1999 年提出了改进的能力谱法。改进的能力谱法与 ATC40 能力谱法的一个重要区别在于:改进能力谱法是建立在对非弹性体系分析的基础之上,而能力谱法则是基于对等效线性体系的分析之上。该方法采用等延性谱,目标位移的求解过程如下:将能力谱与具有不同延性系数的需求谱画在一张图上,会产生若干个交点,若其中某一交点对应能力曲线的延性系数刚好和交于此处的需求谱的延性系数相同,则该交点即为性能点,如图 9.15 所示。与能力谱法相比,此方法不需要迭代求解。非弹性加速度与非弹性位移可由下式求得:

$$S_a = \frac{S_{ae}}{R_\mu} \tag{9.19}$$

$$S_d = \frac{\mu}{R_\mu} S_{de} = \frac{\mu}{R_\mu} \frac{T^2}{4\pi^2} S_{ae} = \mu \frac{T^2}{4\pi^2} S_a \tag{9.20}$$

式中,S_{ae}、S_{de} 分别为弹性单自由度体系的谱加速度与谱位移;S_a、S_d 分别为非弹性单自由度体系的谱加速度与谱位移;μ 为延性系数;R_μ 为折减系数,计算公式如下:

$$\begin{cases} R_\mu = (\mu - 1) \dfrac{T}{T_0} + 1 & (T \leqslant T_0) \\ R_\mu = \mu & (T > T_0) \end{cases} \tag{9.21}$$

$$T_0 = 0.65 \mu^{0.3} T_g \leqslant T_g \tag{9.22}$$

式中, T_g 为场地的特征周期。

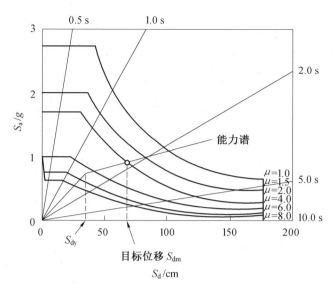

图 9.15　改进能力谱法求解目标位移示意图

3. 位移修正系数法

位移修正系数法是 FEMA356 推荐的方法。该方法是通过多个系数调整等效弹性单自由度(SDOF)体系在地震作用下的弹性位移,得到相应的多自由度(MDOF)弹塑性体系的顶点目标位移。其计算公式为

$$\delta_t = C_0 C_1 C_2 C_3 \frac{T_e^2}{4\pi^2} S_a \tag{9.23}$$

式中, T_e 为等效弹性单自由度体系的基本周期; S_a 为等效弹性(SDOF)体系在相应等效周期和等效阻尼比下的谱加速度; $C_0 \sim C_3$ 为修正系数。

(1)等效弹性体系的基本周期 T_e 。

首先将结构的能力曲线表示为双线型,如图 9.16 所示,确定结构的有效弹性侧向刚度 K_e 和屈服强度 V_y , K_e 取 $0.6V_y$ 对应的割线刚度。然后利用式(9.24)计算 T_e ,得

$$T_e = T_i \sqrt{\frac{K_i}{K_e}} \tag{9.24}$$

式中, T_i 为结构的弹性基本周期; K_i 为弹性侧向刚度。

(2)修正系数 C_0 。

C_0 为等效弹性 SDOF 体系的弹性位移转化为 MDOF 体系顶点弹性位移的修正系数,受结构自振特性和推覆侧力影响。 C_0 可以采用下列方法之一进行确定:① 取控制点所在楼层的第一振型参与系数;② 基于结构在目标位移处的变形向量计算的控制点楼层的振型参与系数;③ 采用表 9.2 中的值,层数位于表中所给层数之间时采用线性插值法确定。

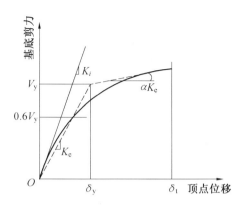

图 9.16　能力曲线的双线性化

表 9.2　修正系数 C_0 的取值

层数	剪切型建筑		其他建筑
	倒三角侧力模式	均布侧力模式	任意侧力模式
1	1.0	1.0	1.0
2	1.2	1.15	1.2
3	1.2	1.2	1.3
5	1.3	1.2	1.4
10 +	1.3	1.2	1.5

注:"剪切型建筑"是指楼层的层间位移随高度的增大而逐渐减小

(3) 修正系数 C_1。

C_1 为将弹性位移转化为最大非弹性位移的修正系数,FEMA356 建议的 C_1 的取值为

$$C_1 = \begin{cases} 1 & (T_e \geq T_g) \\ \left[1 + (R - 1) \dfrac{T_g}{T_e} \right] / R & (T_e < T_g) \end{cases} \tag{9.25}$$

式中,$R = \dfrac{S_a/g}{V_y/W} \cdot \dfrac{1}{C_0}$;$W$ 为全部恒载和部分可变荷载的组合值;T_g 为场地的特征周期;V_y 根据图 9.16 确定。任何情况下 C_1 的值都不应小于 1.0。

(4) 修正系数 C_2。

C_2 为考虑往复加载滞回环捏拢、承载力下降和刚度退化的修正参数,即对于滞回耗能性能不好的结构,其位移需求要适当提高,按表 9.3 取值,T 表示结构的基本周期,当 T 位于 0.1 s 和 T_g 之间时采用线性插值法。对于非线性过程,C_2 允许取 1.0。

表 9.3　修正系数 C_2 的取值

结构性能水准	$T \leq 0.1$ s		$T \geq T_g$	
	第一类结构	第二类结构	第一类结构	第二类结构
立即使用	1.0	1.0	1.0	1.0
生命安全	1.3	1.0	1.1	1.0
防止倒塌	1.5	1.0	1.2	1.0

注:"第一类结构"指对于结构中的任意楼层,以下构件的任意组合承担的剪力超过楼层剪力 30% 的结构:一般的弯曲型框架、中心支撑框架、部分约束连接框架、受拉支撑、无筋砌体墙、剪切型构件、支柱、砌体或钢筋混凝土拱肩。"第二类结构"指除了"第一类结构"以外的结构

（5）修正系数 C_3。

C_3 为考虑动力 $P - \Delta$ 效应使位移增加的修正系数，当结构的推覆曲线为强化型时，C_3 取 1.0；当结构的推覆曲线为软化型时，C_3 可采用下式进行计算：

$$C_3 = 1.0 + \frac{|\alpha|(R - 1)^{3/2}}{T_e} \tag{9.26}$$

式中，α 为屈服后刚度与有效弹性刚度 K_e 的比值。

位移修正系数法提供了一种直接计算结构目标位移的简易方法，它不需要将结构的能力曲线转换为 ADRS 模式，但计算的准确性更多地依赖于几个修正系数的取值。

9.3 OpenSees 中实现框架结构静力弹塑性分析的方法与步骤

9.3.1 框架结构概况

为了了解 OpenSees 中框架结构静力弹塑性分析的实现过程，下面将以一个 5 层 3 跨的框架结构为例，其平立面布置、框架梁柱截面及配筋图如图 9.17 所示。楼屋面面荷载取 6 kN/m²，砖砌体填充墙作用于框架梁上的线荷载为 8.7 kN/m，混凝土抗压强度为 25 MPa，受力纵筋和箍筋的屈服强度分别为 360 MPa 和 260 MPa，混凝土和钢筋的弹性模量分别为 30 GPa 和 200 GPa，框架梁、柱受力纵筋的保护层厚度分别取 25 mm 和 30 mm。

9.3.2 建模及分析步骤

在 OpenSees 中建立该框架的平面模型，其附属面积如图 9.17(a) 中阴影部分所示。分析程序包括主程序和子程序，图 9.18 给出了对该框架结构进行弹塑性分析的流程图。

下面将对 OpenSees 中实现该框架结构静力弹塑性 Pushover 分析的具体过程进行详细讲解，主要包括以下 11 个分析程序（"#"表示"注释"的作用，程序运行时不会执行"#"之后的内容）。

1. 定义单位(*Units. tcl*)

```
set NT 1.0;                          # 定义力输出数据的单位"牛"
set mm 1.0;                          # 定义长度输出数据的单位"毫米"
set sec 1.0;                         # 定义时间输出数据的单位"秒"
set LunitTXT "mm";                   # 定义长度输出文本"mm"
set FunitTXT "kN";                   # 定义力输出文本"kN"
set TunitTXT "sec";                  # 定义时间输出文本"sec"
set kN [expr 1000 * $NT];            # 1 kN = 1 000 NT
set MPa [expr 1.0 * $NT/pow($mm,2)]; # 1 MPa = 1 NT/mm²
set m [expr 1000 * $mm];             # 1 m = 1 000 mm
set mm2 [expr $mm * $mm];            # mm²
set g [expr 9800 * $mm/pow($sec,2)]; # 1 g = 9 800 mm/s²
```

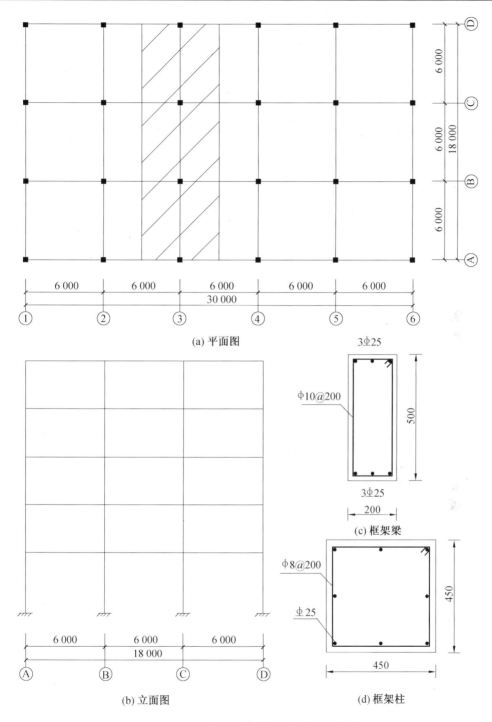

图 9.17　立面布置、框架梁柱截面及配筋

set PI〔expr 2 * asin(1.0)〕;　　　　　　# 定义常量π
set Ubig 1. e10;　　　　　　　　　　　# 定义一个很大的数
set Usmall〔expr 1/ $ Ubig〕;　　　　　# 定义一个很小的数
puts "Units defined completely";　　　　# 定义屏幕输出文本

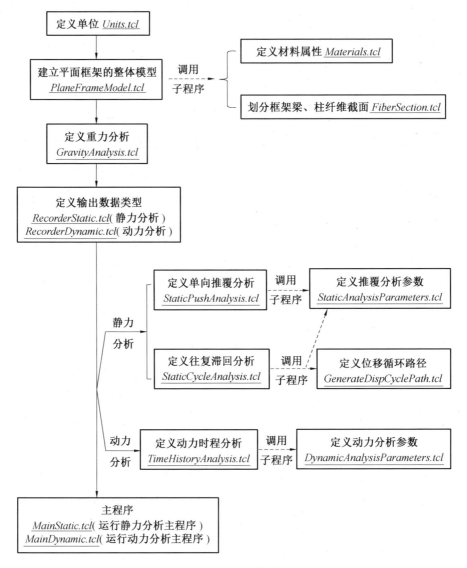

图 9.18　OpenSees 中框架结构弹塑性分析流程图

2. 定义材料属性(*Materials. tcl*)

这里主要是定义混凝土和钢筋材料的本构关系,混凝土本构采用 OpenSees 中不考虑混凝土受拉的 Concrete01 定义,钢筋采用 OpenSees 中的 Steel02 定义。箍筋约束混凝土的峰值和极限应力、应变根据过镇海提出的模型进行确定。其具体做法是基于本例中框架梁、柱的截面及配筋信息,编制过镇海本构模型的 Matlab 程序,根据程序运行结果可以得到箍筋约束框架梁、柱混凝土的峰值和极限应力、应变的值。

```
# ------------------------- 定义材料参数 -------------------------
# 基本参数
set fc [expr 25 * $ MPa];                # 混凝土抗压强度为 25 MPa
set Ec [expr 30000 * $ MPa];             # 混凝土弹性模量为 30 000 MPa
```

```
# 保护层混凝土
set fc1U  - $ fc;                        # 素混凝土峰值抗压强度( + 为受拉, - 为受压)
set eps1U - 0.002;                       # 素混凝土峰值压应变
set fc2U [ expr 0.2 * $ fc1U];           # 素混凝土极限抗压强度
set eps2U - 0.004;                       # 素混凝土极限压应变
# 框架梁箍筋约束核芯区混凝土(根据过镇海本构模型确定)
set fc1CB [ expr - 25.94 * $ MPa];       # 约束梁混凝土峰值抗压强度
set eps1CB - 0.0024;                     # 约束梁混凝土峰值压应变
set fc2CB [ expr - 18 * $ MPa];          # 约束梁混凝土极限抗压强度
set eps2CB - 0.006;                      # 约束梁混凝土极限压应变
# 框架柱箍筋约束核芯区混凝土(根据过镇海模型确定)
set fc1CC [ expr - 25.34 * $ MPa];       # 约束柱混凝土峰值抗压强度
set eps1CC - 0.0021;                     # 约束柱混凝土峰值压应变
setfc2CC [ expr - 17 * $ MPa];           # 约束柱混凝土极限抗压强度
set eps2CC - 0.005;                      # 约束柱混凝土极限压应变
# 纵筋
set Fy [ expr360 * $ MPa];               # 纵筋屈服强度
set Es [ expr 200000 * $ MPa];           # 纵筋弹性模量
set Bs 0.0005;                           # 应变硬化率,为强化段斜率与初始斜率之比
set R0 18;
set cR1 0.925;
set cR2 0.15;
# - - - - - - - - - - - - - - - 指定混凝土和钢筋的材料本构 - - - - - - - - - - - - - - -
# 为具有不同本构关系的材料设定标签
set IDCover 1;
set IDCoreB 2;
set IDCoreC 3;
set IDSteel 4;
# 指定保护层混凝土本构关系
uniaxialMaterial Concrete01 $ IDCover $ fc1U $ eps1U $ fc2U $ eps2U;
# 指定框架梁箍筋约束核芯区混凝土本构关系
uniaxialMaterial Concrete01 $ IDCoreB $ fc1CB $ eps1CB $ fc2CB $ eps2CB;
# 指定框架柱箍筋约束核芯区混凝土本构关系
uniaxialMaterial Concrete01 $ IDCoreC $ fc1CC $ eps1CC $ fc2CC $ eps2CC;
# 指定受力纵筋本构关系
uniaxialMaterial Steel02 $ IDSteel $ Fy $ Es $ Bs $ R0 $ cR1 $ cR2;
puts "Materials defined completely";    # 定义屏幕输出文本
```

3. 划分框架梁、柱纤维截面(*FiberSection. tcl*)

框架梁或柱截面根据材料属性的不同可分为保护层素混凝土、核芯区箍筋约束混凝土和受力纵筋 3 类纤维,OpenSees 中构件纤维截面的划分示意图如图 9.19 所示。

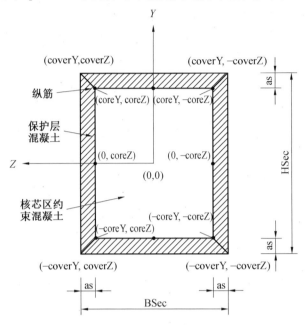

图 9.19　OpenSees 中构件纤维截面划分示意图

```
# - - - - - - - - - - - - - - - - - - - 纤维截面划分 - - - - - - - - - - - - - - - - - - -
proc FiberSection {id HSec BSec as IDCover IDCore IDSteel numBarsTop numBarsInt
numBarsBot barArea1} {;
    set nfCoreY [expr int(( $ HSec - 2 * $ as)/10)];
                                        # 核芯区沿 Y 方向每 10 mm 划分一个纤维
    set nfCoreZ [expr int(( $ BSec - 2 * $ as)/10)];
                                        # 核芯区沿 Z 方向每 10 mm 划分一个纤维
    set nfCoverY [expr int( $ HSec/10)];   # 保护层沿 Y 方向每 10 mm 划分一个纤维
    set nfCoverZ [expr int( $ BSec/10)];   # 保护层沿 Z 方向每 10 mm 划分一个纤维
    set coverY [expr $ HSec/2.0];          # 沿 Y 方向由 Z 轴至截面边缘的距离
    set coverZ [expr $ BSec/2.0];          # 沿 Z 方向由 Y 轴至截面边缘的距离
    set coreY [expr $ coverY - $ as];      # 沿 Y 方向由 Z 轴至纵筋中心的距离
    set coreZ [expr $ coverZ - $ as];      # 沿 Z 方向由 Y 轴至纵筋中心的距离
    section fiberSec $ id {;
    # - - - - - - - - - - - - - - - - - 核芯区混凝土纤维划分 - - - - - - - - - - - - - - - -
    # 箍筋包围核芯区混凝土划分 nfCoreZ × nfCoreY 个纤维
    patch quadr $ IDCore $ nfCoreZ $ nfCoreY - $ coreY $ coreZ - $ coreY -
$ coreZ $ coreY
        - $ coreZ $ coreY $ coreZ;
```

```
# - - - - - - - - - - - - - - - 保护层混凝土纤维划分 - - - - - - - - - - - - -
# 截面左侧混凝土保护层划分 2 × nfCoverY 个纤维
patch quadr $IDCover 2 $nfCoverY - $coverY $coverZ - $coreY $coreZ
$coreY $coreZ
  $coverY $coverZ;
# 截面下侧混凝土保护层划分 nfCoverZ × 2 个纤维
patch quadr $IDCover $nfCoverZ 2 - $coverY $coverZ - $coverY - $coverZ
- $coreY
  - $coreZ - $coreY $coreZ;
# 截面右侧混凝土保护层划分 2 × nfCoverY 个纤维
patch quadr $IDCover 2 $nfCoverY - $coreY - $coreZ - $coverY -
$coverZ $coverY
  - $coverZ $coreY - $coreZ;
# 截面上侧混凝土保护层划分 nfCoverZ × 2 个纤维
patch quadr $IDCover $nfCoverZ 2 $coreY $coreZ $coreY - $coreZ $coverY
- $coverZ
  $coverY $coverZ;
# - - - - - - - - - - - - - - - 指定截面受力纵筋纤维 - - - - - - - - - - - - -
# 沿截面核芯区上边缘(y = + coreY) 均匀布置 numBarsTop 根纵筋
layer straight $IDSteel $numBarsTop $barArea1 $coreY $coreZ $coreY
- $coreZ;
# 在截面左、右核芯区边缘中点处(y = 0) 共布置 numBarsInt 根纵筋
layer straight $IDSteel $numBarsInt $barArea1 0 $coreZ 0 - $coreZ;
# 沿截面核芯区下边缘(y = - coreY) 均匀布置 numBarsBot 根纵筋
layer straight $IDSteel $numBarsBot $barArea1 - $coreY $coreZ - $coreY
- $coreZ;
  };
};
puts "Fiber Section defined completely";          # 定义屏幕输出文本
```

4. 建立平面框架的整体模型(*PlaneFrameModel. tcl*)

图 9.20 给出了建模所采用的框架节点编号、梁柱单元编号、作用荷载及坐标,注意图中梁、柱交点处的圆圈表示节点,而不是表示铰接。平面框架建模时考虑 3 个自由度,即沿 X、Y 方向的位移和绕 Z 轴的转动,OpenSees 中分别用 1、2、3 表示这 3 个方向的自由度。

```
# - - - - - - - - - - - - - - - - - 模型建立 - - - - - - - - - - - - - - - -
wipe;
model BasicBuilder - ndm 2 - ndf 3;          # 定义维数 ndm = 2,自由度 ndf = 3
# - - - - - - - - - - - - - - - - 定义几何参数 - - - - - - - - - - - - - - -
set LColB  [expr 4500 * $mm];                # 底层框架柱高度为 4 500 mm
```

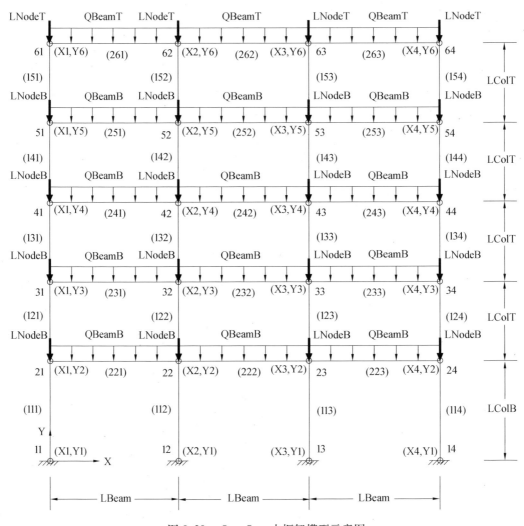

图 9.20　OpenSees 中框架模型示意图

set LColT　［expr 3600 * $ mm］;　　　　　# 2 ~ 5 层框架柱高度为 3 600 mm

set LBeam　［expr 6000 * $ mm］;　　　　　# 框架梁跨度 6 000 mm

set NStory 5;　　　　　　　　　　　　# 框架结构总层数为 5 层

set NBay 3;　　　　　　　　　　　　　# 框架结构跨度为 3 跨

set LBuilding ［expr 18900 * $ mm］;　　　　# 框架结构总高度为 18 900 mm

#指定框架节点坐标(基本格式为"node 节点编号　　X 坐标 Y 坐标")

set X1 0.;

set X2 ［expr $ X1 + $ LBeam］;

set X3 ［expr $ X2 + $ LBeam］;

set X4 ［expr $ X3 + $ LBeam］;

set Y1 0.;

set Y2 ［expr $ Y1 + $ LColB］;

set Y3 ［expr $ Y2 + $ LColT］;

```
set Y4 [expr $Y3 + $LColT];
set Y5 [expr $Y4 + $LColT];
set Y6 [expr $Y5 + $LColT];
set XNodeCoord "$X1 $X2 $X3 $X4";
set YNodeCoord "$Y1 $Y2 $Y3 $Y4 $Y5 $Y6";
for {set level 1} {$level <= [expr $NStory + 1]} {incr level 1} {;
set YNodeCoordi [lindex $YNodeCoord [expr $level − 1]];
for {set pier 1} {$pier <= [expr $NBay + 1]} {incr pier 1} {;
set nodeID [expr $level * 10 + $pier];
set XNodeCoordi [lindex $XNodeCoord [expr $pier − 1]];
node $nodeID $XNodeCoordi $YNodeCoordi;
};
};
# −−−−−−−−−−−−−−−−− 定义框架底端固定约束 −−−−−−−−−−−−−−−−−
```

（基本格式为"fix 节点编号 X 向位移约束 Y 向位移约束 绕 Z 轴的转动约束"，"1"表示约束，"0"表示自由，即未约束。）

```
fix 11 1 1 1;
fix 12 1 1 1;
fix 13 1 1 1;
fix 14 1 1 1;
# −−−−−−−−−−−−−−−−−−−−− 指定材料属性 −−−−−−−−−−−−−−−−−−−−−
source Materials.tcl;                    # 调用"定义材料属性"的子程序
# −−−−−−−−−−−−−−−−− 划分框架梁、柱纤维截面 −−−−−−−−−−−−−−−−−
# 为梁、柱截面分别定义标签
set BeamSecTag 1;
set ColSecTag 2;
# 定义梁、柱截面参数
set numBarsTop 3;                        # 定义梁或柱截面上部纵筋的总根数
set numBarsBot 3;                        # 定义梁或柱截面下部纵筋的总根数
set Dbar [expr 25 * $mm];                # 定义纵筋直径为 25 mm
set barArea1 [expr $PI * pow($Dbar,2)/4.0];   # 定义单根纵筋截面面积
set HCol [expr 450 * $mm];               # 指定框架柱截面高度为 450 mm
set BCol $HCol;                          # 指定框架柱截面宽度与高度相同
set coverC [expr 30 * $mm];              # 指定框架柱纵筋的保护层厚度为 30 mm
set numBarsIntC 2;                       # 定义柱截面中部纵筋的总根数
set asC [expr $coverC + $Dbar/2];        # 指定柱纵筋中心至最近截面边缘的距离
set HBeam [expr 500 * $mm];              # 指定框架梁截面高度为 500 mm
set BBeam [expr 200 * $mm];              # 指定框架梁截面宽度为 200 mm
set coverB [expr 25 * $mm];              # 指定框架梁纵筋保护层厚度为 25 mm
```

```
set numBarsIntB 0;                      # 定义梁截面中部纵筋的总根数
set asB [expr $coverB + $Dbar/2];       # 指定梁纵筋中心至最近截面边缘的距离
source FiberSection.tcl;                 # 调用"划分框架梁、柱纤维截面"的过程
# 利用"FiberSection.tcl"中定义的过程,对框架梁截面进行纤维划分
FiberSection $BeamSecTag $HBeam $BBeam $asB $IDCover $IDCoreB $IDSteel
$numBarsTop $numBarsIntB $numBarsBot $barArea1;
    # 利用"FiberSection.tcl"中定义的过程,对框架柱截面进行纤维划分
FiberSection $ColSecTag $HCol $BCol $asC $IDCover $IDCoreC $IDSteel
$numBarsTop $numBarsIntC $numBarsBot $barArea1;
    # -------------------------- 定义构件 --------------------------
```

(定义非线性梁、柱构件的基本格式为"element nonlinearBeamColumn 构件编号 始端节点编号 末端节点编号 积分点个数 构件截面标签 坐标转换标签")

```
# 定义局部坐标和整体坐标的转换关系
set IDColTransf 1;
set IDBeamTransf 2;
geomTransf PDelta $IDColTransf;          # 框架柱局部 - 整体坐标转换,考虑 P - Δ 效应
geomTransf Linear $IDBeamTransf;         # 框架梁局部 - 整体坐标转换
set np4;                                  # 定义单元积分点的个数为 4 个
# 框架柱构件定义
for {set level 1} {$level <= $NStory} {incr level 1} {;
    for {set pier 1} {$pier <= [expr $NBay + 1]} {incr pier 1} {;
        set ColID [expr 100 + $level * 10 + $pier];
        set nodeIDi [expr $level * 10 + $pier];
        set nodeIDj [expr ($level + 1) * 10 + $pier];
        element    nonlinearBeamColumn    $ColID    $nodeIDi    $nodeIDj
$np $ColSecTag
            $IDColTransf;
    };
};
# 框架梁构件定义
for {set level 2} {$level <= [expr $NStory + 1]} {incr level 1} {;
    for {set pier 1} {$pier <= [expr $NBay]} {incr pier 1} {;
        set BeamID [expr 200 + $level * 10 + $pier];
        set nodeIDi [expr $level * 10 + $pier];
        set nodeIDj [expr $level * 10 + $pier + 1];
        element    nonlinearBeamColumn    $BeamID    $nodeIDi    $nodeIDj
$np $BeamSecTag
            $IDBeamTransf;
    };
```

｝；

––––––––––––––––––定义重力荷载––––––––––––––––––

定义荷载参数

（这里指定沿框架平面方向布置的梁为横梁，垂直框架平面方向布置的梁为纵梁。在计算楼板传给横梁的线荷载时，其附属面积取梁两侧楼板跨度之和的一半，同时将纵梁上的线荷载（对 1 ~ 4 层为纵梁自重和其上部填充墙的自重线荷载之和，对顶层为纵梁自重线荷载）化为集中荷载作用在框架节点上。）

```
set GamaRC [expr 25 * $kN/pow($m,3)];      # 定义钢筋混凝土的重度为 25 kN/m³
set ASlab [expr 6 * $kN/pow($m,2)];      # 定义楼板的面荷载为 6 kN/m²
set QMasonry [expr 8.7 * $kN/$m];      # 定义填充墙自重线荷载为 8.7 kN/m
set QSlab [expr $ASlab * $LBeam];      # 定义楼板传给横梁的线荷载
set QBeam [expr $GamaRC * $HBeam * $BBeam];
                                # 定义框架梁的自重线荷载
set QBeamB [expr $QBeam + $QSlab + $QMasonry];
                                # 定义 1 ~ 4 层横梁承担的总线荷载
set QBeamT [expr $QBeam + $QSlab];      # 定义顶层横梁承担的总线荷载
set QColumn [expr $GamaRC * $HCol * $BCol];
                                # 定义框架柱的自重线荷载
set QGirder [expr $QBeam + $QMasonry];
                                # 定义 1 ~ 4 层纵梁承担的总线荷载
set LNodeB [expr $QGirder * $LBeam/2 * 2];
                                # 定义 1 ~ 4 层纵梁传给框架节点的荷载
set LNodeT [expr $QBeam * $LBeam/2 * 2];
                                # 定义顶层纵梁传给框架节点的荷载
```

施加重力荷载

（施加构件均布线荷载的基本格式为"eleLoad – ele 构件编号（当几个构件的线荷载相同时，可以将这几个构件的编号并列写出）– type － beamUniform　垂直于构件轴线的线荷载值　沿构件轴线的线荷载值"；施加节点荷载的基本格式为"load　$nodeID　沿 X 向的力　沿 Y 向的力　绕 Z 轴的弯矩"。）

```
pattern Plain 101 Linear {;
    # 施加横梁上作用的总线荷载
    eleLoad – ele 221 222 223 – type – beamUniform – $QBeamB 0;
    eleLoad – ele 231 232 233 – type – beamUniform – $QBeamB 0;
    eleLoad – ele 241 242 243 – type – beamUniform – $QBeamB 0;
    eleLoad – ele 251 252 253 – type – beamUniform – $QBeamB 0;
    eleLoad – ele 261 262 263 – type – beamUniform – $QBeamT 0;
    # 施加柱自重线荷载
    eleLoad – ele 111 112 113 114 – type – beamUniform 0 – $QColumn;
    eleLoad – ele 121 122 123 124 – type – beamUniform 0 – $QColumn;
```

```
eleLoad – ele 131 132 133 134 – type – beamUniform 0 – $ QColumn;
eleLoad – ele 141 142 143 144 – type – beamUniform 0 – $ QColumn;
eleLoad – ele 151 152 153 154 – type – beamUniform 0 – $ QColumn;
# 施加纵梁传给框架节点的集中荷载
for {set level 2} { $ level < = [expr $ NStory + 1]} {incr level 1} {;
    if { $ level < = $ NStory} {;
        set FY – $ LNodeB;
    } else {;
        set FY – $ LNodeT;
    };
    for {set pier 1} { $ pier < = [expr $ NBay + 1]} {incr pier 1} {;
        set nodeID [expr $ level * 10 + $ pier];
        load $ nodeID 0.0 $ FY 0.0;
    };
};
};
```

———————————— 定义节点质量 ————————————
定义质量参数(每个节点的质量 = 与之相交的框架梁柱所承担的荷载之和的一半重力加速度 g)

```
set MSideNodeB [expr ( $ QColumn * $ LColB/2 + $ QColumn * $ LColT/2 + $ QBeamB * $ LBeam/2 +
    $ LNodeB )/ $ g];                    # 定义首层边节点质量
set MMidNodeB [expr ( $ QColumn * $ LColB/2 + $ QColumn * $ LColT/2 + $ QBeamB * $ LBeam +
    $ LNodeB)/ $ g];                     # 定义首层中间节点质量
set MSideNodeM [expr ( $ QColumn * $ LColT/2 + $ QColumn * $ LColT/2 + $ QBeamB * $ LBeam/2 +
    $ LNodeB)/ $ g];                     # 定义 2 ~ 4 层边节点质量
set MMidNodeM [expr ( $ QColumn * $ LColT/2 + $ QColumn * $ LColT/2 + $ QBeamB * $ LBeam +
    $ LNodeB)/ $ g];                     # 定义 2 ~ 4 层中间节点质量
set MSideNodeT [expr ( $ QColumn * $ LColT/2 + $ QBeamT * $ LBeam/2 + $ LNodeT)/ $ g];
                                         # 定义顶层边节点质量
set MMidNodeT [expr ( $ QColumn * $ LColT/2 + $ QBeamT * $ LBeam + $ LNodeT)/ $ g];
                                         # 定义顶层中间节点质量
```

施加节点质量
(基本格式为"mass 节点编号　沿 X 向质量 沿 Y 向质量　绕 Z 轴的转动质量")

mass 21　　$ MSideNodeB 0.0. ;

mass 22　　$ MMidNodeB 0.0. ;

mass 23　　$ MMidNodeB 0.0. ;

mass 24　　$ MSideNodeB 0.0. ;

mass 31　　$ MSideNodeM 0.0. ;

mass 32　　$ MMidNodeM 0.0. ;

mass 33　　$ MMidNodeM 0.0. ;

mass 34　　$ MSideNodeM 0.0. ;

mass 41　　$ MSideNodeM 0.0. ;

mass 42　　$ MMidNodeM 0.0. ;

mass 43　　$ MMidNodeM 0.0. ;

mass 44　　$ MSideNodeM 0.0. ;

mass 51　　$ MSideNodeM 0.0. ;

mass 52　　$ MMidNodeM 0.0. ;

mass 53　　$ MMidNodeM 0.0. ;

mass 54　　$ MSideNodeM 0.0. ;

mass 61　　$ MSideNodeT 0.0. ;

mass 62　　$ MMidNodeT 0.0. ;

mass 63　　$ MMidNodeT 0.0. ;

mass 64　　$ MSideNodeT 0.0. ;

------------------ 定义水平荷载参数 ------------------

#水平力沿楼层高度分布模式采用倒三角加载模式,各层楼盖处的总水平力 Fj、每个节点承担的水平力大小 PFj 采用如下公式确定,其中 n 为结构总层数,m 为每层节点总个数。

$$Fj = \frac{WjHj}{\sum_{i=1}^{n} WiHi}, \quad PFj = \frac{Fj}{m}$$

set WeightFloor2 [expr ($ MSideNodeB * 2 + $ MMidNodeB * 2) * $ g];

set WeightFloor3 [expr ($ MSideNodeM * 2 + $ MMidNodeM * 2) * $ g];

set WeightFloor4 $ WeightFloor3 ;

set WeightFloor5 $ WeightFloor3 ;

set WeightFloor6 [expr ($ MSideNodeT * 2 + $ MMidNodeT * 2) * $ g];

set WeightTotal [expr $ WeightFloor2 + $ WeightFloor3 * 3 + $ WeightFloor6];

set sumWiHi [expr　$ WeightFloor2 * $ Y2　+　$ WeightFloor3 * $ Y3　+ $ WeightFloor4 * $ Y4 + $ WeightFloor5 * $ Y5 + $ WeightFloor6 * $ Y6];

#计算各层楼盖处的总水平力大小

set F2 [expr $ WeightFloor2 * $ Y2/ $ sumWiHi * $ WeightTotal];

set F3 [expr $ WeightFloor3 * $ Y3/ $ sumWiHi * $ WeightTotal];

set F4 [expr $ WeightFloor4 * $ Y4/ $ sumWiHi * $ WeightTotal];

set F5 [expr $ WeightFloor5 * $ Y5/ $ sumWiHi * $ WeightTotal];

set F6［expr ＄WeightFloor6 ＊ ＄Y6/＄sumWiHi ＊ ＄WeightTotal］；
#计算各层楼盖处每个节点承担的水平力大小
set PF2［expr ＄F2/4］；
set PF3［expr ＄F3/4］；
set PF4［expr ＄F4/4］；
set PF5［expr ＄F5/4］；
set PF6［expr ＄F6/4］；
set iPF "＄PF2 ＄PF3 ＄PF4 ＄PF5 ＄PF6"；
puts "Plane Frame Model built completely"；   # 定义屏幕输出文本

5. 定义重力分析(*GravityAnalysis. tcl*)

```
# － － － － － － － － － － － － － 定义重力分析参数 － － － － － － － － － －
system BandGeneral；                # 定义方程组的存储求解方法
constraints Plain；                 # 定义边界处理方法
numberer RCM；                      # 对节点自由度编号进行优化
set TolGravity 1. 0e － 8；          # 定义收敛精度参数
set MaxNumGravity10；               # 定义最大迭代步数参数
testNormDispIncr ＄TolGravity ＄MaxNumGravity；    # 定义收敛准则
algorithm Newton；                  # 定义迭代方法为牛顿法
integrator LoadControl0. 1；        # 指定加载方式为力控制加载
analysis Static；                   # 定义分析类型为静力分析
# － － － － － － － － － － － － － 进行重力分析 － － － － － － － － － － － －
analyze 10；                        # 重力荷载分10步逐步施加
loadConst － time 0. 0；             # 保持重力荷载不变并将时间重设为0
puts "Gravity Analysis finished"；   # 定义屏幕输出文本
```

6. 定义输出数据类型(*RecorderStatic. tcl*)

模型建立完成后,在进行分析之前,具体指在执行"analyze"命令之前,应指定程序运行需要输出的数据的类型,比如力和变形,可以考虑不同的自由度方向,如前所述,1、2、3 分别代表沿 X、Y 向的平动和绕 Z 轴的转动自由度。

```
file mkdir data；                   # 定义数据存储目录
# － － － － － － － － 记录各层边节点(21,31,41,51,61)的位移 － － － － － － － － －
#基本格式为"recorder Node － file 数据存储文件名 － time － node 节点编号    － dof
自由度代号    disp"
for ｛set iN 21｝｛＄iN ＜ ＝61｝｛incr iN 10｝｝；
recorder Node － file data/DispNode ＄iN. txt － time － node ＄iN － dof 1 disp；
｝；
# － － － － － － － 记录各层边柱(111,121,131,141,151)的层间位移角 － － － － － － － －
#基本格式为"recorder    Drift    － file    数据存储文件名    － time    － iNode 柱底节点
```

编号 – jNode　柱顶节点编号　– dof　自由度代号　– perpDirn　与位移方向相垂直的坐标轴方向(1、2、3 分别代表 X、Y、Z 轴)"

```
for {set iN 11} { $ iN < = 51} {incr iN 10} {;
    set jN [expr $ iN + 10];
    set kCol [expr $ iN + 100];
    recorder Drift – file data/DriftCol $ kCol. txt – time – iNode $ iN – jNode $ jN –
dof 1 – perpDirn 2;
};
# ––––––––– 记录底层柱底端节点(11,12,13,14) 的反力 ––––––––––
# 基本格式为"recorder　Node　– file　数据存储文件名　– time　– node 节点编号
– dof 自由度代号　reaction"
for {set iN 11} { $ iN < = 14} {incr iN 1} {;
recorder Node – file data/ReacNode $ iN. txt – time – node $ iN – dof 1 reaction;
};
puts "Recorder defined completely";         # 定义屏幕输出文本
```

7. 定义推覆分析参数(*StaticAnalysisParameters. tcl*)

```
constraints Plain;
numberer RCM;
system BandGeneral;
set TolStatic 1. 0e – 8;
set MaxNumStatic10;
set testTypeStatic NormDispIncr;
test $ testTypeStatic $ TolStatic $ MaxNumStatic;
set algorithmTypeStatic Newton;
algorithm $ algorithmTypeStatic;
set IDctrlNode 61;         # 指定位移控制节点为61 节点(框架顶层端节点)
set IDctrlDOF 1;                           # 指定位移控制方向为 X 方向
# 指定加载方式为位移控制加载
integrator DisplacementControl $ IDctrlNode $ IDctrlDOF $ Dincr;
analysis Static;
```

8. 定义单向推覆分析(*StaticPushAnalysis. tcl*)

```
# –––––––––––––––– 定义位移控制加载参数 –––––––––––––––
set Dmax [expr400 * $ mm];             # 定义控制点的最大加载位移
set Dincr [expr 0. 1 * $ mm];           # 定义位移加载步长
# –––––––––––––––– 施加侧向荷载 ––––––––––––––––
pattern Plain 200 Linear {;
    for {set level 2} { $ level < = [expr $ NStory + 1]} {incr level 1} {;
```

```
        set PFi [lindex $iPF [expr $level − 1 − 1]];
        for {set pier 1} {$pier <= [expr $NBay + 1]} {incr pier 1} {;
            set nodeID [expr $level * 10 + $pier];
            load $nodeID $PFi 0.0 0.0;
        };
    };
};
# − − − − − − − − − − − − − − − 定义推覆分析参数 − − − − − − − − − − − − − − − −
```

（使用"wipeAnalysis"命令,该命令将前面重力分析定义的分析参数包括 constraints、numberer、system、test、algorithm、integrator、analysis 全部清除,从而可以重新定义推覆分析的分析参数。）

```
wipeAnalysis;
source StaticAnalysisParameters. tcl;          # 调用"定义推覆分析参数"的子程序
# − − − − − − − − − − − − − − − 执行单向推覆分析 − − − − − − − − − − − − − − − −
set Nsteps [expr int($Dmax/$Dincr)];    # 定义分析总步数
set ok [analyze $Nsteps];                       # 进行 Nsteps 步推覆分析
```

#若上述 Nsteps 步推覆分析成功,则 ok 返回值为0;若分析失败,则 ok 返回值为负值,程序将执行下列 if 语句,尝试其他的数值计算方法继续计算。

```
if{$ok != 0} {;
    set currentDisp [nodeDisp $IDctrlNode $IDctrlDOF];
    set ok 0;
    while {$currentDisp < $Dmax && $ok == 0} {;
        set ok [analyze 1];
        if {$ok != 0} {;
            puts "Trying Newton with Initial Tangent";
            test NormDispIncr $TolStatic 2000;
            algorithm Newton − initial;
            set ok [analyze 1];
            test $testTypeStatic $TolStatic $MaxNumStatic;
            algorithm $algorithmTypeStatic;
        };
        if {$ok != 0} {;
            puts "Trying Broyden";
            algorithm Broyden 8;
            set ok [analyze 1];
            algorithm $algorithmTypeStatic;
        };
        if {$ok != 0} {;
            puts "Trying Newton with Line Search";
```

```
            algorithm NewtonLineSearch 0.8;
            set ok [analyze 1];
            algorithm $ algorithmTypeStatic;
        };
        set currentDisp [nodeDisp $ IDctrlNode $ IDctrlDOF];
    };
};
```

－－－－－－－－－－－－－－－－ 定义屏幕输出文本 －－－－－－－－－－－－－－－－－

定义程序计算终止时控制节点(本例中指 61 节点)沿控制自由度方向(本例中指 1 方向,即 X 方向) 的位移值

`set currentDisp [nodeDisp $ IDctrlNode $ IDctrlDOF];`

定义输出文本的格式:"% s"表示字符串,第一个"% s"对应"FAILED"或"SUCCESSFULLY",第二个"% s"对应"$ LunitTXT"(即 *Units. tcl* 中定义的长度输出文本"mm");"% i"表示整数,第一个"% i"对应控制节点"$ IDctrlNode",第二个"% i"对应控制自由度"$ IDctrlDOF";"% .4f"表示含 4 个小数位的浮点数,对应"$ currentDisp"。

`set fmt "Pushover analysis finished % s: CtrlNode % i, CtrlDOF % i, Disp = % .4f % s";`

定义屏幕输出,若分析成功($ ok = 0),则输出"Pushover analysis finished FAILED: CtrlNode 61, CtrlDOF 1, Disp = x. xxxx mm";若分析失败($ ok! = 0),则输出"Pushover analysis finished SUCCESSFULLY: CtrlNode 61, CtrlDOF 1, Disp = x. xxxx mm"。

```
if {$ ok! = 0} {;
    puts     [format    $ fmt     "FAILED"     $ IDctrlNode     $ IDctrlDOF
$ currentDisp $ LunitTXT];
} else {;
    puts     [format    $ fmt     "SUCCESSFULLY"     $ IDctrlNode     $ IDctrlDOF
$ currentDisp $ LunitTXT];
};
```

9. 定义位移循环路径(*GenerateDispCyclePath. tcl*)

对于往复循环加载,有若干级位移峰值,即每圈滞回曲线上的最大位移值。对于某一级位移峰值 Dmax, 给定位移增量 Dincr、循环类型 CycleType, 通过调用"*GenerateDispCyclePath. tcl*"过程,就可以产生一列代表位移循环路径的位移值。循环类型可以是 Push(0 →+ Dmax)、HalfCycle(0 → + Dmax → 0)、Full(0 → + Dmax → 0 → − Dmax → 0),下面将举例加以说明。

例如,已知 Dmax = 3, Dincr = 1, CycleType = Full,调用"*GenerateDispCycle Path. tcl*"过程的 OpenSees 程序为:

`source GenerateDispCyclePath. tcl;`

`GenerateDispCyclePath $ Dmax $ Dincr $ CycleType;`

运行上述命令,将会生成一个名为"tmpDsteps. tcl"的文件,该文件给出的是代表循环路径的位移列表,如下所示:

```
set iDstep {
0
0
1
2
3
2
1
0
- 1
- 2
- 3
- 2
- 1
0
}
```

当循环类型为 Push 时,运行结果为:

```
set iDstep {
0
0
1
2
3
}
```

当循环类型为 HalfCycle 时,运行结果为:

```
set iDstep {
0
0
1
2
3
2
1
0
}
```

定义"*GenerateDispCyclePath. tcl*"过程的具体 OpenSees 程序如下,该过程的变量为 Dmax、Dincr 和 CycleType,Dincr 的缺省值为 0.01,CycleType 的缺省值为 Full。当调用过程未对它们进行赋值时,程序将自动采用它们的缺省值。

```
proc GenerateDispCyclePath { Dmax {Dincr 0.01} {CycleType "Full"} } {;
```

　　　　　　　　　　　　　　　　　　# 定义过程的名称、变量及变量的缺省值

file mkdir data;　　　　　　　　　　# 定义文件存储目录

下述 open 命令表示以只写方式打开 data 中的"tmpDsteps. tcl"文件,若文件存在则清空文件内容,否则创建一个新的空文件。set 命令表示将 open 命令返回的文件标识赋给 outFileID。

set outFileID [open data/tmpDsteps. tcl w];

set Disp 0;　　　　　　　　　　　　# 定义参数 Disp 的初始值为 0

在上述文件中第 1 行写入"set iDstep {"

puts $ outFileID "set iDstep { ";

在上述文件中第 2、3 行写入 0

puts $ outFileID $ Disp;

puts $ outFileID $ Disp;

定义位移增量 dx 的值

if { $ Dmax < 0} {;

　　set dx [expr − $ Dincr];

} else {;

　　set dx $ Dincr;

};

set NstepsPeak [expr int(abs($ Dmax)/ $ Dincr)];

　　　　　　　　　　　　　　　　　　# 定义位移增长步数

for {set i 1} { $ i < = $ NstepsPeak} {incr i 1} {;

　　set Disp [expr $ Disp + $ dx];　　# 位移以 dx 从 0 增长至 + Dmax

　　puts $ outFileID $ Disp;　　　　　# 将每次循环产生的位移值写入上述文件

};

if { $ CycleType ! ="Push"} {;

　　for {set i 1} { $ i < = $ NstepsPeak} {incr i 1} {;

　　　　set Disp [expr $ Disp − $ dx];　# 位移以 dx 从 + Dmax 减至 0

　　　　puts $ outFileID $ Disp;　　　　# 将每次循环产生的位移值写入上述文件中

　　};

　　if { $ CycleType ! ="HalfCycle"} {;

　　　for {set i 1} { $ i < = $ NstepsPeak} {incr i 1} {;

　　　　　set Disp [expr $ Disp − $ dx];　# 位移以 dx 从 0 减至 − Dmax

　　　　　puts $ outFileID $ Disp;　　　　# 将每次循环产生的位移值写入上述文件中

　　　};

　　　 for {set i 1} { $ i < = $ NstepsPeak} {incr i 1} {;

　　　　　set Disp [expr $ Disp + $ dx];　# 位移以 dx 从 − Dmax 增至 0

　　　　　puts $ outFileID $ Disp;　　　　# 将每次循环产生的位移值写入上述文件

```
                    };
                };
            };
    puts  $ outFileID " }";                    # 在上述文件末尾写入"}"
    close  $ outFileID;                         # 关闭上述文件
    # 调用该过程所生成的"tmpDsteps. tcl"文件,生成位移循环列表
    source  data/tmpDsteps. tcl;
    return  $ iDstep;
};
```

10. 定义往复滞回分析(*StaticCycleAnalysis. tcl*)

```
set iDmax "50 100 150 200 250 300 350 400";  # 定义各级循环的最大位移值
set Dincr0. 1;                              # 定义位移增量
set CycleType Full;                         # 定义循环类型
set Ncycles 1;                              # 定义每级位移下的循环次数
# - - - - - - - - - - - - - - - - - - 施加侧向荷载 - - - - - - - - - - - - - - - - - -
pattern Plain 200 Linear {;
    for {set level 2} {$ level  < = [expr $ NStory + 1]} {incr level 1} {;
        set PFi [lindex  $ iPF [expr $ level - 1 - 1]];
        for {set pier 1} {$ pier  < = [expr $ NBay + 1]} {incr pier 1} {;
            set nodeID [expr $ level * 10 + $ pier];
            load  $ nodeID  $ PFi 0.0 0.0;
        };
    };
};
# - - - - - - - - - - - - - - - 定义推覆分析参数 - - - - - - - - - - - - - - - - - -
wipeAnalysis;
source StaticAnalysisParameters. tcl;       # 调用"定义推覆分析参数"的子程序
# - - - - - - - - - - - - - - - 执行往复滞回分析 - - - - - - - - - - - - - - - -
source GenerateDispCyclePath. tcl;          # 调用"定义位移循环路径"的过程
# 定义屏幕输出文本的格式
set fmt "Cyclic analysis finished % s: CtrlNode % i, CtrlDOF % i, Disp = %.4f % s";
# 对每一级位移峰值分别执行 foreach 循环,有 n 个 iDmax,则执行 n 次下列 foreach 循环
foreach Dmax  $ iDmax {;
# 对"GenerateDispCyclePath"过程的变量进行赋值,生成各级位移峰值所对应的位移
循环列表
    set iDstep [GenerateDispCyclePath  $ Dmax  $ Dincr  $ CycleType];
# 对每级位移峰值,若循环 Ncycles 次,则执行 Ncycles 次下列 for 循环
    for {set i 1} {$ i  < = $ Ncycles} {incr i 1} {;
```

```
set zeroD 0;
set D0 0.0;
# 对位移循环列表中的每一个位移值分别执行下列 foreach 循环
foreach Dstep $iDstep {;
    set D1 $Dstep;
    set Dincr [expr $D1 - $D0];
    integrator DisplacementControl  $IDctrlNode $IDctrlDOF $Dincr;
    analysis Static;
    # 执行一步分析
    set ok [analyze 1];
```

若上述分析成功,则 ok 返回值为 0;若分析失败,则 ok 返回值为负值,程序将执行下列 if 语句,尝试其他的数值计算方法继续计算。

```
    if {$ok ! = 0} {;
        if {$ok ! = 0} {;
            puts "Trying Newton with Initial Tangent";
            test NormDispIncr $TolStatic 2000;
            algorithm Newton - initial;
            set ok [analyze 1];
            test $testTypeStatic $TolStatic $MaxNumStatic;
            algorithm $algorithmTypeStatic;
        };
        if {$ok ! = 0} {;
            puts "Trying Broyden";
            algorithm Broyden 8;
            set ok [analyze 1];
            algorithm $algorithmTypeStatic;
        };
        if {$ok ! = 0} {;
            puts "Trying Newton with Line Search";
            algorithm NewtonLineSearch 0.8;
            set ok [analyze 1];
            algorithm $algorithmTypeStatic;
        };
        # 若上述所有的分析方法都失败,则程序分析失败。
        if {$ok ! = 0} {;
            set currentDisp [nodeDisp $IDctrlNode $IDctrlDOF];
            set putout [format $fmt "FAILED" $IDctrlNode $IDctrlDOF
                $currentDisp $LunitTXT];
            puts $putout;
```

```
                    return - 1;
                };
            };
        set D0 $ D1;
        };
    };
};
```

----------------- 定义屏幕输出文本 ------------------
（屏幕输出文本的定义与前面"单向推覆分析"的定义相同）

```
set currentDisp [nodeDisp $ IDctrlNode $ IDctrlDOF];
if { $ ok ! = 0 } {;
    puts    [format    $ fmt    "FAILED"    $ IDctrlNode    $ IDctrlDOF
$ currentDisp $ LunitTXT];
    } else {;
    puts    [format    $ fmt    "SUCCESSFULLY"    $ IDctrlNode    $ IDctrlDOF
$ currentDisp $ LunitTXT];
    };
```

11. 主程序(*MainStatic. tcl*)

主程序是对前面所介绍的子程序的调用,运行主程序就可以得到非线性静力弹塑性 Pushover分析的结果。下面给出的是进行"单向推覆分析"的情况,当进行"往复滞回"分析时只需将"StaticPushAnalysis. tcl"注释,将"StaticCycleAnalysis. tcl"显示即可。

```
source Units. tcl;                        # 调用"定义单位"的子程序
source PlaneFrameModel. tcl;              # 调用"建立平面框架整体模型"的子程序
source GravityAnalysis. tcl;              # 调用"定义重力分析"的子程序
source RecorderStatic. tcl;               # 调用"定义输出数据类型"的子程序
source StaticPushAnalysis. tcl;           # 调用"定义单向推覆分析"的子程序
#source StaticCycleAnalysis. tcl;         # 调用"定义往复滞回分析"的子程序
```

上述"RecorderStatic. tcl"记录的只是Pushover分析的结果,不包括重力分析的数据,若要同时记录重力分析的结果,需将对"RecorderStatic. tcl"的调用置于对"GravityAnalysis. tcl"的调用之前,因为"RecorderStatic. tcl"只记录位于其之后进行的分析的结果。

9.3.3　OpenSees 分析结果

利用以上所讲的 OpenSees 程序对图 9.17 所示的 5 层 3 跨的框架结构进行了弹塑性静力 Pushover 分析,分析完成后,将"RecorderStatic. tcl"程序所记录的分析数据(记录的数据均存入了指定的名为 data 的文件夹内) 导入 Origin 中进行绘图处理。

图9.21 给出了"单向推覆分析"得到的结构基底剪力 – 顶点位移骨架曲线,表9.4 列出了骨架曲线上 3 个特征点(屈服点、峰值点及极限点) 对应的力和位移的值以及位移延性系数。其中,屈服点采用能量法求得,将承载力下降至峰值承载力85% 所对应的点定为极限

点,位移延性系数按下式确定:

$$\mu = \frac{d_{\mathrm{u}}}{d_{\mathrm{y}}} \tag{9.27}$$

式中,d_{y} 为屈服位移;d_{u} 为极限位移。

图 9.22 为"往复滞回分析"所得的结构基底剪力 – 顶点位移的滞回曲线。图 9.23 和图 9.24 分别为结构达到极限点时层间位移角和位移随楼层的分布情况。

表 9.4　骨架曲线特征点参数及位移延性系数

屈服点		峰值点		极限点		位移延性系数
力 /kN	位移 /mm	力 /kN	位移 /mm	力 /kN	位移 /mm	
312.14	126.66	373.94	187.25	318.00	400.00	3.16

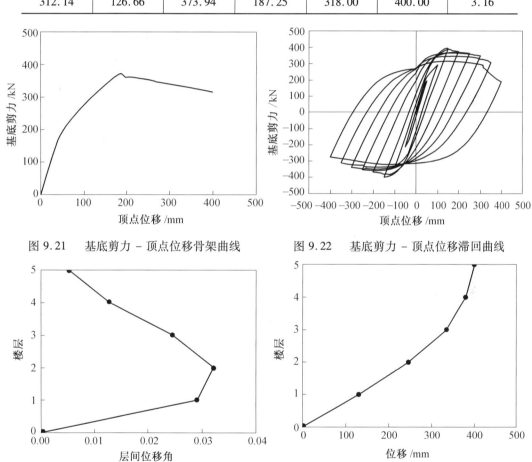

图 9.21　基底剪力 – 顶点位移骨架曲线　　　图 9.22　基底剪力 – 顶点位移滞回曲线

图 9.23　层间位移角随楼层的分布图　　　图 9.24　位移随楼层的分布图

9.4　框架结构伪静力试验数值模拟

为了验证基于 OpenSees 的钢筋混凝土框架结构静力弹塑性分析的可靠性和准确性,对徐云扉等做的关于一榀 1/2 比例的 3 层 2 跨钢筋混凝土框架模型的低周往复加载试验进行了数值模拟分析。

9.4.1 试件概况

框架模型的尺寸取实际框架的 1/2,其跨度为 3.0 m,层高为 1.5 m,柱截面为 250 mm × 250 mm,梁截面为 150 mm × 300 mm。这样的尺寸比例可以较好地保证钢筋混凝土材料的性能以及较好地符合实际结构构件及节点的构造。

模型的配筋及荷载,主要模拟 8 度抗震设防的 2 跨 7 层民用建筑框架结构下面 3 层的轴压比及梁、柱配率。模型按《工业与民用建筑抗震设计规范》(TJ 11—78)及《工业与民用建筑抗震设计手册》进行抗震设计。梁柱按弯曲及压弯破坏控制设计并符合强柱弱梁原则。梁、柱纵向钢筋采用 Ⅱ 级钢,箍筋采用 Ⅰ 级圆钢,梁纵筋配筋率为 0.5% ~ 1.06%,柱纵筋配筋率为 0.36% ~ 0.64%。模型所用混凝土实测标号为 R = 410 号(相当于 C39),钢筋实测材料性能指标见表 9.5。模型尺寸及配筋如图 9.25 所示。

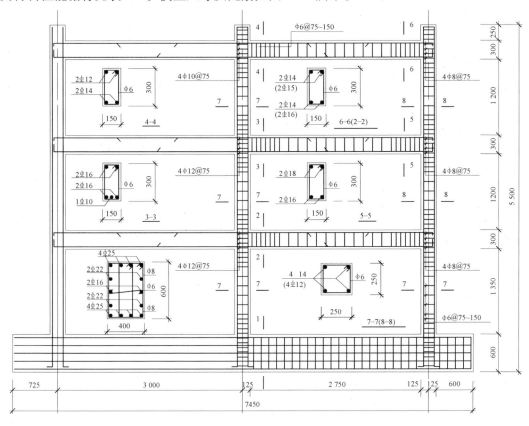

图 9.25   试验模型尺寸及配筋图

为了保证柱下端嵌固,防止基础转动,设计了相对刚度较大的底梁与柱联结。为了消除柱顶施加竖向荷载装置对顶层节点转动造成的约束,柱上端设计了高的悬臂段。

表 9.5   钢筋实测材料性能指标

钢筋直径	弹性模量 E/MPa	屈服强度 R_0^b/MPa	极限应变 ε_u/$\mu\varepsilon$	极限强度 R_u^b/MPa
$\phi 6$	1.34×10^5	335.8	2 506	448.8
$\phi 8$	1.59×10^5	303.9	1 911	411.6

续表9.5

钢筋直径	弹性模量 E/MPa	屈服强度 R_0^b/MPa	极限应变 $\varepsilon_u/\mu\varepsilon$	极限强度 R_u^b/MPa
$\phi10$	1.56×10^5	299.6	1 920	399.3
$\phi12$	1.50×10^5	288.3	1 922	412.9
$\phi10$	1.73×10^5	428.0	2 474	585.7
$\phi12$	1.98×10^5	400.1	2 021	576.2
$\phi14$	1.87×10^5	378.9	2 026	614.3
$\phi16$	1.68×10^5	413.9	2 463	618.2
$\phi18$	1.82×10^5	388.4	2 134	588.1

9.4.2　加载模式

试验在静力台座上进行,框架底梁通过4对螺栓固定在静力台座上。在框架柱顶利用油压千斤顶通过丝杠加荷架及一端固定在反力墙上的悬臂大钢梁施加轴向荷载,边柱为300 kN(轴压比为0.2),中柱为500 kN(轴压比为0.34),试验过程中保持不变。水平反复荷载用500 kN拉压千斤顶通过反力墙在框架顶层沿梁中心线施加。

试验中水平荷载采取在框架顶层施加一集中力的方式。为了避免梁上施加竖向荷载带来的内力重分布以及加荷装置的复杂性,梁上不加竖向荷载。为了使框架在竖向荷载及水平荷载作用下能够自由地水平变位,在柱顶施加轴力的油压千斤顶与上面钢梁之间设置了能滚动的滚轴装置。加载装置如图9.26所示。

水平反复荷载的加载制度如图9.27所示。第一循环加荷至框架出现裂缝,第二循环加荷至框架设计荷载,第三循环加荷至框架屈服(层屈服),以后按层屈服时的框架顶点水平位移的倍数控制加荷。每一位移量级循环3次,直至破坏。

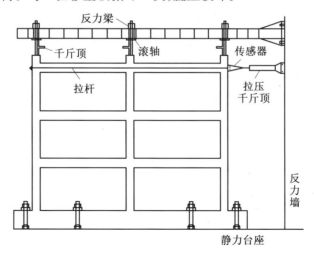

图9.26　加载装置

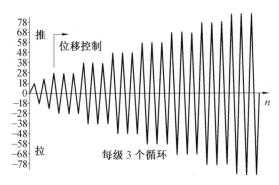

图 9.27　加载制度

9.4.3　OpenSees 数值模拟结果

　　基于 OpenSees 软件对上述试验进行了数值模拟,图 9.28 为试验与分析所得的骨架曲线的比较结果,图 9.29 为滞回曲线的比较结果,可以看出:分析所得水平承载力较试验偏低,但曲线的整体变化趋势与试验结果基本相同。图 9.30 给出了试验测得的塑性铰出现顺序与分析所得塑性铰出现次序的对比结果,可以看出:无论从数量上还是从出现次序来看,分析得到的构件屈服情况与试验结果较为接近。故利用 OpenSees 对钢筋混凝土框架结构进行静力弹塑性分析是准确且可靠的。

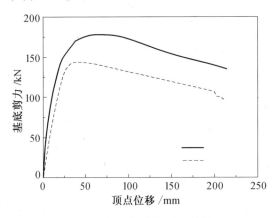

图 9.28　骨架曲线对比结果

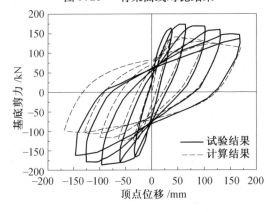

图 9.29　滞回曲线对比结果

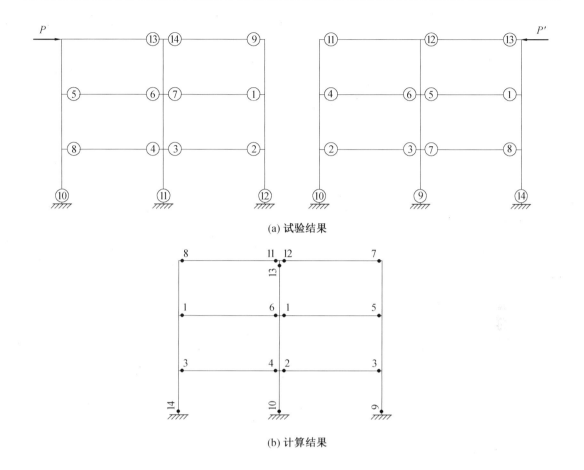

(a) 试验结果

(b) 计算结果

图 9.30　构件屈服顺序对比结果

第 10 章　钢筋混凝土框架非线性动力时程反应分析

继前面对钢筋混凝土框架结构进行非线性静力弹塑性反应分析之后,本章将详细介绍基于 OpenSees 的钢筋混凝土框架结构的非线性动力弹塑性反应分析,即动力时程反应分析。从详细介绍动力时程反应分析基本原理及地震波的选取原则开始,进而阐述 OpenSees 中实现钢筋混凝土框架结构动力时程反应分析的方法与步骤以及对框架结构基于 OpenSees 进行参数分析、讨论填充墙对框架结构抗震性能的影响,最后进行非线性静力及动力反应分析的比较。通过本章的详细介绍希望对读者进一步学习和掌握应用 OpenSees 进行结构分析计算能够有所帮助。

在强烈地震作用下,钢筋混凝土框架结构通常会进入弹塑性变形阶段,结构的整体抗震性能会出现衰减,呈现出明显的动力非线性问题,如果要准确模拟和预测结构在地震作用下的动力响应,例如结构各楼层的层间位移角、各楼层的加速度等随地震动时程的变化过程,只有采用动力时程分析的方法才能获取这些反应。

结构的动力时程反应分析可以分为两大类:确定性和非确定性的动力分析方法。确定性分析方法的地震动输入、结构分析模型、构件恢复力模型直至数据处理都是确定性的;非确定性分析方法,即结构随机振动分析法,从非线性体系的随机振动角度出发,预测非线性体系的随机响应,揭示非线性体系在随机干扰下可能发生的现象。本章主要介绍的是确定性的动力时程分析方法。

结构的动力时程反应分析具有必要性和复杂性。首先,与第 9 章所介绍的静力弹塑性反应分析相比,动力时程反应分析不仅充分考虑了结构构件的弹塑性动力特性,而且能够充分反映结构构件的非线性动力响应特性,获取详尽的结构构件的动力反应时程曲线,体现结构与地震动的相关性,为非线性结构控制提供分析手段,科学地反映控制的效果。历史上的多次震害也证明了弹塑性动力时程分析的必要性:1968 年日本的十胜冲地震中不少按等效静力方法进行抗震设防的多层钢筋混凝土结构遭到了严重破坏,1971 年美国 San Fernando 地震、1975 年日本大分地震也出现了类似的情况,相反,1957 年墨西哥城地震中11 ~ 16 层的许多建筑物遭到破坏,而首次采用了动力弹塑性分析的一座 44 层建筑物却安然无恙,1985 年该建筑又经历了一次 8.1 级地震依然完好无损。其次,由于动力时程分析是一种精细的分析方法,涉及的问题较多,因此它又具有其复杂性,主要体现为地震动输入的不确定性、复杂结构构件的恢复力模型、非结构构件对动力性能的影响难以准确模拟、结构材料性能参数难以确定、土 – 结构相互作用、非线性动力时程分析的数值稳定性、结构节点的非线性和阻尼非线性问题。

10.1　静力 Pushover 分析与动力时程分析的优缺点

10.1.1　静力 Pushover 分析的优缺点

1. 优点

（1）相比目前的承载力设计方法,静力 Pushover 分析可以估计结构和构件的非线性变形,比承载力方法接近实际。

（2）相对于弹塑性动力时程分析,静力 Pushover 分析的概念、所需参数和计算结果相对明确,构件设计和配筋是否合理能够直观地判断,易被工程设计人员接受。

（3）可以花费相对较少的时间和费用得到较稳定的分析结果,减少分析结果的偶然性,达到工程设计所需要的变形验算精度。

2. 缺点

（1）静力 Pushover 分析方法将地震的动力效应近似等效为静态荷载,只能给出结构在某种荷载作用下的性能,无法反映结构在某一特定地震作用下的表现,以及由于地震的瞬时变化在结构中产生的刚度退化和内力重分布等非线性动力反应。

（2）计算中选取不同的侧向荷载分布形式,计算结果存在一定的差异,为最终结果的判断带来了不确定性。

（3）静力 Pushover 分析方法以弹性反应谱为基础,将结构简化为等效单自由度体系。因此,它主要反映结构第一周期的性质,对于结构振动以第一振型为主、基本周期在 2 s 以内的结构,静力 Pushover 分析方法较为理想。当较高振型为主要时,如高层建筑和具有局部薄弱部位的建筑,该方法并不适用。

（4）对于工程中常见的带剪力墙结构的分析模型尚不成熟,三维构件的弹塑性性能和破坏准则、塑性铰的长度、剪切和轴向变形的非线性性能有待进一步研究完善。

正是由于存在以上的一些缺点,对于目前工程中遇到的许多超限结构分析,静力 Pushover 分析方法显得力不从心,因此人们逐渐开始重视动力弹塑性分析方法的理论研究和工程应用。

10.1.2　动力时程分析的优缺点

1. 优点

与静力 Pushover 分析方法相比,弹塑性动力时程分析方法的优点是:

（1）由于输入的是地震波的整个过程,因此可以真实地反映各个时刻地震作用引起的结构响应,包括变形、应力、损伤形态(开裂和破坏)等。

（2）目前许多程序是通过定义材料的本构关系来考虑结构的弹塑性性能,因此可以准确模拟任何结构,计算模型简化较少。

（3）该方法基于塑性区的概念,相比静力 Pushover 分析中单一的塑性铰判别法,特别是对于带剪力墙的结构,结果更为准确可靠。

2. 缺点

(1)计算量大,运算时间长,由于可进行此类分析的大型通用有限元分析软件均不是面向设计的,因此软件的使用相对复杂,建模工作量大,数据前后处理烦琐,不如设计软件简单、直观。

(2)分析中需要用到大量有限元、钢筋混凝土本构关系、损伤模型等相关理论知识,对计算人员要求较高。

但是随着理论研究的不断发展,计算机软硬件水平的不断提高,动力弹塑性时程分析方法已经开始应用于少数超高层和复杂的大型结构分析中。

10.2 动力时程分析的主要功能和关键问题

10.2.1 主要功能

动力时程反应分析作为高层建筑和重要结构抗震设计的一种补充计算,主要目的在于检验规范反应谱法的计算结果、弥补反应谱法的不足和进行反应谱法无法做到的结构非弹性地震反应分析。其主要具有以下几个功能:

(1)校正由于采用反应谱法振型分解和组合求解结构内力和位移时的误差。特别是对于周期长达几秒以上的高层建筑,由于设计反应谱在长周期段的人为调整以及计算中对高阶振型的影响估计不足产生的误差。

(2)可以计算结构在非弹性阶段的地震反应,对结构进行大震作用下的变形验算,从而确定结构的薄弱层和薄弱部位,以便采取适当的构造措施。

(3)可以计算结构和各结构构件在地震作用下每个时刻的地震反应(内力和变形),提供按内力包络值配筋和按地震作用过程每个时刻的内力配筋最大值进行配筋这两种方式。

10.2.2 关键问题

对结构进行动力时程反应分析需要注意以下几个关键问题:

(1)地震波的选取。

地震波是一种频带较宽的非平稳随机振动,受多种因素影响,如发震断层位置、板块运动形式、震中距、波传递路径的地质条件、场地土构造和类别等,地震波的选择对最终结构动力响应分析结果关系重大,也直接影响着对结构抗震性能的准确评价。所以,对地震波的选择必须严格要求,满足一定的选择原则,以确保动力时程分析结果的可靠性。

(2)结构振动分析模型。

结构振动分析模型和计算简图直接影响分析及输出量的内容,主要分为两大类,即层模型和杆系模型。层模型是以结构层作为基本计算单元来进行分析,将结构视为一根悬臂杆件,结构质量集中于各楼层标高处,形成"糖葫芦串"体系,属于最简单的模型,只能求出层间剪力和层间位移,不能求出个杆件的内力和变形,但是其简单易行,计算效率和收敛性好,能够较快地掌握体系的宏观反应,迅速地找出结构薄弱层及验算层的变形能力,评价结构的整体抗震性能；杆系模型是以梁、柱、墙等杆件为基本分析单元，单元一般为等截面的直杆单元，也可以是变截面的直杆或者曲杆单元，也可为带有一定长度刚域的直杆单元（视节点区域为全部刚性或部分刚性），与层模型相比，该模型能够更为真实地反映结构的实际情况，适用于强柱弱梁型框架、框剪体系等结构的弹性及弹塑性分析，可以找出各个杆件的先后屈服顺序，掌握其破坏机制。

（3）结构构件的恢复力模型。

构件的恢复力是指构件抵抗变形的能力，构件的恢复力模型由骨架曲线和滞回规则组成。骨架曲线是指第一次加载曲线和其后的滞回曲线各滞回环峰值点的连线构成的外包线，骨架曲线应确定关键参数，且能反映开裂、屈服、破坏等主要特征，根据骨架曲线的形状，恢复力模型可分为折线型和光滑型两类，根据折线的数目，折线型恢复力模型又可分为双线性、三线性和四线性等模型；滞回规则主要是指构件在往复滞回过程中体现出的刚度和强度变化规律，滞回规则一般要确定正负向加、卸载过程中的行走路线及强度退化、刚度退化和滑移等特征，根据滞回规则的特性，恢复力模型可分为刚度衰减型、强度衰减型、刚度和强度均衰减型等类型。

（4）结构振动微分方程的求解方法。

对于强震作用下的建筑结构，其振动微分方程通常是非线性的，在求解该方程时，通常的做法是将地震时程离散成一系列等步长或不等步长的微小时段 Δt，将非线性振动微分方程组变成分段的线性微分方程组。由于结构振动微分方程组是二阶非其次的，直接求解难度较大，逐步积分法是在不对方程进行基变换的前提下，采用差分形式对方程进行合理降阶，从而达到直接计算结构振动响应的目的。采用逐步积分法时，可以采用增量技术（变刚度法），也可采用迭代技术（常刚度法），增量法使用较为普遍，但对负刚度阶段结构响应求解时，有可能由于结构切线刚度矩阵产生"病态"而导致分析无法收敛，此时可考虑采用迭代法求解。常见的增量法有中心差分法、线性加速度法、Wilson $-\theta$ 法、Newmark $-\beta$ 法和 Runge - Kutta 法等，其中时程分析最为常见的是 Wilson $-\theta$ 法和 Newmark $-\beta$ 法，它们在广义上均属于线性加速度法。

10.3　动力时程分析基本原理

结构的时程反应分析是对结构的运动微分方程直接进行逐步积分求解的一种动力分析方法，故又称直接动力分析方法，是继静力法和反应谱法之后发展的一种方法。通过对结构进行动力时程反应分析可以得到结构在地震作用下各时刻各个质点的位移、速度、加速度和构件的内力，进而发现结构开裂和屈服的顺序、应力及变形集中的部位等。

时程反应分析具有以下特点：

（1）能充分反映结构的动力特性。

（2）可获取详尽的反应时程曲线。

（3）体现了结构与外界条件（场地情况、地震动）的相关性。

（4）是评定结构动力性能不可缺少的手段。

动力弹塑性分析从选定合适的地震动输入开始，采用结构有限元动力计算模型建立地震动方程，然后采用数值方法对方程进行求解，计算地震过程中每一时刻结构的位移、速度和加速度响应,从而可以分析出结构在地震作用下弹性和非弹性阶段的内力变化。

求解弹塑性动力方程的数值方法目前应用最多的是直接积分法。其分析思路是:将地震力作用在结构上的时间 t 划分成许多微小的时间段 Δt,由动力方程的数值积分获得相应的数值解。如图 10.1 所示,当已知结构在 t_n 时刻的反应值 $\{u\}_n$、$\{\dot u\}_n$、$\{\ddot u\}_n$,采用数值方法由动力方程确定时间段 Δt 后,即 $t_{n+1} = t_n + \Delta t$ 时刻的反应值 $\{u\}_{n+1}$、$\{\dot u\}_{n+1}$、$\{\ddot u\}_{n+1}$,如此逐步积分下去,就可获得结构动力反应的全过程。

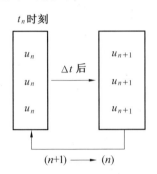

图 10.1　数值积分法基本原理

根据在 t_n 时刻的反应值确定 t_{n+1} 时刻反应值方法的不同,直接积分法可分为分段解析法、中心差分法、平均加速度法、线性加速度法、Newman $-\beta$ 法和 Wilson $-\theta$ 法等。下面以中心差分法和线性加速度法为例详细介绍直接分析法的分析过程。

10.3.1　中心差分法

中心差分法是用有限差分代替位移对时间的求导。如果采用等时间步长,$\Delta t_n = \Delta t$,则由中心差分得到速度和加速度近似为

$$\dot u_n = \frac{u_{n+1} - u_{n-1}}{2\Delta t}, \quad \ddot u_n = \frac{u_{n+1} - 2u_n + u_{n-1}}{\Delta t^2} \tag{10.1}$$

而离散时间点的运动为

$$u_n = u(t_n), \quad \dot u_n = \dot u(t_n), \quad \ddot u_n = \ddot u(t_n) \quad (n = 0, 1, 2, \cdots) \tag{10.2}$$

体系的运动方程为

$$m\ddot u(t) + c\dot u(t) + ku(t) = P(t) \tag{10.3}$$

将式(10.1)代入式(10.3)得到 t_n 时刻的运动方程为

$$m\frac{u_{n+1} - 2u_n + u_{n-1}}{\Delta t^2} + c\frac{u_{n+1} - u_{n-1}}{2\Delta t} + ku(t) = P_n \tag{10.4}$$

上式中假设 u_n 和 u_{n-1} 是已知的,即 t_n 及 t_{n-1} 以前时刻的运动是已知的,则可以把已知项移到方程左边,整理得

$$\left(\frac{m}{\Delta t^2} + \frac{c}{2\Delta t}\right) u_{n+1} = P_n - \left(k - \frac{2m}{\Delta t^2}\right) u_n - \left(\frac{m}{\Delta t^2} - \frac{c}{2\Delta t}\right) u_{n-1} \tag{10.5}$$

由此,利用上式即可求得 t_{n+1} 时刻的运动响应量。

中心差分法在计算 t_{n+1} 时刻的运动时,需要已知 t_n 和 t_{n-1} 两个时刻的运动。对于地震作用下结构的反应问题和一般的零初始条件下的运动问题,可以假设初始的两个时间点位移等于零。

10.3.2　线性加速度法

先考虑单自由度情况,在地震作用下的振动方程为

$$m\ddot{u} + c\dot{u} + ku = -m\ddot{u}_0 \tag{10.6}$$

设 t_n 时刻的状态 $\{u\}_n$、$\{\dot{u}\}_n$、$\{\ddot{u}\}_n$ 已知,$t_{n+1}(=t_n+\Delta t)$ 时刻的反应 $\{u\}_{n+1}$、$\{\dot{u}\}_{n+1}$、$\{\ddot{u}\}_{n+1}$ 未知,在 t_n 时刻和 t_{n+1} 时刻的地面运动输入加速度 $\ddot{u}_{on}$ 和 $\ddot{u}_{on+1}$ 已知,若假定在微时间段 Δt 内的加速度反应按线性变化,则在 $t_n \leq t \leq t_{n+1}$ 时段内加速度反应可近似表示为

$$\ddot{u}(t) = \ddot{u}_n + \frac{\ddot{u}_{n+1} - \ddot{u}_n}{\Delta t}(t - t_n) \tag{10.7}$$

由此可得速度和位移反应为

$$\dot{u}(t) = \dot{u}_n + \int_{t_n}^{t} \ddot{u}(t)\,\mathrm{d}t = \dot{u}_n + \ddot{u}_n(t - t_n) + \frac{1}{2}\frac{\ddot{u}_{n+1} - \ddot{u}_n}{\Delta t}(t - t_n)^2 \tag{10.8}$$

$$u(t) = u_n + \int_{t_n}^{t} \dot{u}(t)\,\mathrm{d}t = u_n + \dot{u}_n(t - t_n) + \frac{1}{2}\ddot{u}_n(t - t_n)2 + \frac{1}{6}\frac{\ddot{u}_{n+1} - \ddot{u}_n}{\Delta t}(t - t_n)^3 \tag{10.9}$$

由以上公式可见,加速度为 t 的 1 次函数,速度为 t 的 2 次函数,位移为 t 的 3 次函数,如图 10.2 所示。

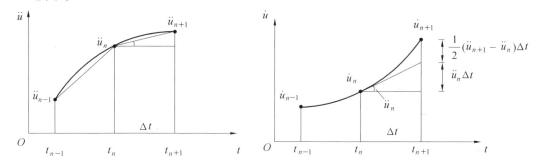

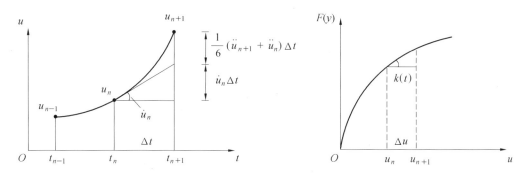

图 10.2　线性加速度法

取 $t = t_{n+1}$,且有 $\Delta t = (t_{n+1} - t_n)$,则由式(10.8)和式(10.9)可得 t_{n+1} 时刻的速度和位移为

$$\dot{u}_{n+1} = \dot{u}_n + \frac{1}{2}(\ddot{u}_n + \ddot{u}_{n+1})\Delta t \tag{10.10}$$

$$u_{n+1} = u_n + \dot{u}_n \Delta t + \frac{1}{6}(2\ddot{u}_n + \ddot{u}_{n+1})\Delta t^2 \tag{10.11}$$

同时,在 t_{n+1} 时刻应满足动力方程式(10.6),即有

$$\ddot{u}_{n+1} = -\frac{c}{m}\dot{u}_{n+1} - \frac{k}{m}u_{n+1} - \ddot{u}_{0n+1} \tag{10.12}$$

将式(10.10)和式(10.11)代入式(10.12),可求得 t_{n+1} 时刻的加速度 $\ddot{u}_{n+1}$ 为

$$\ddot{u}_{n+1} = -\frac{\ddot{u}_{0n+1} + \frac{c}{m}(\dot{u}_n + \frac{1}{2}\ddot{u}_n\Delta t) + \frac{k}{m}(u_n + \dot{u}_n\Delta t + \frac{1}{3}\ddot{u}_n\Delta t^2)}{1 + \frac{1}{2}\frac{c}{m}\Delta t + \frac{1}{6}\frac{k}{m}\Delta t^2} \tag{10.13}$$

将上式求得的加速度 $\ddot{u}_{n+1}$ 再代入式(10.10)和式(10.11),可得到 t_{n+1} 时刻的速度 $\dot{u}_{n+1}$ 和位移 u_{n+1},由此可根据 t_n 时刻的已知状态 $\{u\}_n$、$\{\dot{u}\}_n$、$\{\ddot{u}\}_n$ 及时刻 t_{n+1} 的地震加速度 $\ddot{u}_{0n+1}$ 求得 t_{n+1} 时刻的位移、速度和加速度,按此步骤重复下去即可获得地震反应的全过程。因为该方法假定加速度在微时间段 Δt 内为线性变化,故称为线性加速度法。

对于弹塑性结构,由于结构特性随结构状态而变化,常采用增量法进行时程分析,为此,首先将振动方程式(10.6)改写成以下增量形式:

$$m\Delta\ddot{u} + c(t)\Delta\dot{u} + k(t)\Delta u = -m\Delta\ddot{u}_0 \tag{10.14}$$

式中,Δu、$\Delta\dot{u}$、$\Delta\ddot{u}$ 分别为微时间段 Δt 内位移、速度和加速度反应的增量,$\Delta u = u_{n+1} - u_n$,$\Delta\dot{u} = \dot{u}_{n+1} - \dot{u}_n$,$\Delta\ddot{u} = \ddot{u}_{n+1} - \ddot{u}_n$,$\Delta\ddot{u}_0 = \ddot{u}_{0n+1} - \ddot{u}_{0n}$;$c(t)$、$k(t)$ 分别为 t 时刻的瞬时阻尼和瞬时刚度(图 10.2)。将式(10.10)~(10.12)写成增量形式,则可得反应增量的线性加速度法的基本公式:

$$\Delta\dot{u} = \ddot{u}_n\Delta t + \frac{1}{2}\Delta\ddot{u}\Delta t \tag{10.15}$$

$$\Delta u = \dot{u}_n\Delta t + \frac{1}{2}\ddot{u}_n\Delta t^2 + \frac{1}{6}\Delta\ddot{u}\Delta t^2 \tag{10.16}$$

$$\Delta\ddot{u} = -\frac{c(t)}{m}\Delta\dot{u} - \frac{k(t)}{m}\Delta u - \Delta\ddot{u}_0 \tag{10.17}$$

由式(10.15)和式(10.16),可将 $\Delta\dot{u}$、$\Delta\ddot{u}$ 用 Δu 表示为

$$\Delta\dot{u} = \frac{3}{\Delta t}\Delta u - 3\dot{u}_n - \frac{\Delta t}{2}\ddot{u}_n \tag{10.18}$$

$$\Delta\ddot{u} = \frac{6}{\Delta t^2}\Delta u - \frac{6}{\Delta t}\dot{u}_n - 3\ddot{u}_n \tag{10.19}$$

将式(10.18)和式(10.19)代入式(10.17),可得位移增量解 Δu 为

$$\Delta u = \frac{m(-\Delta\ddot{u}_0 + \frac{6}{\Delta t}\dot{u}_n + 3\ddot{u}_n) + c(t)(3\dot{u}_n + \frac{\Delta t}{2}\ddot{u}_n)}{k(t) + \frac{3}{\Delta t}c(t) + \frac{6}{\Delta t^2}m} = \frac{\Delta\bar{P}(t)}{\bar{k}(t)} \tag{10.20}$$

上式分母 $\Delta\bar{P}(t)$ 可作为力增量,分子 $\bar{k}(t)$ 可视为刚度,则上式类似于静力方程,由上式确定 Δu 后,再代入式(10.18)和式(10.19),可得 $\Delta\dot{u}$、$\Delta\ddot{u}$,由此可得到 t_{n+1} 时刻的各项反应值。

10.3.3　时程分析的步骤

动力时程分析的基本步骤包括以下几点：

（1）根据建筑场地条件、设防烈度、近远震等因素，选取若干个具有不同特性的加速度时程曲线。

（2）根据结构体系的受力特性、所需结构响应要求以及硬件条件，选择合理的结构振动分析模型。

（3）根据结构材料特性、构件类型和受力状态，选择并确定构件的恢复力模型。

（4）建立并求解结构振动微分方程，得到结构地震反应时程。

10.4　如何选取输入的地震波

对于弹塑性分析而言，地震波的选择对计算结果影响很大。由于地震发震机制、传播过程、地质构造的复杂性，使得模拟不同场地的地震波难度极大。因此目前国际上采用这种的方法解决上述问题。如美国 FEMA、USGS 等部门对美国全国的断层特性、场地特性等进行了大量研究，建立了不同地区不同设防水准对应的地面运动反应谱。同时美国 PEER、ATC等机构对国际上历次地震记录的地面运动进行了详细的分类整理，并建立了基于实测地面运动的地震波数据库，以供抗震时程分析选用。对于地震波的选择，美国 ATC 63 基于以下8 点原则，针对中硬场地，建议了 22 条远场地震波和 28 条近场地震波，来考虑地震波离散性的影响。

（1）地震震级大于 6.5 级。震级往往影响地震动的频谱与持时特性。震级过小的地震动由于释放的能量小，不会对建筑结构造成严重的破坏，影响区域也小，因此在研究结构在强震作用下的反应时可以将震级小的地震排除在外。

（2）震源机制为走滑或逆冲断层。这是针对美国加利福尼亚州以及西部其他地区的地震震源特性所制定的规则，因为这些地区的绝大多数浅源地震都是这两种震源机制。

（3）场地为岩石或硬土场地。美国规范 IBC - 2006 将场地划分为 A ~ F 共 6 类。其中A 类与 B 类为坚硬的岩石，这类场地上记录到的强震记录数据很少，E 类与 F 类为软弱土层，在地震中可能出现地基破坏先于结构破坏的现象，因此在针对大量的一般建筑结构抗震性能的研究中，将上述 4 类场地排除在外，而只采用 C 类与 D 类场地上记录到的地震波。

（4）震中距大于 10 km。因为近场地震具有许多与远场地震非常不同的特性，对建筑结构的影响也相差很大，因此研究中应将两种地震动区别对待。

（5）来自同一地震事件的地震波不多于 2 条。这是为了使所选择的地震波具有更广泛的适用性，避免选波时对于地震事件过分依赖。

（6）地震波的 PGA 大于 $0.2g$，PGV 大于 15 cm/s。这一规则是为了排除峰值过小、不太可能对结构安全造成影响的地震波。

（7）地震波的有效周期至少达到 4 s。对于高层或大跨建筑等周期较长的结构，由于遭遇地震损伤后结构的周期可能进一步增大，这里要求有效周期至少达到 4 s 能够正确反映地震中长周期成分对结构安全性的影响。

（8）强震仪安放在自由场地或小建筑的地面层。建筑物与土的耦合作用会对地震波产生非常显著的影响,为此只选用安放在自由场地或很小建筑物的地面上的设备记录到的地震波。

我国《建筑工程抗震性态设计通则》中对于地震加速度时程的选择也进行了相关建议。该通则建议对于建筑结构采用时程分析法时,地震加速度时程采用实际地震记录和人工模拟的加速度记录。

当采用实际地震加速度记录时,采用了谢礼立院士提出的最不利设计地震动的概念。从包含 56 条国外强震记录和 36 条国内强震记录的数据库中确定最不利设计地震动。具体内容如下:

(1) 按目前认为最可能反映地震动潜在破坏势的各种参数,如峰值加速度、峰值速度、峰值位移、强震持续时间等,对所有强震动记录进行排队,将排名最前面的记录汇集在一起,组成最不利的地震动备选数据库。

(2) 将收集到的备选强地震记录进一步做第二次排队比较。考虑和比较这些强震记录的位移延性和耗能,将这两项指标最高的记录挑出来,进一步考虑场地条件、结构周期和规范有关规定等因素的影响,最后得到给定场地条件及结构周期下的最不利设计地震动。

10.5 OpenSees 中实现框架动力时程分析的方法与步骤

10.5.1 建模及分析步骤

这里仍然采用第 9 章所介绍的框架结构的例子(图 9.17),基于 OpenSees 软件对其进行非线性动力时程分析。建模及分析的流程图如图 9.18 所示,由图可见,动力分析的分析程序包括定义单位(*Units. tcl*)、定义材料属性(*Materials. tcl*)、划分框架梁柱纤维截面(*FiberSection. tcl*)、建立平面框架的整体模型(*PlaneFrameModel. tcl*)、定义重力分析(*GravityAnalysis. tcl*)、定义输出数据类型(*RecorderDynamic. tcl*)、定义动力分析参数(*DynamicAnalysisParameters. tcl*)、定义动力时程分析(*TimeHistoryAnalysis. tcl*)和主程序(*MainDynamic. tcl*)。其中,前 5 个分析程序的定义与第 8 章完全相同,本章仅介绍后面 4 个程序的定义过程。

1. 定义输出数据类型(*RecorderDynamic. tcl*)

-------- 记录各层边节点(21、31、41、51、61)的加速度、速度、位移 --------
基本格式为"recorder Node/ EnvelopeNode – file 数据存储文件名 – node 节点编号 – dof 自由度代号 accel(加速度)/vel(速度)/disp(位移)","EnvelopeNode"记录的是最大值、最小值、绝对最大值。

```
for {set iN 21} {$ iN < = 61} {incr iN 10} {;
    recorder Node – file $ data/AccelNode $ iN. txt – node $ iN – dof 1 accel;
    recorder Node – file $ data/VelNode $ iN. txt – node $ iN – dof 1 vel;
    recorder Node – file $ data/DispNode $ iN. txt – node $ iN – dof 1 disp;
    recorder EnvelopeNode – file $ data/AccelEnvelopeNode $ iN. txt – node $ iN –
dof 1 accel;
```

recorder EnvelopeNode − file ＄data╱VelEnvelopeNode＄iN. txt − node＄iN − dof 1 vel；

recorder EnvelopeNode − file ＄data╱DispEnvelopeNode＄iN. txt − node＄iN − dof 1 disp；

｝；

− − − − − − − − − − 记录各层边柱(111、121、131、141、151) 的层间位移 − − − − − − − − −

#基本格式为"recorder Drift − file 数据存储文件名 − iNode 柱底节点编号 − jNode 柱顶节点编号 − dof 自由度代号 − perpDirn 与位移方向相垂直的坐标轴方向(1、2、3 分别代表 X、Y、Z 轴)"。

for ｛set iN 11｝｛＄iN < = 51｝｛incr iN 10｝｛；

set jN［expr＄iN + 10］；

set kCol［expr＄iN + 100］；

recorder Drift − file＄data╱DriftCol＄kCol. txt − iNode＄iN − jNode＄jN − dof 1 − perpDirn 2；

｝；

puts "Recorder defined completely"；

2. 定义动力分析参数(*DynamicAnalysisParameters. tcl*)

constraints Plain；

numberer RCM；

system BandGeneral；

set TolDynamic 1. 0e − 8；

set MaxNumDynamic 10；

set testTypeDynamic NormDispIncr；

test＄testTypeDynamic＄TolDynamic＄MaxNumDynamic；

set algorithmTypeDynamic ModifiedNewton；

algorithm＄algorithmTypeDynamic；

定义 Newmark 法的计算参数

set NewmarkGamma 0. 5；

set NewmarkBeta 0. 25；

integrator Newmark＄NewmarkGamma＄NewmarkBeta；
　　　　　　　　　　　　　　　　# 定义数值积分方法为 Newmark 法

analysis Transient；　　　　　　　# 定义分析类型为瞬态动力分析

3. 定义动力时程分析(*TimeHistoryAnalysis. tcl*)

以 El Centro 波为例,对结构进行单向(沿 X 方向) 地震作用下的动力时程反应分析。

采用 1940 年美国 IMPERIAL 山谷地震时在 El Centro 台站测得的 E − W 分量的加速度记录,该波是在结构试验及地震反应分析中广泛应用的典型地震动记录,主要强震部分持续 26 s 左右,总持续时间为 54 s,原始记录的离散加速度时间间隔为 0. 02 s,E − W 分量的加速度幅值为210.10 gal。本书中只对前30 s的地震动记录进行了分析,El Centro 波 E – W 分量前 30 s 的加速度时程如图 10.3 所示。

```
# ----------------------------------------------------------------
set GMdirection 1 ;                    # 定义地震动输入方向沿 1 方向( 即 X 方
                                        向)
set GMfile "elcentro. txt" ;           # 定义地震动数据文件名为"elcentro. txt",
                                        需要与 TCL 文件放在同一个目录下,地震
                                        波数据是以 g 为单位的。
set dt [ expr 0.02 * $ sec ] ;         # 定义地震动数据的时间间隔为 0.02 s
# ------------------------- 定义动力分析时间参数 -------------------
set TmaxAnalysis [ expr 30. * $ sec ] ;   # 定义分析总持时为 30 s
set DtAnalysis $ dt ;                   # 定义分析时间间隔为 0.02 s
# -------------------------- 定义动力分析参数 ----------------------
wipeAnalysis ;
source DynamicAnalysisParameters. tcl ;   # 调用"定义动力分析参数" 的子程序
# -------------------------- 定义 Rayleigh 阻尼 --------------------
```

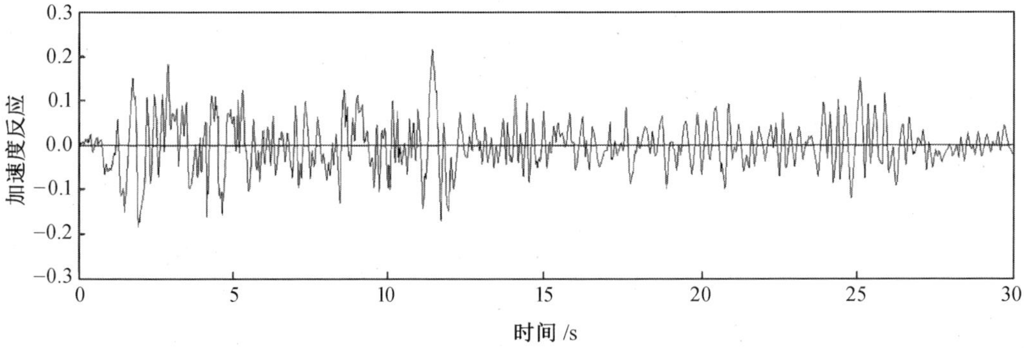

图 10.3　El Centro 波 E – W 分量加速度时程(前 30 s)

瑞雷阻尼假设阻尼矩阵是质量矩阵 $[M]$ 和刚度矩阵 $[K]$ 的线性组合,计算公式为

$$[C] = \alpha[M] + \beta[K] \tag{10.21}$$

式中,α、β 为常数,可以直接给定,或由给定的任意二阶振型的阻尼比 ξ_i、ξ_j 反算求得。

阻尼与刚度、质量的关系如图 10.4 所示。

根据振型正交条件,待定常数 α 和 β 与振型阻尼比之间的关系应满足

$$\xi_k = \frac{\alpha}{2\omega_k} + \frac{\beta\omega_k}{2} \quad (k = 1,2,3,4,\cdots,n) \tag{10.22}$$

任意给定两个振型阻尼比 ξ_i 和 ξ_j 后,可按下式确定常数 α 和 β:

$$\alpha = 2\omega_i\omega_j \frac{\xi_j\omega_i - \xi_i\omega_j}{\omega_i^2 - \omega_j^2}, \quad \beta = 2 \frac{\xi_i\omega_i - \xi_j\omega_j}{\omega_i^2 - \omega_j^2} \tag{10.23}$$

本例中,取 $\xi_i = \xi_j = \xi = 0.05$,则式(10.23) 可化简为

$$\alpha = \frac{2\xi\omega_i\omega_j}{\omega_i + \omega_j} \quad \beta = \frac{2\xi}{\omega_i + \omega_j} \tag{10.24}$$

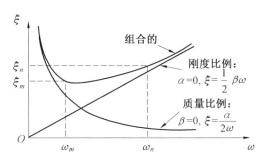

图 10.4　Rayleigh 阻尼与频率、质量、刚度的关系

式中，ω_i、ω_j 为结构两个主振型的圆频率，圆频率与振型特征值的关系为

$$\omega = \sqrt{\lambda} \tag{10.25}$$

其中 λ 为振型特征值，可通过采用 OpenSees 中的"eigen"命令直接求得。

set xDamp 0.05；　　　　　　　　　　# 定义阻尼比为 0.05

set nEigenI 1；　　　　　　　　　　　# 定义第一振型

set nEigenJ 2；　　　　　　　　　　　# 定义第二振型

set lambdaN ［eigen ［expr ＄nEigenJ］］；　# 求解前两阶振型特征值

set lambdaI ［lindex ＄lambdaN ［expr ＄nEigenI － 1］］；　　# 提取第一阶振型特征值

set lambdaJ ［lindex ＄lambdaN ［expr ＄nEigenJ － 1］］；　　# 提取第二阶振型特征值

set omegaI ［expr pow(＄lambdaI,0.5)］；　# 求解第一阶圆频率

set omegaJ ［expr pow(＄lambdaJ,0.5)］；　# 求解第二阶圆频率

set alphaM ［expr ＄xDamp ＊ (2 ＊ ＄omegaI ＊ ＄omegaJ)/(＄omegaI ＋ ＄omegaJ)］；

　　　　　　　　　　　　　　　　　# 求解质量相关系数 α

set betaKcomm ［expr 2. ＊ ＄xDamp/(＄omegaI ＋ ＄omegaJ)］；

　　　　　　　　　　　　　　　　　# 求解刚度相关系数 β

rayleigh ＄alphaM 0 0 ＄betaKcomm；　　# 定义 Rayleigh 阻尼

------------------------ 输入单向地震波 --------------------

基本格式为"pattern UniformExcitation　地震波标签号　地震波作用方向　－
accel　地震波的其他相关参数"。其中，"地震波的其他相关参数"采用"Series"命令进行
定义，该命令的定义格式为"Series － dt　地震波的时间间隔 － filePath 地震波数据文件名
－ factor　地震动调幅系数"。

set IDloadTag 400；　　　　　　　　　# 定义地震波标签为 400

set GMfatt ［expr ＄g ＊ ＄GMfact］；　　# 定义地震动的调幅系数，"GMfact"将在
　　　　　　　　　　　　　　　　　　　后文的主程序"MainDynamic.tcl"中
　　　　　　　　　　　　　　　　　　　定义

set AccelSeries "Series － dt ＄dt － filePath ＄GMfile － factor　＄GMfatt"；

pattern UniformExcitation　＄IDloadTag　＄GMdirection － accel　＄AccelSeries；

------------------- 执行单向动力时程反应分析 ----------------

定义分析总步数 Nsteps，总步数 Nsteps = $\dfrac{\text{分析总持时 TmaxAnalysis}}{\text{分析时间间隔 DtAnalysis}} = \dfrac{30}{0.02} = 1\,500$ 步

```
set Nsteps [expr int( $ TmaxAnalysis/ $ DtAnalysis)];
```
#进行动力分析,分析步数为 Nsteps = 1 500 步,时间间隔为 DtAnalysis = 0.02 s
```
set ok [analyze $ Nsteps $ DtAnalysis];
```
#若上述 Nsteps 步动力分析成功,则 ok 返回值为 0;若分析失败,则 ok 返回值非零,程序
将执行下列 if 语句,尝试其他的数值计算方法继续计算。
```
if { $ ok ! = 0} {;
    set ok 0;
    set currentTime [getTime];
    while { $ currentTime < $ TmaxAnalysis && $ ok == 0} {;
        set ok [analyze 1 $ DtAnalysis];
        if { $ ok ! = 0} {;
            puts "Trying Newton with Initial Tangent";
            test NormDispIncr $ TolDynamic 1000;
            algorithm Newton - initial;
            set ok [analyze 1 $ DtAnalysis];
            test $ testTypeDynamic $ TolDynamic $ MaxNumDynamic;
            algorithm $ algorithmTypeDynamic;
        };
        if { $ ok ! = 0} {;
            puts "Trying Broyden";
            algorithm Broyden 8;
            set ok [analyze 1 $ DtAnalysis];
            algorithm $ algorithmTypeDynamic;
        };
        if { $ ok ! = 0} {;
            puts "Trying Newton with Line Search";
            algorithm NewtonLineSearch 0. 8;
            set ok [analyze 1 $ DtAnalysis];
            algorithm $ algorithmTypeDynamic;
        };
        set currentTime [getTime];
    };
};
# - - - - - - - - - - - - - - - - - 定义屏幕输出文本 - - - - - - - - - - - - - - - -
set currentTime [getTime];
if { $ ok ! = 0 } {;
    puts        "Transient      analysis      completed      FAILED. End      Time:
$ currentTime $ TunitTXT";
} else {;
```

```
    puts "Transient analysis completed SUCCESSFULLY. End Time：$ currentTime
        $ TunitTXT";
};
```

4. 主程序（*MainDynamic. tcl*）

与第 9 章的静力弹塑性分析相同,主程序对前面所定义的子程序进行调用,通过运行主程序可以得到该框架结构非线性动力时程反应分析的结果。这里预求出该框架结构所能抵抗的最大地震动。具体做法是:设定地震动的初始调幅系数为某值 x_0,将调幅系数按增量 Δ 逐渐增大,对每一级调幅系数分别进行一次动力时程分析,并在每一次分析完成后判断结构的层间位移角是否超过 0.02,若超过,则认为结构已失效,停止分析,若未超过,则调幅系数增加 Δ 继续计算,直到结构的层间位移角超过 0.02 为止。

图 10.5 给出了实现上述目标的 OpenSees 分析流程图,下文给出的是 OpenSees 中的具体实现过程。由程序可见,调幅系数 GMfact 的值与数据存储文件名 data 的值是同步增加的,即对于每级调幅系数都有唯一一个 data 值与之对应,这样对于每级调幅系数,程序都会自动生成一个新的文件夹来存储结构分析数据,从而大大方便了后期的数据处理工作。这

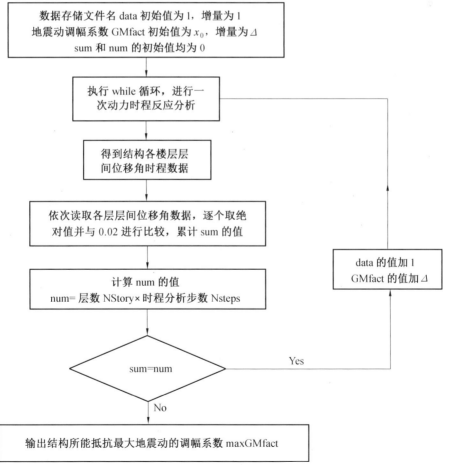

图 10.5　求解结构所能抵抗最大地震动的 OpenSees 分析流程图

里需要对 while 循环的执行条件即"sum = num"进行阐述:对每一级调幅系数进行一次动力时程分析,会得到由 recorder 命令记录生成的各楼层层间位移角时程数据,该框架结构有 NStory = 5(层),则会生成 5 个记录层间位移角时程的 txt 文件,由前文可知时程分析总步数 Nsteps =30/0.02 = 1 500(步),则每个 txt 文件中有 1 500 个数据,故该结构总的层间位移角数据的个数 num = NStory × Nsteps = 7 500(个),sum 表示这 7 500 个数据中绝对值小于0.02的个数;若 sum = num,表示 7 500 个数的绝对值均小于0.02,即结构未失效,应增大调幅系数的值继续计算,反之若 sum ≠ num,表示 7 500 个数中至少有一个数的绝对值不小于0.02,则认为结构失效,停止计算。

```
# ─────────────── 定义变量的初始值及增量 ───────────────
set data 1;                          # 指定数据存储文件名初始值为 1
set Incrdata 1;                      # 指定数据存储文件名的增量为 1
set GMfact1.0;                       # 指定地震波调幅系数的初始值为 1.0
set IncrGMfact 0.01;                 # 指定地震波调幅系数的增量为 0.01
set sum 0;                           # 指定 sum 的初始值为 0
set num 0;                           # 指定 num 的初始值为 0
# ─────────────── 执行 while 循环 ───────────────
# 若 sum = num,则执行下列 while 循环,进行一次动力时程反应分析并判断层间位移角
是否超限
while { $ sum == $ num} {;
# ─────────────── 进行一次动力时程反应分 ───────────────
set sum 0;                           # 在执行下一级动力分析之前将 sum 的值
                                       归 0
file mkdir $ data;                   # 指定数据存储目录
source Units. tcl;                   # 调用"定义单位"的子程序
source PlaneFrameModel. tcl;         # 调用"建立平面框架整体模型"的子程序
source GravityAnalysis. tcl;         # 调用"定义重力分析"的子程序
source RecorderDynamic. tcl;         # 调用"定义输出数据类型"的子程序
source TimeHistoryAnalysis. tcl;     # 调用"定义动力时程分析"的子程序
# ─────────────── 清除已完成的分析 ───────────────
wipe;# 清除以上所建立的分析模型和分析过程,但会保留 recorder 命令记录的分析
结果
# ─────────────── 判断结构层间位移角是否超限 ───────────────
# 依次读取各楼层层间位移角时程数据,该结构 5 层,有 5 个 txt 文件,需执行 5 次 for
循环
for {set iN 11} { $ iN < = 51} {incr iN 10} {;
    set kCol [expr $ iN + 100];
    # 打开 txt 文件,注意文件名应与前文 recorder 命令定义的文件名一致
    set a [open $ data/DriftCol $ kCol. txt];
    # 对各个 txt 文件,按行逐个读取层间位移角数据,每个文件有 1 500 个数,需执行
```

1 500 次 for 循环(Nsteps 的值在"*TimeHistoryAnalysis.tcl*"中已定义)

```
for { set j 1 } { $ j < = $ Nsteps} { incr j} {;
    set b [gets $ a];                    # 逐行读取层间位移角数据
    set c [expr abs( $ b)];              # 对层间位移角取绝对值
    # 判断层间位移角的绝对值是否小于0.02,若是,则令 sum 的值加 1
    if { $ c < 0.02} {;
        set sum [expr $ sum + 1];
    };
};
close $ a;                               # 关闭 txt 文件
};
puts " $ sum";                           # 输出 sum 的累积值
set num [expr $ Nsteps * $ NStory];      # 计算 num 的值(NStory 的值在
```
"*PlaneFrameModel.tcl*"中已定义)

```
puts " $ num";                           # 输出 num 的值
puts " 完成调幅系数 = $ GMfact 计算";     # 输出"完成调幅系数 = x.xx 计算"
set GMfact [expr $ GMfact + $ IncrGMfact];# 令调幅系数增加一级
set data [expr $ data + $ Incrdata];     # 令 data 的值加 1
};
# – – – – – – – – – – – – – – 定义屏幕输出文本 – – – – – – – – – – – – – –
# 若 sum ≠ num,则执行下列 if 语句,输出结构所能抵抗最大地震动调幅系数的值以及
存储相应时程分析数据的文件夹名称
if { $ sum! = $ num} {;
    set maxGMfact [expr $ GMfact - 2 * $ IncrGMfact];
    puts " 最大地震动调幅系数 = $ maxGMfact";
    set data [expr $ data - 2 * $ Incrdata];
    puts " 对应最大地震动调幅系数的时程分析数据存储在名为 ' $ data' 的文件夹
中";
};
```

需要指出一点,在进行完动力时程分析之后,判断结构是否失效之前增加了一个
"wipe"命令,该命令有两个作用:①可以将其之前已经完成的分析完全清除,包括分析模型
和分析过程,这样当调幅系数按一定的增量逐渐增加时,下一级的动力时程分析是在原始模
型上进行,而不是在上一级动力分析的基础上进行,从而确保了每一级动力时程分析都是在
原始模型上进行,不存在损伤;②可以将其之前已经完成的分析结果从缓存区中全部释放
出来,以便于下一步提取分析数据判断结构是否失效,若不采用"wipe"命令,则由于一部分
分析数据仍然遗留在缓存区中没有释放出来,使得后面判断结构是否失效时无法提取该部
分数据,从而导致分析无法继续。

为了提高计算效率,可以先尝试采用较大的调幅系数增量,以确定初始调幅系数,然后
再采用较小的增量进行更精确的计算。例如,初步分析时,设定初始调幅系数为 0,增量为

1,程序分析后得出结构所能抵抗最大地震动的调幅系数为 2;第二次分析时,设定初始调幅系数为 2,增量为 0.1,程序分析得出结构所能抵抗最大地震动的调幅系数为 2.2;第三次分析时,设定初始调幅系数为 2.2,增量为 0.01,求得结构所能抵抗最大地震动的调幅系数为 2.26。以此类推,将前一次分析得出的结构所能抵抗最大地震动的调幅系数作为下一次分析的初始调幅系数,同时将调幅系数增量缩小 1/10,最终可以得到结构所能抵抗最大地震动的调幅系数的精确解。

本例中,精确至小数点后两位。采用上述方法,第一次计算设定初始调幅系数为 0,增量为 1,运行 3 次 while 循环,得出结构所能抵抗最大地震动的调幅系数为 1;第二次计算设定初始调幅系数为 1,增量为 0.1,运行 2 次 while 循环,得出结构所能抵抗最大地震动的调幅系数为 1.0;第三次计算设定初始调幅系数为 1.0,增量为 0.01,运行 5 次 while 循环,得出结构所能抵抗最大地震动的调幅系数为 1.03。程序一共运行 10 次 while 循环就可得出计算结果。若不考虑上述方法,直接设定初始调幅系数为 0,增量为 0.01,则需要执行 10^5 次 while 循环才可得出分析结果。可见考虑上述方法后计算效率大大提高。

10.5.2 OpenSees 分析结果

利用前面所讲的 OpenSees 分析程序,得到了该五层框架结构动力时程反应分析的分析数据。通过分析得出结构所能抵抗最大地震动的调幅系数为 1.03,通过乘以原始地震波(El Centro 波)的峰值加速度 210.10 gal 可以得到结构所能抵抗的最大峰值加速度为 216.40 gal。

将"RecorderDynamic. tcl"记录的分析数据导入 Origin 中进行了绘图处理。图 10.6 给出了结构在所能抵抗的最大地震动作用下各楼层加速度、速度、位移和层间位移角的绝对值的最大值沿楼层的分布情况(即加速度、速度、位移和层间位移角沿楼层的包络图),可以看出:顶层具有最大的绝对最大加速度、绝对最大速度和绝对最大位移,而底层具有最大的绝对最大层间位移角。

以顶层为例,图 10.7 给出了结构在所能抵抗的最大地震动作用下加速度、速度和位移的时程曲线。图 10.8 给出了结构在所能抵抗的最大地震动作用下底层层间位移角的时程曲线。

10.6 框架结构振动台试验数值模拟

2003 年,同济大学土木工程防灾国家重点实验室进行了比例为 1/10 的单跨 12 层钢筋混凝土框架结构的振动台试验。基于 OpenSees 软件对该试验进行了数值模拟。

1. 试件概况

模型比为 1/10,梁、柱、板的尺寸由实际高层框架结构的尺寸按相似关系折算。原型和模型概况见表 10.1。模型尺寸和配筋图如图 10.9 所示。

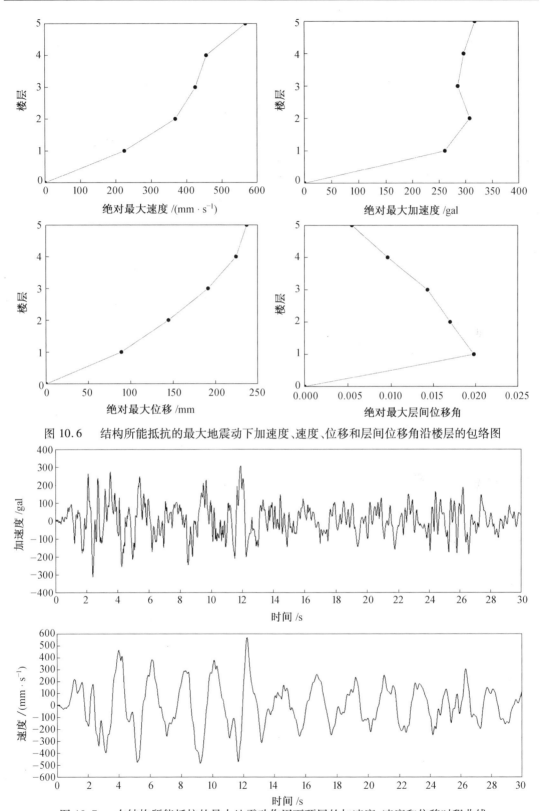

图 10.6　结构所能抵抗的最大地震动下加速度、速度、位移和层间位移角沿楼层的包络图

图 10.7　在结构所能抵抗的最大地震动作用下顶层的加速度、速度和位移时程曲线

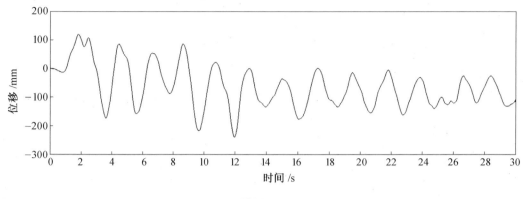

续图 10.7

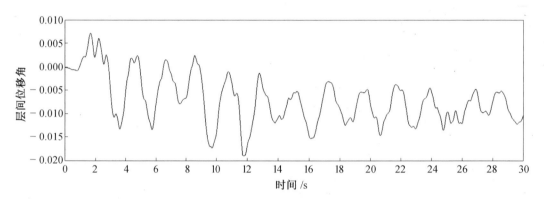

图 10.8　在结构所能抵抗的最大地震动作用下底层的层间位移角时程曲线

表 10.1　原型和模型概况

项目	原型	1/10 模型
层数	12	12
H/B	6	6
层高	3 m	0.3 m
总高	36 m	3.6 m
平面尺寸	6 m × 6 m	0.6 m × 0.6 m
梁截面	300 mm × 600 mm	30 mm × 60 mm
柱截面	500 mm × 600 mm	50 mm × 60 mm
楼板厚度	120 mm	12 mm
材料	C30 混凝土	微粒混凝土

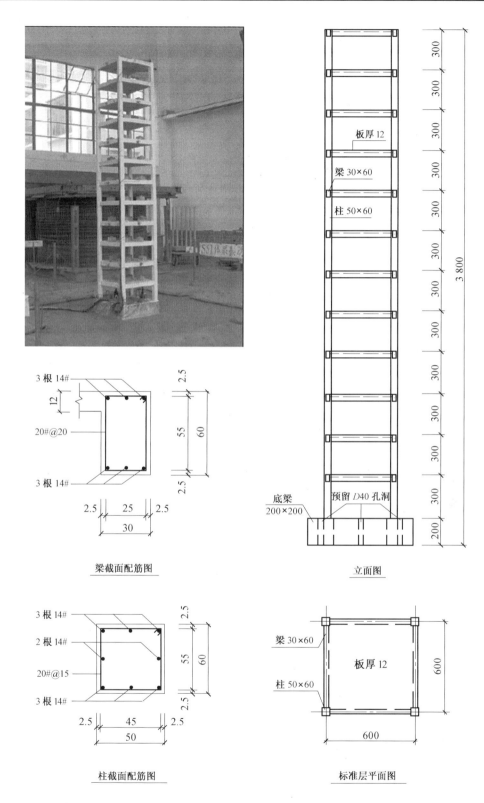

图 10.9　　试验模型尺寸和配筋图

模型材料采用微粒混凝土和镀锌铁丝。微粒混凝土是一种模型混凝土,它以较大粒径的砂砾为粗骨料,以较小粒径的砂砾为细骨料。微粒混凝土的施工方法、振捣方式、养护条件以及材料性能都与普通混凝土十分相似,在动力特性上与原型混凝土有良好的相似关系,而且通过调整配合比,可满足降低弹性模量的要求。在浇筑模型的同时预留了试样,混凝土和钢筋的材料性能试验结果见表 10.2 和表 10.3。

表 10.2　混凝土材料性能试验结果

类别	试样组号	浇筑日期	立方体强度 /MPa	弹性模量 /MPa	弹性模量均值 /MPa
微粒混凝土	0F	2003.3.26	9.216	10 167	
	1F/2F	2003.3.30	7.969	8 490	
	3F/4F	2003.4.3	5.735	7 062	
	5F/6F	2003.4.5	7.402	7 649	7 751
	7F/8F	2003.4.10	7.669	7 917	
	9F/10F	2003.4.14	7.202	7 322	
	11F/12F	2003.4.21	8.202	8 065	

注:① 立方体抗压强度试件尺寸为 70.7 mm × 70.7 mm × 70.7 mm;
　② 弹性模量试件尺寸为 100 mm × 100 mm × 300 mm;
　③ 试样组号 0F 对应浇筑模型底座的微粒混凝土,不计入弹性模量平均值

表 10.3　钢筋材料性能试验结果

名称	型号	直径 /mm	面积 /mm²	屈服强度 /MPa	极限强度 MPa
铁丝	20#	0.90	0.63	327	397
	18#	1.20	1.13	347	420
	14#	2.11	3.50	391	560

考虑计入隔墙、楼面装修的质量和 50% 活载,在板上配质量块配重。在标准层上布置每层 19.4 kg 配重,在屋面层上布置 19.7 kg 配重。

2. 测点布置

试验中采用加速度计、应变传感器量测模型结构的动力响应。加速度计的方向有 X、Y、Z 共 3 个方向,试验测点布置如图 10.10 所示。

3. 加速度输入波

试验选用地震波形有 El Centro 波、Kobe 波、上海人工波(Shw2)及上海基岩波(Shj),试验中的某些工况同时输入 X、Y 双向或 X、Y、Z 三向 El Centro 波或 Kobe 波,共 62 种工况。

试验中,台面输入加速度峰值按小量级分级递增,按相似关系调整加速度峰值和时间间隔,原始地震波与试验输入地震波的时间参数见表 10.4。每次改变加速度输入大小时都输入小振幅的白噪声激励,观察模型系统动力特性的变化。

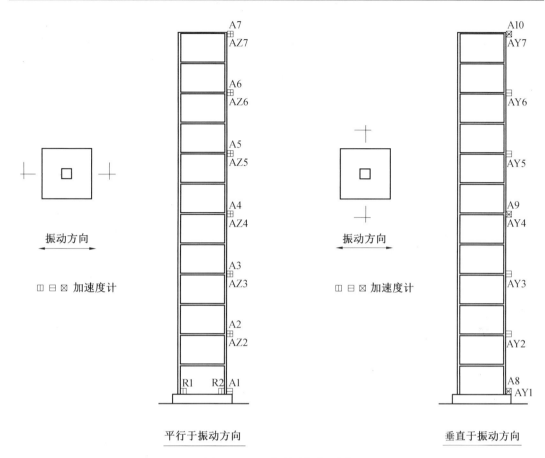

图 10.10　　试验测点布置图

表 10.4　　原始地震波与试验输入地震波的时间参数

地震波		El Centro 波	Kobe 波	Shw2 波	Shj 波
原始地震波	持续时间 /s	54	40	78	64
	时间间隔 /s	0.02			
时间相似系数		0.196 7			
输入地震波	持续时间 /s	10.621 8	7.868	15.342 6	12.588 8
	时间间隔 /s	0.003 92			

4. OpenSees 数值模拟结果

在 OpenSees 中建立上述振动台试验框架的三维立体模型。由于框架在平面两方向上均为单跨的,导致每榀框架在框架平面外两侧所受约束情况差别较大:一侧有楼板约束,而另一侧则没有。因此建立三维立体模型比二维平面框架模型更符合实际。

图 10.11 给出了沿 X 向分别作用 El Centro 波、Kobe 波、Shw2 波和 Shj 波时,顶层边节点加速度时程的计算结果与试验结果的对比,4 条输入波的加速度幅值均为 $0.09g$。从图中可以看出,模拟结果较好。

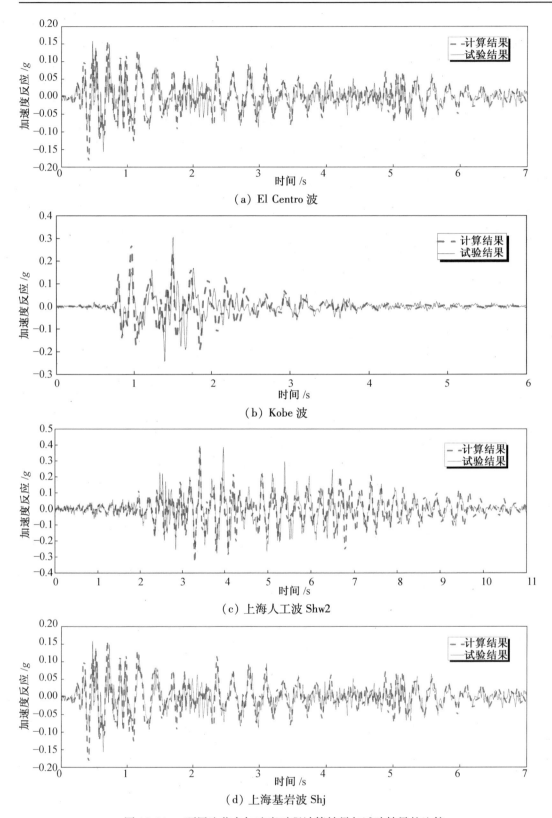

（a）El Centro 波

（b）Kobe 波

（c）上海人工波 Shw2

（d）上海基岩波 Shj

图 10.11　顶层边节点加速度时程计算结果与试验结果的比较

10.7　非线性静力与动力反应分析的比较

　　以一个 5 层的钢筋混凝土框架结构为例,9.3 节和 10.5 节分别对利用 OpenSees 进行钢筋混凝土框架结构非线性静力 Pushover 与动力时程反应分析的具体实现过程进行了介绍。在此基础上,下面将对该框架结构的非线性静力与动力反应分析的分析结果进行对比。

　　由于 OpenSees 无法直接求出结构的性能点,因此根据第 9 章所讲的能力谱法编制了 Matlab 程序,将基于 OpenSees 的静力弹塑性 Pushover 分析求得的基底剪力 – 顶点位移数据(能力曲线)导入 Matlab,运行该程序就可求得结构的性能点。图 10.12 和图 10.13 给出了不同地震烈度下结构性能点的迭代求解过程,可以看出:6 度多遇和罕遇地震以及 7 度多遇地震时,能力谱与需求谱有交点,7 度罕遇地震时能力谱与需求谱没有交点。因此,该框架结构能够抵抗 6 度多遇和罕遇地震以及 7 度多遇地震,但不能抵抗 7 度罕遇地震。在结构所能抵抗的地震烈度下,性能点处的基底剪力(目标承载力)和顶点位移(目标位移)见表 10.5。

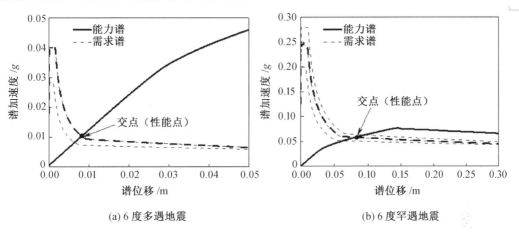

| (a) 6 度多遇地震 | (b) 6 度罕遇地震 |

图 10.12　6 度多遇和罕遇地震下结构性能点的迭代求解

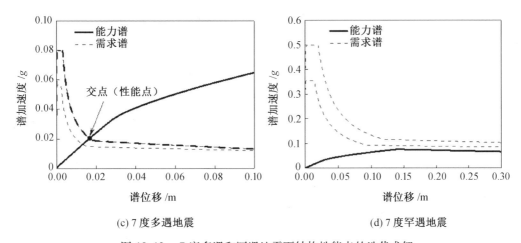

| (c) 7 度多遇地震 | (d) 7 度罕遇地震 |

图 10.13　7 度多遇和罕遇地震下结构性能点的迭代求解

　　根据 10.5 节的动力时程反应分析可知,在 El Centro 波作用下,该框架结构所能抵抗的最大地震动的峰值加速度为 216.40 gal,小于《建筑抗震设计规范》(GB 50011—2010)所规定的 7 度罕遇地震的峰值加速度 220 gal。因此,从非线性动力分析结果来看,该框架结构不能抵抗 7 度罕遇的 El Centro 波,这与前面静力弹塑性分析的结论相同。

表 10.5　能力谱法求得的不同地震烈度下结构的性能点

	6 度多遇地震	6 度罕遇地震	7 度多遇地震
目标位移/mm	11	105	22
目标承载力/kN	51	285	99

在不同地震烈度下,静力弹塑性分析求得的各楼层层间位移角或位移与动力时程分析求得的各楼层层间位移角或位移沿楼层的分布情况的对比如图 10.14 ~ 10.16 所示。图中静力分析给出的是当结构达到对应地震烈度下的性能点处时各楼层层间位移角或位移随楼层的变化情况,动力分析给出的是当结构在代表不同地震烈度的 El Centro 波作用下达到各楼层绝对最大层间位移角或绝对最大位移中的最大值(即层间位移角或位移沿楼层的包络图中最大的层间位移角或位移)时层间位移角或位移随楼层的变化情况,其中针对不同的地震烈度需要根据《建筑抗震设计规范》(GB 50011—2010)对 El Centro 原始地震波进行调幅,不同地震烈度所采用的调幅系数见表 10.6。

表 10.6　不同地震烈度采用的 El Centro 波调幅系数

	6 度多遇地震	6 度罕遇地震	7 度多遇地震
原始地震波的峰值加速度/gal		210.10	
规范规定应采用的峰值加速度/gal	18	125	35
调幅系数	0.086	0.595	0.167

从 3 幅图的对比中可以看出:在不同地震烈度下,静力弹塑性分析与动力时程反应分析的结果较接近,但静力分析得出的结构的最大层间位移角和最大位移均比动力分析的小。由此说明与非线性动力时程分析相比,静力弹塑性 Pushover 分析偏于保守。

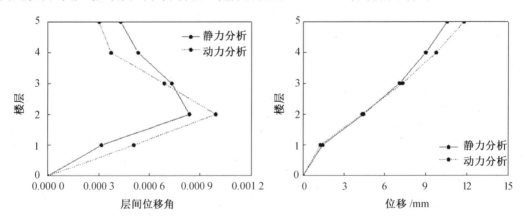

图 10.14　6 度多遇地震层间位移角和位移沿楼层的分布图

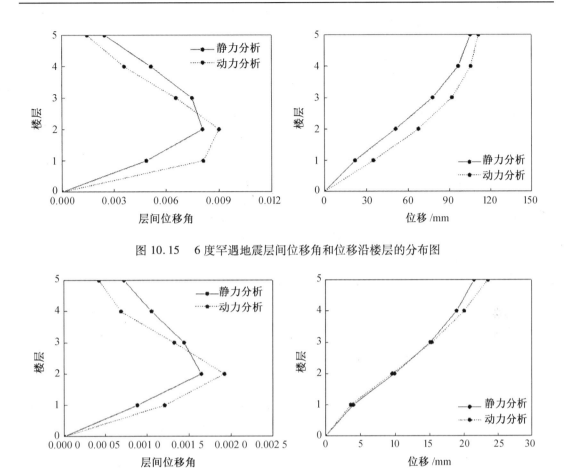

图 10.15　6 度罕遇地震层间位移角和位移沿楼层的分布图

图 10.16　7 度多遇地震层间位移角和位移沿楼层的分布图

参考文献

[1] 江卫国，夏勇，陈忠范，等.分布塑性梁柱单元非线性分析方法研究[J].工程抗震与加固改造，2008，30(6)：49-54.

[2] 马颖.钢筋混凝土柱地震破坏方式及性能研究[D].大连：大连理工大学，2012.

[3] 林涛.大震下防倒塌性能好的结构体系及结构布置研究[D].南昌：南昌大学，2011.

[4] 李英民，罗文文，韩军.钢筋混凝土框架结构强震破坏模式的控制[J].土木工程学报，2013(5)：85-92.

[5] KAWASHIMA K，UNJOH S.Seismic design of highway bridges[J].Journal of Japan Association for Earthquake Engineering，2004，4(3)：174-183.

[6] 史庆轩，王朋，王秋维.钢筋混凝土柱剪切黏结破坏影响因素分析[J].工程力学，2013(11)：136-142.

[7] 徐亚丰，王连广，刘之洋.钢骨高强混凝土柱的轴压比限值[J].东北大学学报，2003(5)：488-490.

[8] 张国军，吕西林，刘伯权.钢筋混凝土框架柱在轴压比超限时抗震性能的研究[J].土木工程学报，2006(3)：47-54.

[9] 许雪峰，蔡健.钢筋混凝土十字形截面柱界限轴压比的研究[J].太原理工大学学报，2004(6)：637-640.

[10] 吴亦君，程文，李爱群，等.钢筋混凝土柱的轴压比限值[J].建筑结构学报，1994(6)：25-30.

[11] 齐岳，赵文军，金晓鸥.核心高强混凝土柱界限轴压比研究[J].黑龙江大学工程学报，2013(2)：12-18.

[12] 李兵，李宏男.不同剪跨比钢筋混凝土剪力墙拟静力试验研究[J].工业建筑，2010(9)：32-36.

[13] BAYRAK O，SHEIKH S A.High strength concrete columns under simulated earthquake loading[J].ACI Structural Journal，1997，94(6)：708-722.

[14] 胡坚.钢筋混凝土短柱在双剪作用下抗震性能的研究[D].重庆：重庆大学，2008.

[15] 焦卫丽.焊接箍筋混凝土框架柱抗震性能试验研究[D].西安：西安建筑科技大学，2013.

[16] 周明华.土木工程结构实验与检测[M].南京：东南大学出版社，2002.

[17] 周靖.钢筋混凝土框架结构基于性能系数抗震设计法的基础研究[D].广州：华南理工大学，2006.

[18] 朱庆华，梁书亭，王杰，等.基于OpenSees的钢筋混凝土框架节点抗震性能影响[J].工程抗震与加固改造，2007，29(5)：30-34.

［19］袁军.考虑节点模型的钢筋混凝土框架抗震性能研究［D］.哈尔滨:哈尔滨工业大学,2011.

［20］霍林生,李宏男,肖诗云,等.汶川地震钢筋混凝土框架结构震害调查与启示［J］.大连理工大学学报,2009,49(5):718-723.

［21］DOLSEK M,FAJFAR P.The effects of masonry infills on the seismic response of a four-storey reinforced concrete frame a deterministic assessment［J］.Engineering Structures,2008,30(10):1991-2001.

［22］何政,欧进萍.钢筋混凝土结构非线性分析［M］.哈尔滨:哈尔滨工业大学出版社,2006.

名词索引